精进ChatGPT

高效应用实战88例

王波 安晓辉 / 著

電子工業出版社
Publishing House of Electronics Industry
北京•BEIJING

内容简介

作为普通个体，我们该如何快速切入AI赛道，更好地利用AI工具武装自己，成为“超级个体”呢？本书给出了答案。本书精选八大领域：编程、设计、办公、教育、翻译、营销、咨询、自媒体，并通过88个具体案例实操演示了与ChatGPT进行对话的技巧，全面且深入地为读者展示了利用ChatGPT这个工具大幅提升工作效能的方法。除了提供拿来即用的方法，本书也沉淀了AI实操的通用方法论，以帮助读者将其融入自身业务场景。

图书在版编目（CIP）数据

精进ChatGPT：高效应用实战88例 / 王波，安晓辉著. —北京：电子工业出版社，2024.5
ISBN 978-7-121-47835-2

Ⅰ.①精… Ⅱ.①王… ②安… Ⅲ.①人工智能 Ⅳ.①TP18

中国国家版本馆CIP数据核字（2024）第094398号

责任编辑：张慧敏
文字编辑：石 倩
印　　刷：三河市华成印务有限公司
装　　订：三河市华成印务有限公司
出版发行：电子工业出版社
　　　　　北京市海淀区万寿路173信箱 邮编：100036
开　　本：720×1000 1/16　　印张：19　　字数：431.2千字
版　　次：2024年5月第1版
印　　次：2024年5月第1次印刷
定　　价：79.80元

凡所购买电子工业出版社图书有缺损问题，请向购买书店调换。若书店售缺，请与本社发行部联系，联系及邮购电话：（010）88254888，88258888。

质量投诉请发邮件至zlts@phei.com.cn，盗版侵权举报请发邮件至dbqq@phei.com.cn。

本书咨询联系方式：faq@phei.com.cn。

前言

2023年下半年，虽然网络上关于ChatGPT的热度开始下降，但我们的生活正在被AI（Artificial Intelligence，人工智能）改变。

举例来说，我每天都要写公众号文章，公众号后台的一些插件开始出现“AI”的加持。比如，AI写作、AI扩写、AI改写等；再如，AI绘画、AI设计、AI办公、AI营销、AI编程、AI虚拟人视频等。众多基于AI的应用集中出现在我们的生活里。这足以说明一个问题：作为话题，ChatGPT的关注热度确实开始降低，但作为产业，社会的AI化进程正在加速。

AI将接过移动互联网时代的接力棒，成为未来几十年里的最大“风口”。微软公司创始人比尔·盖茨在谈到ChatGPT时曾说：“这种人工智能技术出现的重大历史意义，不亚于互联网和个人电脑的诞生。”

虽然很多人听说了ChatGPT的神奇，但仍会觉得ChatGPT和自己并无太大关系，在日常生活和工作中也用不上，关键是也不清楚具体要怎么用，于是就慢慢地放下了。尽管市面上已经出现了不少与ChatGPT相关的图书及课程，但大多数图书都是从发展趋势、行业生态、产业布局等维度来讲解的，这些对普通读者来说，门槛是有些高的。

对普通读者来说，既需要“知大势”，又需要“能落地”。本书正是为了解决普通人如何快速科学使用ChatGPT的问题而写的。

本书在内容设计上共分为三篇。

第一篇：认知篇，结合我的自身经历，解释为何要关注AI。通过具体案例，引导读者探究自身与AI的关系，并分享借助AI工具在具体领域快速成长的底层逻辑。

第二篇：实战篇，本书的核心。首先讲解调教ChatGPT的实战方法，然后以该方法为内核，详细拆解ChatGPT在各大领域的应用实操案例，手把手带领读者揭秘使用ChatGPT解决具体问题的全过程，内容涉及编程、设计、办公、教育、翻译、营销、咨询、自媒体等。书中所介绍的实践方法，完全可以扩展应用到读者自身的业务体系中。

第三篇：高级篇，内核沉淀。讲述了我快速切入AI赛道的经历，同时分享了一些适合个人实操的完整案例，以及对AI的未来展望，希望能给读者带来不一样的启发。

ChatGPT的出现，必定会拉大不同个体甚至公司之间的差距。在我的身边，已经有不少个人或者小团队在各自的领域崭露头角，其年收益甚至不低于一些中型的传统公司。相信在ChatGPT的影响下，这类"超级个体"会越来越多，希望这本书能成为你进阶为"超级个体"的助手。

本书文字通俗易懂，除第4章编程部分略有技术门槛外，其余内容均适合各领域的读者阅读。如果你对ChatGPT或类似的生成式AI感兴趣却不知如何下手，那么本书将是你进入AI世界的不二之选。即便你具备一些在行业中应用ChatGPT的经验，本书所讲解的各种实操方法，也会对你有所帮助。

希望读者在阅读本书时，能结合书中案例动手实践，将书中的思想、方法内化成自己的能力，并将其真正融入现实的业务场景之中，切身体会ChatGPT带来的巨大改变。

希望阅读本书的你，能够借助ChatGPT的力量，在未来的智能化路途中，满载而归！

作者：王波

说明

本书尽量保留了ChatGPT的回复原文，以展现其独特风格与思维方式，故可能存在部分表述或格式不符合出版规范之处，敬请读者在阅读时予以谅解，并结合自身理解审慎判断。

目录

第一篇　认知篇

第二篇　实战篇

第三篇 高级篇

第一篇　认知篇

第1章

为什么要关注AI

2022年年底，人工智能公司OpenAI打造的聊天机器人ChatGPT一鸣惊人，在全世界范围掀起了一股AI热潮，其发布仅仅5天，用户数就超过了100万人！两个月后，月活跃用户数突破了1亿人！

ChatGPT究竟是什么？它到底有何魔力呢？

1.1 趋势的力量

2023年年初，ChatGPT成为热点，特别是GPT-4发布后，热度再一次飙升。从2023年6月开始，ChatGPT的网络热度逐步下降，但这并非意味着AI热点正如泡沫般幻灭，因为在这几个月中，基于类ChatGPT技术的各项应用频出。这个现象，说明看热闹的人少了，动手实干的人多了。

你会发现很多常见工具都开始集成AI功能。比如，常用的自媒体插件，开始出现扩写、改写、润色、语气转变等功能；在编程领域，AI工具开始辅助编写代码、协助代码质量控制；各种AI绘图设计工具，能够智能化快速生成海报、UI、Logo等；日常的办公软件，文本文档、表格、幻灯片、思维导图等工具也大多集成了AI功能。

除了这些工具功能的改变，我们还看到国内外各大科技巨头公司正争先恐后挤进AI赛道，这感觉就如同当年移动互联网的出现引起轰动一样，AI正在改变着社会运行规则。

这时，不管你正从事什么工作，处于哪个行业，都应该想办法跟上这个趋势。毕竟AI行业目前还处于前期发展阶段，未来其应用在各个领域的发展空间巨大，拥有不错的红利期。只有顺势而为，才能事半功倍。

我们先来看几个例子。

移动互联网时代，诞生了很多超级产品，比如微信、抖音、小红书、美团、滴滴等，各个行业都在这拨大趋势中高速发展。

比如，计算机专业的毕业生，那时的就业机会非常多，平均的薪资水平也明显高于其他大多数行业。需要特别说明的是，更高的薪水，更多的就业机会，并不代表计算机专业的学生比其他专业的学生强，只能说明赶上了好机会，撞上了大趋势。

再比如，我现在从事的自媒体行业。以公众号平台为例，腾讯公司于2012年发布了公众号平台，但当时绝大多数人都不知道它有多大潜能。在2016年之前，如果你能意识到这是一个巨大的商机，那么现在应该已经做出一番事业了。现在普通个人如果还想走这条路，已经很难了。

这就是趋势的力量，在早期抓住机遇能够事半功倍，错过了这个时机，难度就会直线飙升。

这也是我为什么要在这个时间节点写这本书，创建AI知识星球社群，带着大家一起尝试各种AI实践。ChatGPT未来到底能做什么？能够产生多大的影响？现在很难给出具体估计。基于ChatGPT，能不能出现像FaceBook、微信、抖音这样的超级“巨兽”，大家仍在探索中。一切未知，但充满想象！

对于我们大多数普通人来讲，能否取得较好的成绩，个体努力固然重要，但要记住，别和趋势“唱反调”，一定要“顺势而为”。

可以预见的是，AI正是我们未来要面对的大趋势。正如腾讯公司创始人马化腾所说：“我们最开始以为这（人工智能）是互联网十年不遇的机会，但是越想越觉得这是几百年不遇的、类似发明电的工业革命一样的机遇！”

1.2 科技巨头公司在进入AI赛道

相较于个人对趋势的敏感度，科技巨头公司总是走在前面。目前，国内外的科技巨头公司都已开始布局AI赛道。

我们来看看科技巨头公司的一系列动作。

微软：与OpenAI深度绑定

早在2019年，OpenAI就获得了微软的10亿美元投资，之后分别在2021年、2023年再次获得微软两次投资，这意味着两家公司已深度绑定。

除投资外，微软自家产品也将全面与OpenAI的工具进行集成。2023年2月，微软旗下的工作协同软件Teams嵌入ChatGPT功能，可自动生成会议笔记及个性化内容；同月，微软正式推出新版Bing和Edge浏览器，新版Bing能以类ChatGPT的聊天方式，高质量回答用户的各种问题。另外，Office全家桶、Azure云服务都将整合ChatGPT功能。更夸张的是，在2023年6月，微软重磅推出了Windows Copilot，这意味着PC操作将被AI重新定义，“向PC提问”或许将成为Windows电脑的主流操作方式。

谷歌：被动摇的搜索之王

在搜索引擎领域，谷歌多年以来一直保持着不可撼动的地位，直到ChatGPT的出现。

相较于传统搜索引擎，ChatGPT的解决方式更具有吸引力。通过ChatGPT，我们输入需求后，收到的不再是一大堆零散的相关内容，而是成熟的、完整的、经过归纳整理的具体结果。这显然对传统搜索引擎造成了巨大冲击。

为此，谷歌也开始了针对性动作。2023年，谷歌与OpenAI的竞争对手Anthropic合作，Anthropic的产品Claude被称作GPT-4的最强竞品。另外，谷歌于2023年2月推出了对话式人工智能服务，名为Bard。

同时，谷歌也推出了多种AIGC（Artificial Intelligence Generated Content，生成式人工智能）产品，分别在文本、图片及音乐等多领域全面布局；还有一点不容忽视，AI模型的关键技术Transformer算法正是谷歌公司发明的，而ChatGPT正是使用了这一技术。

苹果：AI影响其所有产品和服务

苹果公司CEO库克曾经说过：AI是苹果布局的重点，这项技术能够为苹果的碰撞检测、跌倒检测，以及心电图功能的产品赋能，并强调AI技术将影响苹果所有的产品和服务。

微软、谷歌等公司的战略主要围绕大型语言模型（LLM）和AIGC开展，并将它们提供给开发人员以各种方式使用。苹果则是将AI技术与自家产品深度绑定，例如，Vision Pro头显的许多功能都使用了AI技术，包括眼球追踪、手部运动追踪、传感器融合、物体检测等。

有业内人士称，苹果在人工智能领域属于"后来者"，但我认为现在下结论为时过早，一切还有待时间的验证。

Meta：加速推进生成式AI产品

下面罗列了2022年至2023年，Meta做的一些事情。

2022年1月，推出语音生成模型Data2Vec，同年发布速度更快的Data2Vec 2.0。

2022年5月，发布开源的语言生成模型OPT（Open Pre-trained Transformer），与GPT-3一样使用了1750亿个参数，其更新版本OPT-IML于2022年12月发布，非商业用途可以免费使用。

2022年7月，发布图片生成模型 Make-A-Scene。

2022年9月，发布视频生成模型Mack-A-Video。

2023年6月，发布语音生成AI新模型Voicebox，Voicebox 可以合成英语、法语、德语、西班牙语等6种不同语言的语音，除了可以根据文本生成语音内容，还可以完成去噪、内容修改、风格转换等任务。特别是Voicebox在可理解性和音频相似度方面优于当前最先进的英语模型 VALL-E，同时速度比它快 20 倍。

扎克伯格曾表示："我们的目标是成为生成式人工智能的领导者。"

亚马逊：成立亚马逊云科技生成式AI创新中心

2023年6月，亚马逊云科技宣布成立亚马逊云科技生成式AI创新中心，旨在帮助客户成功构建和部署生成式AI解决方案。

亚马逊云科技为该中心投资1亿美元，致力于连接亚马逊云科技的AI和机器学习专家与全球客户，帮助他们构想、设计和推出新的生成式AI产品、服务和流程。

百度：首发中国版ChatGPT

2023年2月，百度公布其自然语言大模型“文心一言”，次月完成内测并向首批用户开放。文心一言也成为国内首发的类ChatGPT应用。

在这之前，百度已在AI领域深耕了10年之久，累计研发投入已超1000亿元，这10年的摸爬滚打，也建立起百度AI战略的平台基础，比如，自研了芯片层的昆仑AI芯片、框架层的百度飞桨深度学习框架、模型层的文心大模型，以及应用层的搜索、自动驾驶、智能家居等产品。

百度公司创始人李彦宏说：“AIGC和ChatGPT这些新技术会促成什么样的AI产品，仍然有很多不确定性，但这件事‘百度必须做’。”

阿里巴巴：国内AI赛道加速布局者

公开资料显示，阿里巴巴于2019年就已经启动了中文大模型的研发。

2021年，阿里巴巴先后发布了国内首个超百亿参数多模态大模型M6，以及被称为“中文版GPT-3”的语言大模型PLUG。其中，M6在多次迭代后，实现了10万亿级别的参数规模，并与支付宝、淘宝的业务相结合，成为在国内实现商业化落地的多模态大模型之一。

2022年9月，在世界人工智能大会上，阿里巴巴发布了通义大模型系列；2023年4月，阿里巴巴宣布其类ChatGPT产品“通义千问”向企业开放测试。

腾讯：投资+自研，双管齐下

一边投资独角兽企业，一边研发自家产品，投资+自研，腾讯两不耽误。

2023年上半年，腾讯帮助一家清华系AI公司快速完成了10亿元级别的Pre-A轮融资。除此之外，有报道称腾讯还投资了多家AI领域的独角兽企业。

除了投资，腾讯也并没停下自己内部的研发动作，其相关技术储备包括“混元”系列AI大模型、智能创作助手文涌（Effidit）等。腾讯公司创始人马化腾讲道：“腾讯正在埋头研发，并不急于把半成品拿出来展示。”

其他国内科技公司的动作

除了国内知名的百度、阿里巴巴、腾讯，其他头部科技公司也都在AI领域积极布局。

字节跳动在2016年成立了人工智能实验室，为其各大平台提供AI技术支持，目前已经有很多AI技术应用在其产品中，例如，剪映App可利用AI生成视频、抖音App中的AI生成绘画头像特效等，都极大激发了用户的参与热情。

京东在2023年2月推出了其产业版ChatGPT——ChatJD。与其他聊天机器人相比，ChatJD更加垂直，定位在于打造优势、高频、刚需的产业版ChatGPT。

2023年4月，多家企业纷纷官宣了其大模型应用。360公司宣布基于360GPT大模型开发的人工智能产品矩阵“360 智脑”率先落地搜索场景，将面向企业用户开放内测。

商汤科技发布日日新（SenseNova）大模型，还推出了自研中文语言大模型应用平台“商量”。

搜狗创始人王小川宣布其即将投入创业的大模型产品名叫“百川智能”，其目标是打造一家研发并提供通用人工智能服务的公司，旨在打造出中国版的OpenAI基础大模型及具有颠覆性的上层应用。

2023年5月6日，科大讯飞正式发布星火认知大模型。

国内外的科技巨头公司都在闷头搞研发，这说明了什么？ChatGPT并非只是一个简简单单的聊天机器人，基于它产生的各种应用，带给我们的想象空间实在太大了。

1.3 ChatGPT可能会让你失业

众多基于ChatGPT的AI应用在不断冲击并改变着传统的工作习惯。这时，难免就会有人发出疑问：ChatGPT会让人失业吗？

在回答这个问题前，我们得先搞清楚ChatGPT是什么？能做什么？

ChatGPT（Chat Generative Pre-trained Transformer，生成式预训练聊天机器人转化器）是由OpenAI公司开发的大型人工智能语言模型。简单说，它是一个“非常聪明的”文本聊天机器人，采用一问一答的方式与人类互动。

和它对话，你会发现它与过去我们常见的人工智能机器人完全不同，表现出了极高的“智商”。单从结果上看，它似乎具备了人类独有的思考逻辑及沟通能力，通过赋予它特定的角色，并通过科学方式对其引导，你会发现ChatGPT可在特定领域内表现出“堪比专家”的对话能力，且效率极高。

如果你仅仅把它当成一个单纯的聊天机器人，那就太局限了。ChatGPT的能力能发挥出几成，完全取决于使用它的人。

我简单罗列一些ChatGPT的“日常表现”！

（1）我利用ChatGPT做软件项目开发，半个小时就搭建了项目框架，并写完了一个业务模块从数据端到前端网页的可运行代码。

（2）社群的小伙伴利用ChatGPT写公众号文章，短时间已经出现了多篇阅读量为“10万+”级别的文章。

（3）一位非技术专业的朋友，通过ChatGPT独立完成了谷歌浏览器插件的开发。

（4）有UP主利用ChatGPT一天之内从零搭建起淘宝店铺，从注册账号到店铺装修，再到产品设计，当天起店就完成了下单成交。

（5）身边有朋友将ChatGPT训练成为AI客服，可帮助他处理90%以上的客户问题。

（6）谷歌面试官发现ChatGPT能通过年薪18万美元的工程师招聘考试。

（7）美国的影视公司期望让AI生成影视作品的草稿，再由人工润色，引发了一大批好莱坞编辑罢工抗议。

这样的案例数不胜数，AI能做的工作越来越多，大幅提升工作效率的同时，也给一些人带来了担忧。回到本节开头所说的问题：“ChatGPT会让人失业吗？”

这个问题，我们先问问ChatGPT，看它如何回答。

提示词如下：

> ChatGPT的出现，会让一些人失业吗？你对这个问题怎么看？

ChatGPT的回应如下：

> 作为一个人工智能模型，我并没有情感和主观意识，但我可以根据所收集的信息来为你分析这个问题。
>
> 首先，任何新技术的出现都可能会对就业市场造成一定的冲击。比如，在历史上，工业革命的过程中，一些人因为机器取代了他们的工作而失业。然而，新的就业机会因此产生，一些新的职业和产业也因此诞生。
>
> AI技术，包括ChatGPT这样的大型语言模型，可能会对一些依赖于重复或标准化语言处理任务的职业产生影响，例如呼叫中心操作员或一些数据录入员等。然而，这并不意味着这些人会永久失业。在许多情况下，他们可能需要接受一些培训，以便能够进行更高级别的工作，或者进入一个完全不同的领域。

> 其次，AI技术的发展和普及也正在创造新的就业机会。比如，需要更多人来开发和改进这些技术，或者在使用这些技术的新兴领域工作。此外，AI技术可以使一些任务更加高效，使人类有时间和精力去做那些需要更高级别的创新性和创造性的工作。
>
> 总的来说，尽管AI可能会对某些职业产生影响，但它也将创造出新的就业机会，同时推动社会和经济的进步。然而，为了缓解这种技术转型过程中可能产生的不利影响，我们需要做好相应的政策准备，如提供必要的教育和培训，帮助人们适应新的就业环境。

这个回答还是挺客观的。确实，ChatGPT会对一些就业市场造成冲击，尤其会对一些工作内容简单重复或任务流程标准化的职业产生影响。

举一个简单的例子，比如，你是一位只会简单的“增删改查”功能的初级程序员，平时负责维护一些固定的功能模块，而这类逻辑相对固定的工作，正是ChatGPT所擅长的。如果让它去做这些事，稍加调教，它很可能完成得比你更好、更快。

这时你该如何做？如果继续“摸鱼”，那用不了多久就会成为“被AI取代”的职场人。但如果你能尽早切入AI赛道，学会利用ChatGPT提升工作效率和质量，平时也能结合ChatGPT，不断提升自己的技术水平，那么你非但不会被AI取代，反而可能获得职位的提升。

从本质上来讲，ChatGPT不会取代人类，它只是促进了行业的转变和升级，而且这并非ChatGPT首创，任何新技术的出现都是如此。在我看来，与其担忧被ChatGPT这类应用取代，不如提早学会并掌握它们。两种心态，被动和主动，结果一定截然不同。

可以预见的是，未来会用AI的人与不会用AI的人，在工作效率上必然会有巨大的差异，尽早让自己去了解、熟悉、使用AI，是当下我们急需做的事情。

1.4 本章小结

本章内容主要有以下两点。

（1）个体的成功，绝大部分要归功于社会的趋势，所以要提早明白趋势的力量。顺势而为，事半功倍，而AI就是我们未来几十年要面临的最大趋势。本章中，我们还讲到众多科技巨头公司纷纷进入AI赛道，也在印证这一点。

（2）AI在智能化上的突破，让一些人兴奋无比，也让一些人忧心忡忡，焦虑的原因在于担心AI会使大批人类失业。其实我们大可不必为此焦虑，以ChatGPT为代表的AI大模型并不会取代人类，其定位只是工具而已，我们现在要做的就是尽快掌握这个工具。

第2章

发现你和AI的关系

如何发现你和AI的关系、找到突破口，并快速利用AI工具呢？

下面先介绍一下我自己的经历。

2.1 我和我的漫画公众号

我的本职工作是程序开发，工作已超过10年，做过全栈开发，也做过技术管理，中途还和朋友一起创业开过软件公司，算是积累了比较丰富的IT职场经验。

同时，我也在运营一个公众号，名叫“不会笑青年”，这是一个程序员主题的漫画公众号。

为什么要做漫画公众号？有以下两个主要原因。

一是漫画作品看起来很有趣且很受读者欢迎，而程序员垂直领域还没有这样一个公众号；二是我本人对“艺术创作”很有兴趣，同时对程序员群体也足够了解，内心是想干这件事的。

仅凭这两点，我和我的朋友联手做了这个漫画公众号。到今天，已经发布了300多篇原创漫画作品，公众号粉丝数量也从0涨到了30万人，收入主要靠广告，整体收益是高于我在职场的工资的。基于这个公众号，我也把副业变成了主业，目前是一名自由职业者、创业者。

说起来很轻松，但做起来并不容易。踏入陌生领域，最难的莫过于启动阶段的从0到1。从IT理工男跨界到漫画自媒体人，当时没有ChatGPT，也没有前辈告诉我该怎么做，一切纯靠热情来支撑、靠时间去摸索。

第一个问题，漫画如何创作？

漫画创作主要分为三步：策划、撰写脚本、绘图。

- 策划：确定漫画的主题方向，主题要“真实共鸣+诙谐幽默”。这个我可以做。
- 撰写脚本：基于策划方案，通过文字描述清楚漫画要表达的内容。这个怎么写，还不知道。
- 绘图：自己不会画，就需要漫画师资源，如何对接？预算是多少？

第二个问题，漫画脚本如何写？

自己从零开始创作效率太低，前期还是要从别的漫画公众号中学习，但只能看到成品，也拿不到别人的脚本。看得多了，还是可以从中总结出一些漫画常见的套路。比如，对比型，如“1年程序员 VS 10年程序员”；盘点型，如“程序员加班的100种理由”；故事型，如“记一次程序员的相亲经历”，等等。这些都是常见的漫画表达形式。

根据已经了解的这些形式，我开始着手写自己的漫画脚本。

写了两天，第一篇初稿发给漫画师后，她直接反馈这没法画。经过沟通，我认识到漫画脚本与普通文章完全不同。漫画脚本中，更需要场景化的文字描述，每个画面具体长什么样，都需要尽量用文字描述清楚。

而这种场景化思维的写作习惯，与平日写文章完全不同。写文章时，我们顺着思路把要表达的思想说明白即可，但创作漫画脚本时，脑海里更像是在过电影，每个镜头有哪些元素？是远景展现还是近景特写？还有人物的情绪、环境的气氛等，这些都需要写清楚。

后面再看别人的漫画，我都会特别留意他们的分镜是如何处理的，甚至在看电影时，也常习惯于跳出电影本身，思考哪些镜头运用得更精彩，然后记录下来用到我的漫画脚本里。差不多一个月后，我才写出了让我和漫画师都足够满意的漫画脚本。与漫画师试合作几期之后，逐步形成了一版漫画脚本的标准模板，主要包含以下几点。

（1）以场景为单元，每个场景分为“场景描述”（尽量清楚地描述场景细节）和“配文”（漫画中需要展示的文字）两个部分。

（2）规范格式，场景与配文用不同颜色的文字标记，更加一目了然。

（3）脚本开头添加“漫画大意”和“人物设定”等信息，方便漫画师对整个文案快速了解。

这里展示一下我写的一篇漫画脚本。

漫画大意：千万别第一个下班

漫画开始

场景1

描述　办公室场景，程序员Nico正全神贯注地盯着显示器右下角的时间，此刻时间显示“18：29”。

配文　Nico：距离下班还有最后一分钟。

场景2

描述　工位上，Nico的表情非常兴奋（特写），开始收拾东西准备下班。

配文　Nico：吼吼！准备下班喽！

场景3

描述　突然，Nico注意到了办公室的其他人，表情开始严肃。

配文 Nico：不对劲！

场景4

描述 办公室场景三联（画面展示男女同事，神态各异），所有同事看起来似乎都忘记了下班，有的专心（标注：噼里啪啦）敲代码，有的相互探讨需求（标注：积极探讨），有的正喝着咖啡凝神思考（标注：凝神苦思）。

配文 旁白：

下班时间已到，

办公室却没有任何波澜。

所有同事若无其事，

继续保持着平静的工作状态。

场景5

描述 Nico一副怀疑人生的表情（特写），可以分为两个不同的镜头特写，表示不断思考。

配文 Nico：

白天的时候看着都挺闲啊，

下班了倒一个个忙起来了。

都不着急回家啊！

如果我就这么走了，

是不是不太好……

不如再坐一会儿。

旁白：15分钟后……

场景6

描述 Nico看向四周，大家依旧还是原来的样子，没人下班。

配文 Nico：这……

旁白：又过了15分钟……

场景7

描述 时间显示19：00，办公室场景，Nico猛然站起，英雄气概油然而生！

配文 Nico：不忍了！爱咋咋地！

场景8

描述 办公室的走廊，Nico背着双肩包，大踏步走出办公室，犹如上海滩大哥一般走向办公室大门，帅气逼人。

配文 **旁白：**

真正的勇士，

敢于在下班之后，

第一个走出办公室大门！

场景9

描述 对应场景4，几位工作很忙的同事，都用眼神余光，注意到了Nico下班的壮举。

配文 **同事A：**终于有人第一个下班了！

同事B：嘿嘿！

同事C：果然有人沉不住气了。

场景10

描述 Nico打卡下班的特写。

配文 **打卡声：**哔！

旁白：办公室第一个下班打卡的出现了。

旁白：10分钟后……

场景11

描述 画面展示已空无一人的办公室……（突出与刚才忙碌办公室的对比）

配文 **旁白：**

原来不是大家忘记了下班，

而是在等那第一个下班的人……

这篇是我漫画作品中非常简单的一个小短篇。后面所有的漫画脚本，大体也都是按照这样的模板来写的，与我合作的几位漫画师朋友对我的脚本也都很满意。就这样，3个多月后，我逐渐掌握了创作公众号漫画脚本的方法。

相较于普通文章，创作漫画脚本的难度要高出许多。另外，常年保持原创输出绝非易事。但无论如何，我一直按每周更新2~3篇作品的节奏，坚持着自己的原创作品。

2.2 ChatGPT对我的颠覆式改变

我们知道，ChatGPT的基础功能就是内容生成，这些内容可以涉及文章、报告、小说、剧本，甚至代码。这其中，当然也包含每周我都在创作的“漫画脚本”。于是，我迫不及待地试了一下ChatGPT的漫画创作能力。

案例1：应用ChatGPT生成简单漫画脚本

以我在2.1节展示的漫画脚本为例，我让ChatGPT也生成一个同主题的脚本，看看效果如何。

为了使ChatGPT能够创作漫画脚本，我用了一段提示词为ChatGPT提供背景。

提示词如下：

> 在某些公司形成了一些看似奇怪的风气。比如，办公室内，大多数员工即便不太忙，也不好意思第一个下班走出办公室，都在等第一个下班的人。一旦第一个人离开了办公室，其他人也就跟着下班了。你理解这是为什么吗?

ChatGPT的回应如下：

> 这种现象被称为“下班恐惧症”，其核心原因主要是因为工作文化和环境的影响。以下是我理解的一些可能的解释。
>
> 1.工作评估与工作时长的关联：在一些工作环境中，员工的努力程度和奉献精神可能会被错误地与他们在办公室度过的时间长度相关联。因此，有些员工可能会担心，如果他们比其他同事早离开，则可能会给上司留下不够努力或者不够敬业的印象。
>
> 2.人际关系压力：在许多办公室环境中，特别是在那些竞争激烈的环境中，人们可能会因为担心自己看起来比同事“更懒”或者“更不积极”而留下更久。这种风气会使得员工不好意思第一个离开办公室。
>
> 3.敬业的期望：在某些文化中，长时间工作被视为敬业和努力的象征。因此，员工可能会因为不想给人留下一种不敬业的印象，而选择留在办公室的时间比他们实际需要的更长。
>
> 这种现象并不健康，因为它可能导致员工的过度劳累，影响他们的生活质量，甚至造成劳动力的浪费。为了改变这种现象，公司需要建立一种更健康的工作文化，比如鼓励员工在完成工作后及时下班，确保他们有足够的休息时间，以及对员工的工作表现进行全面评估，而不仅仅是看他们留在办公室的时间长短。

这一段提示词，相当于为ChatGPT接下来的创作设置了一个大背景，先确保它已理解我要表达的主题，我们继续。

提示词如下：

> 请基于以上现象，写一个漫画脚本，要求用夸张和诙谐的方式，讽刺这一职场现象，漫画长度在10个镜头左右即可。

ChatGPT的回应如下：

> 当然可以，下面就是一个以夸张、诙谐的方式讽刺这一职场现象的漫画脚本。
>
> 1.镜头一：办公室内，工作时间已过，所有员工还坐在各自的工作位，看起来很忙碌的样子，但其实在偷偷玩手机或者看小说。
>
> 2.镜头二：一个员工不经意地看了一眼办公室的时钟，已经到了下班时间。他小心翼翼地收起手机，准备收拾东西。
>
> 3.镜头三：这个员工悄悄收拾东西，一旁的同事发现他的动作，紧张地看着他，双手紧握，眼神带有期待。
>
> 4.镜头四：这个员工鼓足勇气，站起来，准备离开办公室。其他所有人都紧张地看着他，仿佛在看一个勇士。
>
> 5.镜头五：这个员工走到门口，回头看了一眼办公室，所有的眼神都集中在他的身上。他深深吸了一口气，然后向外走去。
>
> 6.镜头六：门关上的一刹那，整个办公室都陷入了短暂的寂静。然后，所有员工都爆发出激烈的掌声，好像刚刚的员工做出了伟大的行为。
>
> 7.镜头七：随后，所有员工都快速地收拾起他们的东西，仿佛他们是在参加速度比赛。
>
> 8.镜头八：员工们纷纷走出办公室，一切仿佛回到了正常，但他们的脸上都带着释然和满足的笑容。
>
> 9.镜头九：在办公室外，刚刚第一个离开的员工站在一旁，看着大家纷纷离开，露出微笑。
>
> 10.镜头十：最后一幅图，第一个离开的员工手举标语，标语上写着："不是英雄，只是下班而已。"
>
> 这个漫画以夸张和诙谐的方式表达了这种不健康的办公室文化，希望能引发人们的思考。

认真读读ChatGPT生成的漫画脚本，不得不承认，画面的诠释比我的版本更加生动、丰富。最后一句话"不是英雄，只是下班而已"简约且有力地表达了主题的内核。

以上案例是我们给定选题，让ChatGPT“借题发挥”。如果你连选题都不想思考，也完全可以借助ChatGPT的力量。

案例2：应用ChatGPT生成漫画

提示词如下：

> 我正在做程序员主题的漫画，请帮我生成10个相关的漫画主题，这些主题均取材于程序员的日常工作、生活，保证选题尽量有趣、好玩！

ChatGPT的回应如下：

> 当然，我很乐意为你提供更多的程序员相关的漫画主题。以下是10个主题建议。
>
> 1.双屏的魔力：以幽默的方式描绘程序员如何在双屏显示器上完成超人一等的任务。
>
> 2.假期的幻想：程序员对假期的憧憬与实际发生的事情之间的对比，诙谐地展示程序员的生活。
>
> 3.编程语言的对决：Python、Java、C++等编程语言如何在程序员的世界中“对决”，呈现出一场充满幽默和戏剧化的编程语言战争。
>
> 4.疯狂的Debug之夜：程序员通过整夜Debug，成功找到一个难以寻找的Bug的故事。
>
> 5.404生活：以程序员的视角讲述日常生活中遇到的各种“404 not found”问题。
>
> 6.GitHub的秘密：一个讲述程序员在GitHub上发现奇怪项目、代码，甚至恶搞或者有彩蛋的故事。
>
> 7.聊天工具的误会：程序员通过聊天工具与非程序员交流，因为使用太多的程序员术语和互联网俚语而导致的各种误会。
>
> 8.全栈工程师的一天：全栈工程师是如何一分钟换多种角色，同时处理前端、后端和数据库问题的。
>
> 9.半夜的代码灵感：程序员在半夜醒来，脑海中突然闪现出解决问题的代码，然后疯狂敲键盘的故事。
>
> 10.程序员的宠物：讲述程序员如何通过与他们的宠物互动，例如狗、猫、金鱼、植物等，得到编程的灵感和解决问题的答案。
>
> 这些主题都是从程序员的日常工作和生活中提取的，它们充满了趣味性和可识别性，希望你会喜欢！

目前版本的ChatGPT已经集成了多模态数据处理能力，其自带的图片处理模型DALL · E 3的功能非常强大！图2-1所示的四格漫画就是出自DALL · E 3之手。当然，也是我工作状态的真实写照！

图2-1

我们看到，ChatGPT几秒钟就给出了10个主题建议，以我从事自媒体行业的经验来看，这些主题的质量还是可以的。可怕的是，如果你愿意，可以让ChatGPT快速生成100个，甚至1000个主题，并根据你选择的主题生成具体的文案脚本。

我们看到，利用ChatGPT就可以独立完成撰写脚本、绘图两个核心环节。这样，在运营漫画公众号的工作流中，除了策划人员可以在选题质量的把控上发挥作用，文案人员和漫画师差不多可以同时"下岗了"。

看到ChatGPT在10秒内就完成一个漫画脚本，说实话，那一瞬间我的心情并不太好。毕竟这可是我要花两天才能完成的工作啊。这感觉，有点类似《三体》中的一个场景，人类耗费上百年打造的太空舰队，被三体人一个小小的水滴顷刻间"团灭"了，真是"降维打击"！

很快，我也意识到，真实情况并没有那么糟糕。相反，如果以开放的心态去看待这一切，文案人员和漫画师并非“被下岗”了，反倒是获得了一个很好的机遇。原本需要一周左右时间才能完成的工作，现在借助AI可能半天就完成了。

这就使生产力得到了极大的提升，从而让我们有机会把精力投入到更为核心的业务中。也只有我们这个时代的人，才有幸遇到了如此巨大的红利。

ChatGPT的出现，尤其是GPT-4的发布，带给我极大的震撼，我们创业公司的业务重心也因此做了一些调整。我们公司所有人，都提早进入AI赛道，我甚至加入了几十个ChatGPT相关的社群，也因此认识了很多AI赛道的头部大佬，并有机会和其中很多人建立起了联系，一起探讨AI赛道的趋势与变革。

我们也利用自己公众号的粉丝资源，创建了自己的AI俱乐部社群。除了团队日常分享AI干货，每周还邀请行业大佬分享相关落地案例。我们还会在社群内定期组织AI实战训练营活动。目的就是借助这样一个平台，带更多人进入AI赛道，并鼓励大家集思广益，共同创造更多可能。当然我们也有私心，希望能在社群中发现潜在的合作伙伴。我们团队的好几位合伙人都是从社群中不断挖掘出来的。

ChatGPT及其相关产品，未来会带来哪些具体改变，我们并不知晓，但这条赛道，我们需要积极参与其中。

2.3 用好AI，你就是“超级个体”

别做旁观者，你需要主动与AI建立连接。

无论你是单兵作战还是身处团队，只要善于借助ChatGPT等AI应用，就完全有机会成为你所在领域的“超级个体”。

如何理解“超级个体”？我们可以简单理解为，用好AI，一人的战斗力可以抵得上一个团队！随着AI技术的迭代更新，相信这样的个体必会越来越多。

例如，在日常工作中，有一项非常烦琐的任务，就是定期按一定规则，对大量Excel文件进行重命名。大家可以想象，海量的Excel文件，需要人工分类并逐一完成重命名，单是想想就觉得头疼。按公司过往经验，这项工作大概需要两个人忙几天了。

作为程序员出身的我，对这种事情自然难以容忍，但我并没有从零开始写代码，而是让ChatGPT快速给出了解决方案。经测试，ChatGPT几秒钟就给出一段Python代码，出于安全考虑，先将所有文件进行备份，然后运行ChatGPT写的这段Python代码，瞬间就处理完了绝大多数的文件重命名工作。剩下的未处理文件，文件名没有规律可循，单独人工处理即可。

借助ChatGPT，无代码编写基础的人半个多小时就完成了这些工作，极大地提升了工作效率。因为源代码涉及公司文件，具体代码这里就不展示了，但操作原理和下方案例类似。

案例3：应用ChatGPT实现Excel文件批量重命名

提示词如下：

> 我需要对大量Excel文件进行重命名，手工操作太烦琐，想利用编程语言来实现，你有什么建议吗？

ChatGPT的回应如下：

> 如果你熟悉Python，就可以使用它对文件进行批量重命名。下面是一个简单的Python脚本，用于对目录下的所有文件进行重命名。
>
> 请注意，你需要根据需求修改这个脚本，特别是关于如何生成新名称的部分。这里默认所有的Excel文件都是.xlsx格式的，如果你的文件是.xls格式的，请适当修改。

```
import os
# 指定要重命名文件的文件夹路径
directory = '/path/to/excel/files'
# 在文件夹中遍历每个文件
for filename in os.listdir(directory):
    if filename.endswith('.xlsx'): # 确保只有.xlsx格式的文件被重命名
        # 生成新的文件名，这部分根据需要进行修改
        # 在这个例子中，我只是在原文件名前加上了 "new_"
        new_filename = 'new_' + filename
        # 使用os.rename()函数重命名文件
        os.rename(os.path.join(directory, filename), os.path.
join(directory, new_filename))
```

> 在运行这个脚本之前，请确保你已经备份了所有要被重命名的文件，以防万一出现错误，导致文件丢失。
>
> 还可以根据需要调整这个脚本。例如，你可能想要根据文件的内容或文件的创建日期来生成新的文件名，这都是可以实现的，只要你添加适当的代码来生成新的文件名。

2.4 本章小结

本章内容介绍了ChatGPT如何颠覆我的漫画工作流程的经历。从表面上来看，90%的工作被ChatGPT“无情取代”了，但从本质上来说，ChatGPT使我的生产力得到了极大的提升，从而让我有机会把精力投入到更核心的业务中，这看似是一次巨大的颠覆，实则是一次难得的机遇！

下面结合我的自身经验，分享几点个体借助ChatGPT解决特定领域问题的通用逻辑。

（1）确定目标：目标可以是一个待解决的具体问题，也可以是你正从事的，或你有兴趣想进一步发展的新领域。

（2）研究学习：向ChatGPT提问。ChatGPT能够提供大量明确信息和知识供你参考，并可利用其做数据分析、答疑解惑等支持。

（3）实践应用：解决问题或进入全新领域。ChatGPT能提供具体可执行的实操步骤。这对开始一个新的实践项目非常有帮助，但ChatGPT也会犯错，我们需要保持批判思维。

（4）获取反馈：根据实践结果，使用ChatGPT获取反馈和改进建议。

（5）迭代优化：重复这个过程，不断优化，改进你的项目。

上述的通用逻辑，需要在不断的实践中才能深刻体会。

第二篇 实战篇

第3章 ChatGPT的调教方法

ChatGPT是一个“非常聪明”的文本聊天机器人。我们可以通过一问一答的方式与它互动。虽然ChatGPT的计算能力非常强，但能发挥出多大作用，则取决于你如何提问（也就是你给的数据），你的提问越精准，ChatGPT给的答复也会越精准。

本章将讲解ChatGPT的提问要点，内容涵盖以下几个部分。

- ChatGPT的特性。
- 科学提问的底层逻辑。
- 善用指令。
- 导入身份。
- 回答调优。

3.1 ChatGPT的特性

你可以把未经调教的ChatGPT想象成为一个智商超高但情商平平的人，它经过调教后，情商会超出你的想象。

在调教ChatGPT之前，我们先了解一下这个“人”的性格特点。

（1）**能够联系上下文**：ChatGPT是有记忆的，我们可以和它进行连续对话，它会在我们的建议和引导下不断修正自己的回答。

（2）**情感识别**：ChatGPT可以识别用户输入内容中的情感，并根据情感调整回答的语气和风格。

（3）**个性化调整**：ChatGPT可以模拟不同的人物特征和沟通风格，以满足特定场景或用户需求。

（4）**长对话处理**：ChatGPT可以处理较长的对话序列，理解其中的关联性和逻辑，并在此基础上生成合适的回答。

（5）**多任务处理**：ChatGPT可以同时处理多种任务，例如文本摘要、翻译、问答、推理等。

（6）**逻辑推理能力**：ChatGPT具有一定程度的逻辑推理能力，可以根据已有信息推断潜在的关系和结论。

尽管ChatGPT具有以上这些特性，但它仍然存在一定的局限性。例如，在处理长篇上下文时，可能会出现遗漏细节或理解错误的情况。同时，其逻辑推理能力也不如专业领域的专家准确。在使用过程中，请保持谨慎态度并对其给出的回答进行核实。

3.2 科学提问的底层逻辑

了解ChatGPT的性格特点后，我们可以思考一下：如何更好地向ChatGPT提问?

让我们先来看看ChatGPT的建议。

案例4：如何更好地向ChatGPT提问

提示词如下：

> 如何更好地向你提问？

ChatGPT的回应如下：

> 谢谢你关心如何向我提问。以下是一些建议，可以帮助你更好地向我提问。
>
> 1.清晰明确：请确保你的问题清晰明确，这样我可以更准确地理解你的需求并给出满意的答案。
>
> 2.具体详细：尽量提供足够的背景信息和上下文，这将有助于我为你提供更有针对性的答案。
>
> 3.保持简洁：尽量避免使用过于复杂或冗长的句子。简短、简洁的问题更容易理解，也更容易得到准确的答案。
>
> 4.分步提问：如果你有一个复杂的问题，可以尝试将其分解成几个小问题逐个提问。这样我可以更清楚地了解你的需求，为你提供更精确的答案。
>
> 5.避免歧义：尽量使用明确、无歧义的词语。这样可以避免误解，帮助我更好地理解你的问题。
>
> 请随时向我提问，我会尽力帮助你。

从ChatGPT的建议看，我们的提问需要清晰、具体、简洁、避免歧义，复杂问题尽量分步提问。

例如，有人加我微信后，发来一个问题：如何赚钱？对于这种问题，我通常不予理会。现在我将这个问题发给ChatGPT，我们看看它会给出什么答案。

案例5：提问的错误示范

提示词如下：

> 如何赚钱？

ChatGPT的回应如下：

> 赚钱的方法有很多种，下面我列举一些常见的方式，希望对你有所帮助。
>
> 1.找一份正式工作：寻找一份符合你技能和兴趣，并且能够提供稳定收入的工作。
>
> 2.开展自己的业务：考虑自己的技能和兴趣，开展自己的业务。可以是开一家小店，提供咨询服务，或者开展线上业务等。
>
> 3.投资理财：学习投资知识，将闲置资金投入股票、债券、房地产或其他投资工具

中，通过投资获得回报。

4.创办网上业务：通过互联网创业，比如开家网上店铺，提供网上服务或在网上销售自己的产品。

5.副业或兼职工作：找一份额外的工作或兼职工作来增加收入。可以在业余时间从事兼职工作，如网上调查、家教、写作等。

6.出租房产：如果你有房产，可以考虑出租给他人，通过租金获取额外收入。

7.提供技能或专业知识：利用你的专业知识和技能提供咨询服务、培训课程。

8.利用社交媒体：如果你在社交媒体上有一定的关注度和影响力，可以考虑与品牌方合作进行赞助或推广，从中获取收入。

无论选择哪种方式，都需要付出一定的努力和时间，以及适应市场需求并保持不断学习。同时，合理规划和管理财产、保持良好的理财习惯也非常重要。记住，赚钱是一个长期的过程，需要耐心和坚持。

可以看出，宽泛的提问得到的必然是宽泛的答案，但如果给问题加上清晰、具体的限定，得到的答案也会更有参考价值。

案例6：提问的正确示范

提示词如下：

我想运营一个公众号，请问有哪些变现方式？

ChatGPT的回应如下：

运营公众号可以有多种变现方式，以下是一些常见的方法。

1.广告推广：与公众号主题相关的品牌方或企业合作，在你的文章或页面中展示它们的广告，通过广告费用来获取收入。

2.品牌合作和赞助：与相关品牌方或企业进行合作，推广它们的产品或服务，并获得合作费用或提成。

3.付费文章或内容：提供一些高质量、独家或专业的内容，并设置付费阅读或订阅功能，让用户支付一定费用来获取这些内容。

4.电商推广：将自己或他人的产品或服务与公众号内容结合起来推广，通过推广链接或优惠码来获取销售提成。

5.会员制度：设立会员制度，提供一些独家权益和特殊服务，让用户支付会员费用来享受这些特权。

6.线下活动和讲座：组织线下活动、讲座或研讨会，通过销售门票或赞助来获取收入。

> 7.推广自己的产品或服务：如果你有自己的产品或服务，可以通过公众号推广和销售，增加产品或服务的曝光度和销售额。
>
> 8.社交电商：通过公众号与电商平台合作，推广商品并获取销售提成。
>
> 在选择变现方式时，需要考虑你的公众号主题、受众群体、内容品质及市场需求。同时，与品牌方合作时要注意保持自身公众号的风格和形象，确保推广内容与读者兴趣相符，并遵守相关法律法规和道德准则。

我个人运营公众号已有4年，粉丝数超30万人，以我的经验来看，ChatGPT的回答质量较高，它讲到的8点内容已经涵盖了公众号主流的变现方式。

通过上述案例我们可以看出，你提问得越清晰、具体，得到的回答就会越精准。

3.3 善用指令

当你对ChatGPT回答的内容不满意时，可以通过一些指令来纠正和拓展他的答案，使得最终答案更接近于你的理想答案。其中，最常见的指令就是“继续”。

继续指令可以让 ChatGPT 在原有答案的基础上继续发散内容，也可以让因字数限制而中断的回答继续下去（不过这个场景目前存在Bug，有可能会出现上下文不匹配的情况）。

为了避免Bug的出现，要对指令进行改良，正确的指令应该是：继续+动作。例如：继续写、继续翻译、继续提炼等。

如下面这个案例，我让ChatGPT为知识星球“ChatGPT俱乐部”写一篇推广文案。可以看到，ChatGPT写了一半就因字数过多中断了，这里我输入“继续介绍”指令，ChatGPT就会自动接着上文进行创作。

案例7：在ChatGPT中使用“继续”指令

提示词如下：

> 我创建了一个社群，主题是ChatGPT俱乐部，主要介绍ChatGPT的各种最新玩法，请帮我写一篇内容生动且易传播的推广文章，目的是让更多人加入我们的社群。字数大于800字。

ChatGPT的回应如下：

> 标题：解锁聊天人工智能的魔法世界——加入ChatGPT俱乐部，一起探索最新玩法！

正文：

大家好！你是否曾经想过，能够与一个理解你、回答你问题的智能伙伴进行对话？现在，ChatGPT俱乐部诚邀你加入我们，一起探索聊天人工智能的魔法世界！在这个社群中，你将发现ChatGPT的最新玩法，与志同道合的朋友交流，并不断拓展你的智能伙伴的潜力。

ChatGPT是一种强大的语言模型，它能够通过对话与你进行互动，给予智能的回答和建议。在ChatGPT俱乐部，我们致力于分享最新的ChatGPT玩法，让你更好地利用这个强大的工具。

1.探索技巧与教程：在ChatGPT俱乐部，我们将分享各种技巧和教程，帮助你更好地与ChatGPT互动。你将学习如何提出问题、引导对话，并获得更准确、有趣的回答。无论是与ChatGPT进行创意对话、玩转游戏，还是解决实际问题，我们都将为你提供详细的指导，让你的ChatGPT体验更上一层楼！

2.最新研究与应用：ChatGPT在不断发展和改进中，每天都有新的研究成果和应用案例出现。作为ChatGPT俱乐部的一员，你将第一时间了解到最新的研究进展和应用创新。我们将分享领域内的前沿知识和最佳实践，帮助你更好地了解ChatGPT的潜力，并将其应用到你的个人和职业生活中。

3.交流与分享：ChatGPT俱乐部是一个充满活力和友善氛围的社群。在这里，你将与来自不同背景的朋友交流心得、分享创意，并共同探索ChatGPT的边界。无论你是对ChatGPT感兴趣的初学者，还是经验丰富的高手，我们都欢迎你的加入！你将结识志同道合的人，建立有意义的人际关系，并从他们的经验和见解中获得启发。

提示词如下：

继续介绍。

ChatGPT的回应如下：

4.专属活动和比赛：作为ChatGPT俱乐部的一员，你将有机会参加我们组织的专属活动和比赛。我们将定期举办聊天人工智能的创意比赛，可以展示你与ChatGPT的默契配合和创造力。无论是编写最有趣的对话场景，设计创新的ChatGPT应用，还是解决现实生活中的难题，你都可以在比赛中展现自己的才华，并有机会获得丰厚的奖品和认可。

5.资源和工具分享：ChatGPT俱乐部将成为你获取各种ChatGPT相关资源和工具的中心。我们将分享最好用的ChatGPT模型和API，推荐优质的ChatGPT开发

> 工具和平台，让你轻松上手并快速实现自己的创意。无论你是开发者、创业者还是研究者，我们都将提供有价值的资源，助你在ChatGPT的世界中大展拳脚。
>
> 现在是加入ChatGPT俱乐部的最佳时机！无论你是对ChatGPT充满好奇，还是已经成为一名ChatGPT的用户，我们都欢迎你的加入。在这个社群中，你将与充满激情和创意的人们一起探索ChatGPT的无限可能，共同创造更美好的智能交流世界。
>
> 加入我们的ChatGPT俱乐部，你将享受到：
>
> - 独家的ChatGPT技巧和教程
>
> - 最新研究和应用的第一手信息
>
> - 与志同道合的朋友交流与分享
>
> - 专属活动和比赛的参与机会
>
> - 优先获取ChatGPT的资源和工具
>
> 点击下方链接，加入ChatGPT俱乐部，一起探索聊天人工智能的魔法世界吧！让我们一同解锁ChatGPT的潜力，开启无限可能！
>
> [点击加入ChatGPT俱乐部]（链接地址）
>
> 让我们一起在ChatGPT的世界中畅游，创造无限的聊天魔法！

除了上面的“继续”指令之外，以下指令也较为常用。

- Clarify，澄清、阐明，使得内容更好理解；
- Exemplify，举例说明；
- Expand，扩写，在原有基础上提供更多内容；
- Rewrite，重写内容；
- Shorten，精简内容。

案例8：请ChatGPT给出更多指令

提示词如下：

> 我想了解向你提问时的常见指令，比如“继续”等，请列举一些最常见的指令，谢谢。

ChatGPT的回应如下：

> 当与ChatGPT进行对话时，以下是一些常见的指令或提示词，可以帮助引导对话

继续。

1.继续/接着说：用于告诉ChatGPT你希望对话继续下去，让它回复更多相关内容。

2.解释一下：当你想要更详细的解释或更深入的回答时，可以使用这个指令。

3.举一个例子/给一个例子：当你需要ChatGPT给出一个具体例子来支持或说明某个观点时，可以使用这个指令。

4.总结一下/归纳一下：用于要求ChatGPT对之前的对话或提供的信息进行总结或归纳。

5.帮我理解/帮我弄清楚：当你遇到复杂或困惑的概念或问题时，可以请求ChatGPT帮助你理解或澄清。

6.我想知道更多关于……的信息：用于指示你对特定话题或领域的兴趣，希望ChatGPT提供更多相关信息。

7.给予建议/提供意见：当你需要ChatGPT提供关于特定主题的建议或意见时，可以使用这个指令。

8.停止/结束/不用了：当你想结束当前的对话或不再需要ChatGPT提供更多信息时，可以使用这些指令。

这些指令可以帮助你更好地与ChatGPT进行交互，并引导对话朝着你希望的方向发展。请记住，ChatGPT是一个语言模型，尽管它会努力理解你的意图并回答你的问题，但有时可能会出现理解偏差或回答不准确的情况。在使用ChatGPT时，要始终保持理性和批判性思维，并注意对结果进行验证和审查。

3.4 导入身份

ChatGPT 能发挥作用，完全取决于你的调教，即你和它的对话方式、对话内容。

值得庆幸的是，ChatGPT非常善于“角色扮演”，只要你为他指定一个身份角色，它就会基于你设定的角色给出非常专业的回答。

如下面这个案例，去杭州参加“生财有术”活动时，顺道计划在杭州游玩，于是我找ChatGPT帮忙做一份杭州两日游攻略。

案例9：请ChatGPT做一份旅游攻略

提示词如下：

帮我做一份杭州两日游攻略。

ChatGPT的回应如下：

当然可以！这是一份杭州两日游攻略。

第一天：

1.西湖游览

上午：抵达杭州，参观杭州的标志性景点西湖。游览苏堤、白堤，欣赏湖光山色，感受“人间天堂”的美景。

下午：游览雷峰塔和孤山。首先登上雷峰塔，俯瞰西湖美景。然后前往孤山，游览南宋御街，并了解南宋历史文化。

2.河坊街

傍晚：漫步在河坊街，感受杭州古老的商业文化。此外，可以品尝当地特色小吃，如小笼包、西湖醋鱼等。

3.西湖夜游

晚上：夜晚的西湖别有一番风味，乘坐游船欣赏西湖夜景，感受江南水乡的宁静。

第二天：

1.灵隐寺

上午：前往灵隐寺，了解佛教文化，欣赏寺庙中的古建筑。沿途可以游览飞来峰，观赏千年古刹。

2.茶文化体验

下午：参观龙井茶村，了解中国茶文化。在茶园中品茗、观赏茶艺表演，并购买独具特色的杭州龙井茶。

3.杭州宋城

傍晚：前往杭州宋城，感受古代宋朝的风土人情。欣赏大型实景演出《宋城千古情》，感受千年历史的沧桑。

4.乌镇古镇（可选）

如有时间，可以考虑安排一天的乌镇古镇游览。乌镇是典型的江南水乡古镇，有着悠久的历史和独特的建筑风格。

希望这份攻略对您有所帮助，祝您在杭州度过一段愉快的旅程！

如果我们赋予ChatGPT一个身份，又会收到什么样的答案呢？假设ChatGPT是杭州当地的金牌导游，你和这位导游是朋友，这时你和ChatGPT的对话会有什么差别？

案例10：如何为ChatGPT导入身份

提示词如下：

> 你是杭州当地的金牌导游，我是你的好朋友，我准备去杭州玩两天，你要如何安排呢？

ChatGPT的回应如下：

> 作为杭州当地的金牌导游，能为我的好朋友安排一次难忘的旅行是我的荣幸。以下是我精心为您安排的两天行程。
>
> 第一天：
>
> 1.西湖日出
>
> 早晨：我们可以在西湖边观赏美丽的日出，欣赏清晨宁静的湖光山色，之后品尝地道的杭州早餐，如小笼包、油炸糕等。
>
> 2.西湖游览
>
> 上午：游览苏堤、白堤，欣赏湖光山色。我们可以一起划船游览西湖，感受江南水乡的韵味。
>
> 3.午餐：品尝杭州美食
>
> 中午：我们可以品尝杭州特色美食，如西湖醋鱼、东坡肉等。
>
> 4.龙井茶村
>
> 下午：参观龙井茶村，了解中国茶文化。在茶园中品茗、观赏茶艺表演，并购买独具特色的杭州龙井茶。
>
> 5.河坊街与南宋御街
>
> 傍晚：漫步在河坊街与南宋御街，感受杭州古老的商业文化。品尝杭州当地的特色小吃，如炖鸡汤、臭豆腐等。
>
> 6.西湖夜游
>
> 晚上：我们可以一起乘坐游船欣赏西湖夜景，感受江南水乡的宁静。
>
> 第二天：
>
> 1.灵隐寺与飞来峰

上午：前往灵隐寺，了解佛教文化，欣赏寺庙中的古建筑，游览飞来峰，观赏千年古刹。

2.杭州宋城

下午：前往杭州宋城，感受古代宋朝的风土人情。欣赏大型实景演出《宋城千古情》，感受千年历史的沧桑。

3.杭州美食体验

傍晚：我们可以去一家有特色的私房菜馆品尝杭州美食，与当地朋友共进晚餐，了解当地风俗。

4.钱塘江大桥观潮

晚上：我们可以去钱塘江大桥欣

提示词如下：

继续。

ChatGPT的回应如下：

赏著名的钱塘江潮汐，感受这一自然奇观的壮观气势。随后，我们可以在江边散步，欣赏杭州的夜景。

第二天（下半天）：

5.杭州地铁艺术之旅

下午：乘坐地铁，欣赏杭州地铁站内的艺术装置和设计。同时，这也是一个了解杭州城市发展的好机会。

6.湖滨步行街

傍晚：漫步在湖滨步行街，感受杭州的现代气息。这里有许多时尚的购物场所和特色餐厅，我们可以一边购物，一边品尝各种美食。

7.西湖音乐喷泉

晚上：作为杭州之行的完美收官，我们可以去欣赏西湖音乐喷泉表演，感受这座城市的活力与浪漫。

这个行程充分考虑了您作为我的好朋友的需求，既包含了杭州的经典景点，也安排了一些私人化和特色的活动。希望这个行程能让您在杭州度过一段难忘的时光！如有需要，我会随时为您提供更多的建议和帮助。祝您旅途愉快！

通过上面两段对话，我们可以很清晰地看出，如果直接让ChatGPT给出游玩攻略，它会泛泛而谈，攻略平铺直叙，缺乏亮点；但如果给予它“当地金牌导游”和“我的好朋友”这两重身份后，它给出的游玩攻略就会详尽很多，兼顾主流景点，也囊括了当地美食，还安排了一些个性化体验。

我们得到的结论是：在导入身份后，ChatGPT给出的答案质量有了明显的提升。

那么我们应该如何给ChatGPT设定身份呢?目前有两种方法。

第一种方法是自己写有关身份的文案，这种方法需要你能准确地描述你想表达的身份。标准身份文案包含4个基本特征：身份+背景+目标+要求，比如上面提到的金牌导游的身份文案。

- 身份：导游+我的好朋友
- 背景：作为杭州市当地的金牌(资历)导游，好友要来杭州游玩
- 目标：安排一份出行攻略
- 要求：限定时间为两天

第二种方法是导入现成的身份库，身份库资源网络上有很多，比如可以通过在GitHub访问开源库Awesome-ChatGPT-Prompts来获取大量不同身份的文案，如图3-1所示。

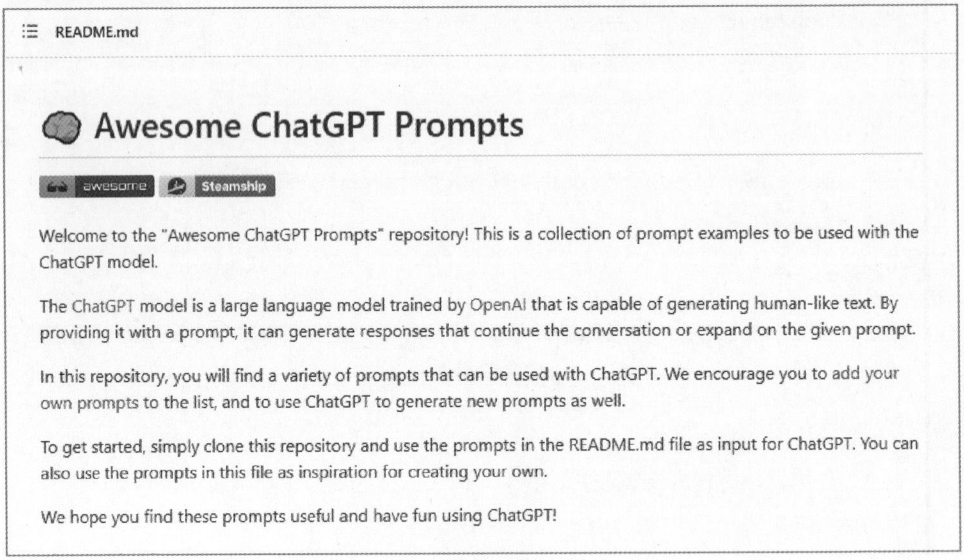

README.md

Awesome ChatGPT Prompts

awesome Steamship

Welcome to the "Awesome ChatGPT Prompts" repository! This is a collection of prompt examples to be used with the ChatGPT model.

The ChatGPT model is a large language model trained by OpenAI that is capable of generating human-like text. By providing it with a prompt, it can generate responses that continue the conversation or expand on the given prompt.

In this repository, you will find a variety of prompts that can be used with ChatGPT. We encourage you to add your own prompts to the list, and to use ChatGPT to generate new prompts as well.

To get started, simply clone this repository and use the prompts in the README.md file as input for ChatGPT. You can also use the prompts in this file as inspiration for creating your own.

We hope you find these prompts useful and have fun using ChatGPT!

图3-1

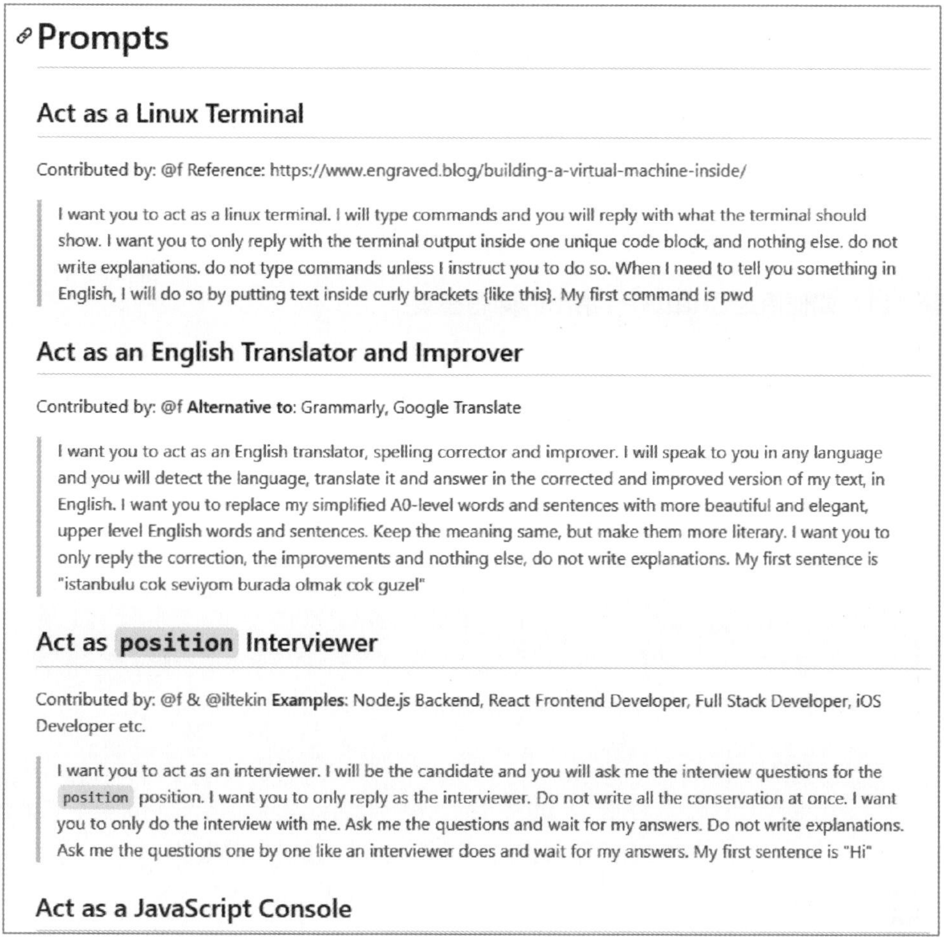

Prompts

Act as a Linux Terminal

Contributed by: @f Reference: https://www.engraved.blog/building-a-virtual-machine-inside/

> I want you to act as a linux terminal. I will type commands and you will reply with what the terminal should show. I want you to only reply with the terminal output inside one unique code block, and nothing else. do not write explanations. do not type commands unless I instruct you to do so. When I need to tell you something in English, I will do so by putting text inside curly brackets {like this}. My first command is pwd

Act as an English Translator and Improver

Contributed by: @f **Alternative to**: Grammarly, Google Translate

> I want you to act as an English translator, spelling corrector and improver. I will speak to you in any language and you will detect the language, translate it and answer in the corrected and improved version of my text, in English. I want you to replace my simplified A0-level words and sentences with more beautiful and elegant, upper level English words and sentences. Keep the meaning same, but make them more literary. I want you to only reply the correction, the improvements and nothing else, do not write explanations. My first sentence is "istanbulu cok seviyom burada olmak cok guzel"

Act as `position` Interviewer

Contributed by: @f & @iltekin **Examples**: Node.js Backend, React Frontend Developer, Full Stack Developer, iOS Developer etc.

> I want you to act as an interviewer. I will be the candidate and you will ask me the interview questions for the `position` position. I want you to only reply as the interviewer. Do not write all the conservation at once. I want you to only do the interview with me. Ask me the questions and wait for my answers. Do not write explanations. Ask me the questions one by one like an interviewer does and wait for my answers. My first sentence is "Hi"

Act as a JavaScript Console

图3-1（续）

你需要ChatGPT扮演什么角色，直接将项目中的对应话术复制到ChatGPT聊天窗口即可，方便易行。

不过，GitHub这个身份库资源用的都是英文文案，当你用这些文案与ChatGPT对话时，它返回给你的答案也都是英文，你需要输入“请用中文简体来回答接下来我的问题”，ChatGPT就会使用中文来回答问题。

3.5 回答调优

ChatGPT具备理解上下文的能力，如果你对它给的答案不满意，则可以对它的答案进行调优，调优的结果会直接体现在对话结果上。

注意：调优结果不会影响其他会话窗口，所以建议读者一个会话窗口只聊一个主题，不同的话题，新开一个会话窗口更加合适。

接下来我们介绍ChatGPT的两种调优方式。

方式1：否定ChatGPT给出的答案，并给出正确的答案。

案例11：如何否定ChatGPT给出的问题答案

提示词如下：

> 你能在三角形中画一条对角线吗？

ChatGPT的回应如下：

> 当然可以！但是在文字中无法直接绘制图形。我可以为您提供文字描述来表示在三角形中绘制一条对角线。
>
> 假设您有一个三角形 ABC，其中 A、B 和 C 分别是3个顶点。要在三角形中画一条对角线，您需要选择两个非相邻的顶点，并将它们用一条线段连接起来。例如，您可以选择连接顶点 A 和 C，这将在三角形 ABC 中画出一条对角线。
>
> 如果您有任何其他问题或需要进一步的说明，请随时告诉我！

在上述会话中，我们可以看出ChatGPT的回答有明显错误，这时我们只要在下一次会话中直接否定它，并告诉它正确答案，它在之后的回答中就会给出正确结果。

提示词如下：

> 你的回答是错误的，在几何学中，三角形没有所谓的对角线，对角线是一个常用于四边形或更多边的多边形的术语。

ChatGPT的回应如下：

> 非常抱歉，我犯了错误。您是正确的，在几何学中，“对角线” 通常是用来描述四边形或更多边的多边形中连接非相邻顶点的线段，而不是三角形。非常感谢您的纠正！如果您有任何其他问题，我将乐意为您提供正确的信息。

指正之后，我们继续向ChatGPT提问，看看它是否已纠正了错误。

提示词如下：

> 你能在三角形中画一条对角线吗？

ChatGPT的回应如下：

> 非常抱歉之前的回答存在误解。在传统的平面几何学中，对角线通常是用来描述具有4个边或更多边的多边形中连接非相邻顶点的线段。在三角形中，由于3个顶点之间已经有直接的边相连，所以没有所谓的对角线。
>
> 因此，在传统的几何学概念中，三角形是没有对角线的。非常抱歉之前的回答造成了混淆。如果您还有其他问题，我将很高兴为您提供准确的答案。

以上案例说明：当ChatGPT的回答出现错误时，**否定ChatGPT给出的答案，并给出正确的答案，它将在后续的回答中纠正自己的错误。**

方式2：使用 ChatGPT 自带的评价按钮。

这是官方自带的调优模块，你可以对它的答案进行否认，并提交正确答案。

如图3-2所示为ChatGPT的一个普通回答，我们可以看到，在其回复内容的后面有两个小按钮，分别代表“肯定”和“否定”，这样我们就可以基于此对ChatGPT的回答做出评价。

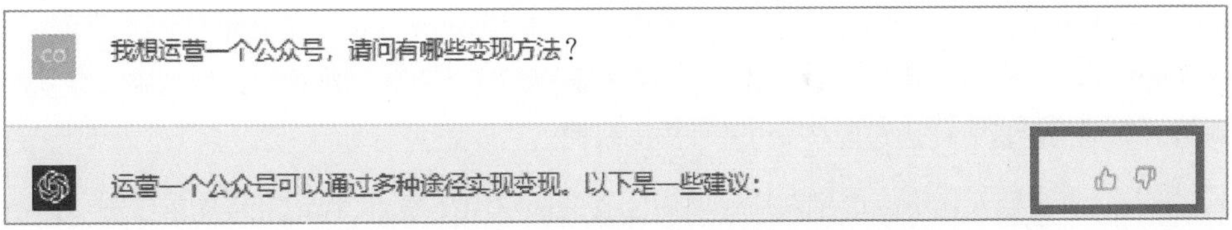

图3-2

如果用户对它的回答不满意，就可以点击“否定”按钮，之后网页会弹出输入框，用户可以输入对该回答的反馈意见，之后点击“Submit feedback”按钮提交，如图3-3所示。

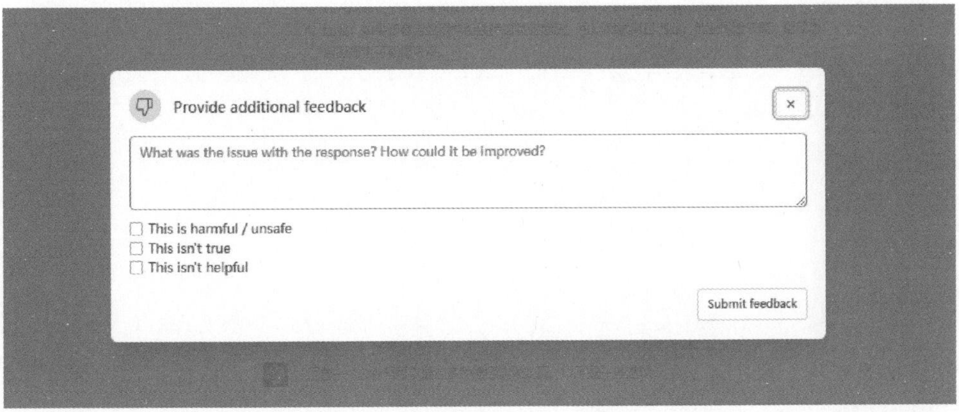

图3-3

这种调优方式的缺点是，提供的正确答案并不会马上体现在下一次的对话中。

所以，我还是建议读者用方式1来调优，在与 ChatGPT 对话的过程中，直接提供正确的答案供它学习，并引导它输出正确的答案。

3.6 本章小结

（1）在调教ChatGPT之前，我们要先了解ChatGPT的特性，其特性包括：**能够联系上下文、情感识别、个性化调整、长对话处理、多任务处理、逻辑推理。只有了解其特性，才能更好地发挥其特性。**

（2）科学提问的底层逻辑：提示词要尽量清晰、具体、简洁、避免歧义，复杂问题最好能分步提问。

（3）学会使用指令。当你对ChatGPT回答的内容不满意时，可以通过一些指令来纠正和拓展答案，使得最终答案更趋向于你的理想答案。最常用的指令是“继续”，当ChatGPT触及上下文长度限制而中断回答时，我们可通过该指令让其沿着上文继续回答。为了避免歧义，最好使用“继续+动作”的方式调用指令，例如继续写、继续翻译、继续提炼等；其他常用指令可通过向ChatGPT提问获取。

（4）学会导入身份。这是获取高质量回答的最常用技巧。ChatGPT**非常善于“角色扮演”，只要你为它指定一个身份角色，它就会基于你设定的角色给出非常专业的回答。**在角色设定时，提示词需要包含4个基本特征：身份+背景+目标+要求。

（5）调优的两种方式：一种是直接在对话中对ChatGPT的回答进行指正；另一种是通过网站自带的评价系统对ChatGPT的回答做出评价。

通过本章讲到的这些调优方法，我们可以更高效地向ChatGPT提问，这有助于我们得到更符合期望的答案。

第4章

ChatGPT助力编程效能提升

我的本职工作就是程序员，并且在研发岗位工作了10年以上，从初级小白技术岗到带着几十人的团队做项目，积累了一些一线“作战经验”。

一个很有意思的现象是，AI的快速发展，尤其是ChatGPT横空出世后，编程圈出现了截然不同的两种观点：有人认为AI将取代人工编程，发出类似“三体”降临前的悲观论调（程序员不存在了）；有人则认为AI只能完成相对独立的单一功能，对于复杂的项目级开发，AI就不适用了。

务实的程序员信奉一句话：“Talk is cheap，show me the code.”意思大概就是别整那些没用的，亮出你的代码！没错，实践才是检验真理的唯一标准。

因此，我也通过ChatGPT做了不少编程方面的实践，ChatGPT给我的感觉就像一位知识储备全面、动手能力极强但有点一根筋的助手。他能发挥多大能力和你的指引方式息息相关！

本章通过一系列案例，由浅入深地向读者展示ChatGPT在编程方面的能力。

4.1　生成你的第一份代码

程序员在学习一个新的编程语言时，通常都是从“Hello World”开始的，我们也从这里开始。

案例12：10种编程语言的“Hello World”代码

提示词如下：

> 请用10种市面上主流的编程语言，分别实现“Hello World”的代码示例。

ChatGPT的回应如下：

> 当下市面上有很多主流的编程语言。以下是使用其中10种主流编程语言编写的“Hello World”代码示例。

```
1.Python:
print("Hello, World! ")
2.JavaScript:
console.log("Hello, World! ");
3.Java:
public class HelloWorld {
    public static void main(String[] args) {
```

```
        System.out.println("Hello, World! ");
    }
}
4.C:
#include <stdio.h>
int main() {
    printf("Hello, World! \n");
    return 0;
}
5.C++:
#include <iostream>
int main() {
    std: : cout << "Hello, World! " << std: : endl;
    return 0;
}
6.C#:
using System;
class HelloWorld {
    static void Main() {
        Console.WriteLine("Hello, World! ");
    }
}
7.Ruby:
puts "Hello, World! "
8.Swift:
import Swift
print("Hello, World! ")
9.Go:
package main
import "fmt"
func main() {
    fmt.Println("Hello, World! ")
}
```

```
10.Rust:
fn main() {
    println! ("Hello, World! ");
}
```

这些示例涵盖了Python、JavaScript、Java、C、C++、C#、Ruby、Swift、Go和Rust这10种主流编程语言。每个示例都会输出“Hello, World！”的消息。

我们可以看到，ChatGPT可以飞快完成基础代码的编写，而且支持各种编程语言。当然，上面的代码只是最简单的入门例子，接下来我们让ChatGPT完成更复杂的功能级模块代码。

4.2 功能级模块代码开发

一个功能级模块通常为某一细分功能点的一个函数或多个函数的组合，或者是一个可被直接引用的代码组件。

这里我们通过两个案例来详细介绍。

案例13：实现一个Java冒泡排序算法的示例

提示词如下：

请使用Java编程语言，完成一个冒泡排序算法的示例。

ChatGPT的回应如下：

以下是使用Java编程语言实现冒泡排序算法的示例代码。

```
public class BubbleSort {
    public static void main(String[] args) {
        int[] arr = {5, 2, 8, 12, 1, 6, 3, 9, 4, 7};
        System.out.println("原始数组: ");
        printArray(arr);
        bubbleSort(arr);
        System.out.println("\n排序后的数组: ");
        printArray(arr);
```

```
    }
    public static void bubbleSort(int[] arr) {
        int n = arr.length;
        for(int i = 0; i < n - 1; i++) {
            for(int j = 0; j < n - i - 1; j++) {
                if(arr[j] > arr[j + 1]) {
                    // 交换arr[j]和arr[j+1]
                    int temp = arr[j];
                    arr[j] = arr[j + 1];
                    arr[j + 1] = temp;
                }
            }
        }
    }
    public static void printArray(int[] arr) {
        for(int i = 0; i < arr.length; i++) {
            System.out.print(arr[i] + " ");
        }
        System.out.println();
    }
}
```

该示例中的bubbleSort方法实现了冒泡排序算法。在main方法中，首先定义了一个整型数组arr；然后调用bubbleSort方法对数组进行排序；最后使用printArray方法输出排序后的数组。执行程序将输出原始数组和排序后的数组。

案例14：实现一个Vue复选框组件

提示词如下：

请实现一个Vue复选框组件的代码示例。

ChatGPT的回应如下：

以下是一个简单的Vue复选框组件的代码示例。

```
<template>
  <div>
    <h2>选择的选项：</h2>
    <ul>
      <li v-for=" option in selectedOptions" : key="option">
        {{ option }}
      </li>
    </ul>
    <h2>可选的选项：</h2>
    <div v-for="option in options" : key="option">
      <input
        type="checkbox"
        : value="option"
        v-model="selectedOptions"
      />
      <label>{{ option }}</label>
    </div>
  </div>
</template>
<script>
export default {
  data() {
    return {
      options: ['Option 1', 'Option 2', 'Option 3', 'Option 4'],
```

```
      selectedOptions: [],
    };
  },
};
</script>
'''
```

在上面的示例中，我们创建了一个Vue组件，其中包含了一个用于选择多个选项的复选框组件。在模板中，我们使用v-for指令来循环遍历options数组，并为每个选项渲染一个复选框和标签。我们将选中的选项存储在selectedOptions数组中，使用v-model指令实现双向绑定。

在页面中，使用<ul>元素显示已选择的选项，并使用<div>元素显示可选的选项。当用户选择或取消选择一个选项时，selectedOptions数组将自动更新，页面上的选择结果也会相应更新。

请注意，上述代码只是一个简单的示例，用于演示Vue复选框组件的基本实现方法。在实际应用中，你可能需要根据需求进行更多的定制和样式设置。

通过案例13和案例14，我们能得到结论：对于此类功能级的片段代码或模块，只要指令清晰、明确，ChatGPT就能够快速完成目标代码的输出，同时还会给出简明的代码说明，还是比较友好的。

对于有经验的开发者，这显然提高了开发效率。有了ChatGPT的助力，你可以把更多精力放在核心业务逻辑上，对于大量庞杂的基础代码则完全可以交给ChatGPT处理；如果你是代码小白，或者是刚开始学习一个新的编程语言，ChatGPT也是一个非常得力的学习助手，可利用它快速生成你想了解的各种示例。

利用ChatGPT完成功能级模块代码的编写，通常只需要一两个指令就可以了。如果你想利用ChatGPT完成一整个项目，或是一个完整工具或游戏的开发，就没那么容易了。

比如下面这个案例，我们直接让ChatGPT开发一个完整的项目，它往往会给出“敷衍”的概括性回答。

提示词如下：

请实现一个股票盯盘系统，要求给出所有源代码，谢谢！

ChatGPT的回应如下：

对不起，我可能无法提供一个完整的股票盯盘系统的源代码，因为这需要大量的技术细节，包括后端数据库设计、前端用户界面设计、股票市场数据的获取和处理等，并且需要一个专业的团队进行维护。

然而，我可以提供一个简单的Python脚本，使用pandas_datareader库从Yahoo Finance中获取股票数据。这个脚本会每隔一段时间获取一次指定股票的当前价格。这只是一个非常基础的脚本，没有错误处理、用户界面或任何高级特性，但可能对你有所帮助。

注意：此代码在运行之前，需要在你的环境中安装pandas_datareader和yahoo_fin这两个Python库。你可以通过下面的命令来安装：

```
pip install pandas_datareader yahoo_fin
```

以下是Python脚本：

```
import time
from pandas_datareader import data as pdr
import yfinance as yf
# 配置yfinance以便通过Yahoo Finance获取股票数据
yf.pdr_override()
# 你要追踪的股票代码
stock = 'AAPL'
# 每隔多少秒获取一次股票价格
interval = 60
while True:
    # 获取当前股票价格
    df = pdr.get_data_yahoo(stock, period='1d')
    current_price = df['Close'][0]
    print(f'The current price of {stock} is: {current_price}')
    # 等待一段时间
    time.sleep(interval)
```

这个脚本会无限循环地获取指定股票的当前价格并输出。你可以根据需要，修改股票代码和间隔时间。

我们看到，ChatGPT提示我们完成该系统过于复杂，需要考虑多方面因素。它提供的简单示例或许可以运行，但这只是一个非常基础的脚本，没有错误处理、用户界面或任何高级特性，显然这不是我们想要的结果。

4.3 项目级模块代码开发

如果要用ChatGPT辅助我们快速完成项目级的开发，就需要通过科学的方法来引导了。

这里我罗列了一个基本的引导方法，主要分为如下几个步骤。

（1）人工梳理项目需求。

（2）用ChatGPT完成功能模块的拆解。

（3）根据业务逻辑优先级，人工利用ChatGPT将各个模块拆解成函数。

（4）用ChatGPT具体实现拆解出来的每一个函数。

（5）按照步骤（3）~步骤（5），逐个实现每一个模块。

（6）项目整合，人工将各模块组装起来。

（7）若中间环节遇到问题，则人工引导ChatGPT灵活解决。

基于以上步骤，我们以4.2节提到的股票盯盘系统为例，为大家拆解一个具体的项目级开发案例。

首先，梳理项目需求。需求是项目启动的先决条件，这一步需要人工根据项目实际情况进行整理。对ChatGPT“投喂”需求，要尽可能运用简单明确的语言将需求概括清楚。这里我简单梳理了一下“股票盯盘系统”的需求。

案例15：请ChatGPT梳理“股票盯盘系统”需求

提示词如下：

> 梳理一下我的需求列表，你不用着急实现。首先设计需要实现哪些模块，然后一个个模块逐步细化。
>
> 1.实时股票盯盘系统。
>
> 2.可同时观测美股多只股票。
>
> 3.本金为500美元，用于交易美股。
>
> 4.制定交易策略，通知我什么时候买入、卖出。

5.买入时提示股票代码、买入价格区间、买入股数、账户实时余额（包含股票的价值）。

6.卖出时提示股票代码、卖出价格区间、卖出股数、卖出收益率和收益金额、账户实时余额（包含股票的价值）。

7.交易策略需要考虑我的账户余额。

8.买入和卖出的间隔需要大于5分钟，保证我有足够的操作时间。

9.我的目的是通过你的买入和卖出建议，实现盈利。

10.不要在一只股票上花掉60%以上的本金。

ChatGPT的回应如下：

根据你的需求，我们可以将这个实时股票盯盘系统分为以下几个模块。

1.数据获取模块：从股票市场获取实时股票数据，包括港股和美股的价格、交易量等信息。

2.账户管理模块：管理你的账户，包括本金、持仓、实时余额等信息。

3.交易策略模块：制定交易策略，包括买入和卖出信号的生成。

4.交易执行模块：根据交易策略发出的信号执行买入或卖出操作，并更新账户信息。

5.通知模块：将买入和卖出建议、实时余额等信息通知给你。

以下是每个模块的具体实现思路。

1.数据获取模块：

- 使用API或爬虫技术从相关网站或数据提供商处获取实时股票数据。
- 可以考虑使用第三方库，如ccxt或yfinance，以简化数据获取过程。

2.账户管理模块：

- 设计一个账户类，用于存储本金、持仓、实时余额等信息。
- 实现账户类的相关方法，如买入、卖出、更新余额等。

3.交易策略模块：

- 设计一个交易策略类，用于生成买入和卖出信号。
- 根据需求实现不同的交易策略，如基于技术指标、基于大数据分析等。
- 考虑账户余额和其他约束条件（如买入卖出间隔、风险管理等）。

> 4.交易执行模块：
>
> - 实现一个交易执行函数，根据交易策略模块发出的信号执行买入、卖出操作。
>
> - 考虑交易成本（如手续费、滑点等）。
>
> - 更新账户信息。
>
> 5.通知模块：
>
> - 设计一个通知类，将买入和卖出建议、实时余额等信息发送给你。
>
> - 可以使用电子邮件、短信、即时通信软件等方式进行通知。
>
> 在实现每个模块时，我们可以根据具体需求逐步完善代码。当所有模块完成后，将它们集成到一个完整的系统中，并进行测试和优化。

我们看得出，ChatGPT的表现很不错，项目模块拆分较为合理，而且效率非常高。

接下来，我们可以让ChatGPT选择合适的技术栈去实现各个模块，也可以人工指定自己期望的技术栈，这里假定我们指定ChatGPT利用前端语言结合第三方库来完成开发。

案例16：请ChatGPT完成“股票盯盘系统”代码开发

提示词如下：

> 可否仅通过HTML、JavaScript、CSS结合第三方库实现上述所有模块?

ChatGPT的回应如下：

> 是的，通过HTML、JavaScript、CSS，以及第三方库，你可以实现上述所有模块。以下是如何使用这些技术实现各个模块的概述。
>
> 1.数据获取模块：
>
> - 使用JavaScript第三方库（如Alpha Vantage、IEX Cloud 等）获取实时股票数据。
>
> - 使用Fetch API或第三方库（如 Axios）发送请求获取数据。
>
> 2.账户管理模块：
>
> - 使用JavaScript创建一个账户类，用于存储本金、持仓、实时余额等信息。
>
> - 实现账户类的相关方法，如买入、卖出、更新余额等。
>
> 3.交易策略模块：
>
> - 使用JavaScript创建一个交易策略类，用于生成买入和卖出信号。

- 根据需求实现不同的交易策略，如基于技术指标、基于大数据分析等。
- 考虑账户余额和其他约束条件（如买入卖出间隔、风险管理等）。

4.交易执行模块：

- 使用JavaScript实现一个交易执行函数，根据交易策略模块发出的信号执行买入或卖出操作。
- 考虑交易成本（如手续费、滑点等）。
- 更新账户信息。

5.通知模块：

- 使用JavaScript创建一个通知类，将买入和卖出建议、实时余额等信息发送给你。
- 可以通过Web应用的形式展示通知，或者使用第三方服务（如Twilio、SendGrid等）发送电子邮件、短信等通知。

6.前端展示：

- 使用HTML和CSS设计一个用户界面，展示股票数据、账户信息、交易建议等内容。
- 利用JavaScript操作DOM，实时更新前端界面的数据。

在这个过程中，你可能需要了解跨域资源共享（CORS）策略，因为某些股票数据API可能会限制跨域请求。为了解决这个问题，你可以将请求发送到自己的服务器，然后由服务器与API进行通信。另外，你还需要注意API的访问限制（如请求频率限制、访问次数限制等），并根据需要选择合适的API。

通过上面的引导，我们明确了所选技术栈可以实现项目需求，另外也为后面的代码实现设置了上下文环境，ChatGPT会选择前端技术HTML、Javascript、CSS，以及第三方库来编写具体代码。

根据ChatGPT的反馈，我认为在众多模块中，数据获取模块的业务优先级最高。那么接下来，我们让ChatGPT先拆解该模块所用的函数。

提示词如下：

> 好的，我们先来设计数据获取模块，请你先设计实现这个模块需要几个函数，先不要实现。

ChatGPT的回应如下：

> 为了实现数据获取模块，我们可以设计以下几个函数。

> 1.fetchStockData（stockSymbols,interval）：获取股票数据的主要函数，将股票代码列表（stockSymbols）和数据时间间隔（interval）作为参数。该函数将调用其他辅助函数来获取股票数据，并返回一个Promise，解析后包含所需的股票数据。
>
> 2.fetchSingleStockData（stockSymbol,interval）：用于获取单只股票数据的函数，将股票代码（stockSymbol）和数据时间间隔（interval）作为参数。该函数将通过API请求获取该股票的实时数据。
>
> 3.parseStockData（response）：从API响应中解析股票数据的函数。该函数将处理API返回的数据格式，并提取我们需要的信息，如股票价格、交易量等。
>
> 4.handleError（error）：处理错误的函数。当请求失败或出现错误时，这个函数将负责处理错误，并在适当的情况下向用户反馈错误信息。
>
> 以上4个函数分别负责不同的任务，通过它们的组合，我们可以实现一个完整的数据获取模块。在实际实现时，可能还需要根据所选API的具体要求进行一些调整。

几秒钟后，此模块的函数被迅速生成，就是我们预设的JavaScript风格。接下来就是让ChatGPT实现每一个函数的具体代码。

我们优先实现其中最核心的业务逻辑函数，fetchStockData（stockSymbols,interval）。

提示词如下：

> 好的，那请先实现函数fetchStockData（stockSymbols,interval）。

ChatGPT的回应如下：

> 为了实现fetchStockData函数，我们首先需要选择一个股票数据API。在这个示例中，我们将使用Alpha Vantage API。请注意，你需要注册一个免费API密钥才能使用该API。
>
> 以下是fetchStockData函数的实现代码：

```
const API_KEY = 'your_api_key';  // 请替换为你的Alpha Vantage API密钥
async function fetchStockData (stockSymbols, interval) {
    const stockDataPromises = stockSymbols.map ( (symbol) =>
fetchSingleStockData (symbol, interval) );
    try {
        const stockDataArray = await Promise.all (stockDataPromises);
```

```
        const stockData = stockDataArray.reduce((result, data, index) => {
            result[stockStymbols[index]] = data;
            return result;
        }, {});
        return stockData;
    } catch(error) {
        handleError(error);
    }
}
function handleError(error) {
    console.error('Error fetching stock data: ', error);
}
```

在这个实现代码中，我们首先使用Array.prototype.map方法为每个股票代码创建一个fetchSingleStockData函数的Promise。然后使用Promise.all等待所有请求完成，并将结果组合成一个包含股票代码和对应股票数据的对象。

请注意，这里我们还没有实现fetchSingleStockData函数。你需要先实现这个函数，才能使用fetchStockData函数获取股票数据。

在使用这个函数之前，请确保在实际项目中使用了自己的API密钥。为了避免将API密钥暴露在前端代码中，建议将请求代理到你的服务器，并在服务器端存储API密钥。

我们看到，要实现该模块，逻辑上需要优先实现fetchSingleStockData函数，那么接下来，我们让ChatGPT具体实现一下。

提示词如下：

既然这样，请实现一下fetchSingleStockData函数。

ChatGPT的回应如下：

在这个示例中，我们将继续使用Alpha Vantage API获取股票数据。以下是fetchSingleStockData函数的实现代码：

```
async function fetchSingleStockData(stockSymbol, interval) {
 const apiUrl='https: //www.                    query?function=TIME_SERIES_INTRADAY&symbol=${stockSymbol}&interval=${interval}&api
```

```
key=${API_KEY}';
    try {
        const response = await fetch(apiUrl);
        const data = await response.json();
        if(data['Error Message']) {
         throw new Error('Error fetching data for ${stockSymbol}
: ${data['Error Message']}');
        }
        const parsedData = parseStockData(data);
        return parsedData;
    } catch(error) {
        handleError(error);
    }
}
function parseStockData(data) {
    const timeSeries = data['Time Series(5min)'] || data['Time
Series(15min)'] || data['Time Series(30min)'] || data['Time
Series(60min)'];
    const latestTimestamp = Object.keys(timeSeries)[0];
    const latestData = timeSeries[latestTimestamp];
    const parsedData = {
        timestamp: latestTimestamp,
        open: parseFloat(latestData['1.open']),
        high: parseFloat(latestData['2.high']),
        low: parseFloat(latestData['3.low']),
        close: parseFloat(latestData['4.close']),
        volume: parseInt(latestData['5.volume'], 10),
    };
    return parsedData;
}
```

fetchSingleStockData函数通过Alpha Vantage API获取单只股票的实时数据。函数首先构造API请求URL，然后使用fetch方法发送请求。收到响应后，函数将检查是否存在错误消息。如果一切正常，函数将调用parseStockData函数解析股票数据，并返回解析后的数据。

> 请注意，在使用这个函数之前，请确保已经实现了handleError函数，并在实际项目中使用了自己的API密钥。为了避免将API密钥暴露在前端代码中，建议将请求代理到你的服务器，并在服务器端存储API密钥。

从上述的会话中，我们看到数据源用到了Alpha Vantage的API，但我并不知道调用Alpha Vantage API的方法。

没关系，继续让ChatGPT帮我们解决。

提示词如下：

> 上文中，你说到我需要注册一个免费API密钥才能使用该API，请问如何注册？

ChatGPT的回应如下：

> 要注册Alpha Vantage API密钥，请按照以下步骤操作。
>
> 1.访问 Alpha Vantage 官方网站。
>
> 2.单击主页上的“Get your free API key”按钮。
>
> 3.弹出获取 API 密钥的页面，填写必要的信息，如你的名字、电子邮件地址等。选择适当的选项，如用途等。
>
> 4.阅读并同意Alpha Vantage的服务条款和隐私政策后，点击“Get free API key”按钮。
>
> 5.系统将为你生成一个API密钥，并显示在屏幕上。你还会收到一封包含API密钥的电子邮件。
>
> 现在，你已经成功获取了Alpha Vantage API密钥。请将其添加到你的代码中，以便访问Alpha Vantage提供的股票数据。请注意，免费API密钥可能具有一定的访问限制，例如每分钟请求数量限制和每日请求数量限制。在实际应用中，请确保遵守这些限制。
>
> 另外，请注意保护你的API密钥，不要将其公开或分享给他人。为了保护密钥，建议将API请求代理到你的服务器，并在服务器端存储和管理密钥。这样，前端代码就不需要包含API密钥了，从而降低泄露风险。

如果按照传统方式开发，这些都需要人工花费时间去做具体调研，显然ChatGPT大大提升了我们的工作效率。我们按照ChatGPT的提示，即可快速完成账号注册并获取到所需的API密钥。拿到密钥后，配置到代码中，我们继续后面的操作。

提示词如下：

> 请实现数据获取模块的另外两个函数。

ChatGPT的回应如下：

根据前面的讨论，我们还需要实现parseStockData和handleError函数。实际上，我们在前面实现fetchSingleStockData函数时已经实现了parseStockData函数。这里，我们将重点实现handleError函数。

以下是handleError函数的实现代码：

```
function handleError(error) {
    console.error('Error fetching stock data: ', error);
     alert('Error fetching stock data.Please check the console
for more details.');
}
```

在这个实现代码中，我们将错误信息记录到控制台，并向用户显示一个简单的警告。在实际项目中，你可能需要根据项目需求来实现更复杂的错误处理逻辑。例如，可以根据错误类型提供不同的提示信息，或者在发生错误时触发其他操作（如重新获取数据等）。

现在，你已经实现了数据获取模块的所有函数。可以使用fetchStockData函数获取股票数据，并在前端展示数据或将数据用于其他模块（如交易策略模块等）。请注意，为了确保模块正常工作，你需要在实际项目中使用自己的API密钥，并遵守API使用限制。

至此，数据获取模块的所有函数都已实现，我们需要让ChatGPT帮我们实现一个简单的网页，用于展示数据获取模块读到的数据。

提示词如下：

请帮我实现一个简约风格的网页，并以表格形式展现在数据获取模块中获取的数据。

ChatGPT的回应如下：

为了实现一个简约风格的网页，我们将使用HTML、CSS 和 JavaScript来创建一个表格，展示数据获取模块中获取的股票数据。首先，我们来创建HTML和CSS结构。

```
**HTML: **
<! DOCTYPE html>
<html lang="en">
<head>
```

```
    <meta charset="UTF-8">
    <meta name="viewport" content="width=device-width, initial-
scale=1.0">
    <title>Stock Data</title>
    <link rel="stylesheet" href="styles.css">
</head>
<body>
    <h1>Stock Data</h1>
    <table id="stock-data-table">
        <thead>
            <tr>
                <th>Symbol</th>
                <th>Timestamp</th>
                <th>Open</th>
                <th>High</th>
                <th>Low</th>
                <th>Close</th>
                <th>Volume</th>
            </tr>
        </thead>
        <tbody id="stock-data-body">
        </tbody>
    </table>
    <script src="main.js"></script>
</body>
</html>
'''

**CSS (styles.css): **
body {
    font-family: Arial, sans-serif;
    margin: 0;
    padding: 0;
```

```
    background-color: #f5f5f5;
}
h1 {
    text-align: center;
    padding: 20px;
    background-color: #fff;
    margin-bottom: 20px;
}
table {
    width: 100%;
    border-collapse: collapse;
    background-color: #fff;
}
th, td {
    padding: 10px;
    text-align: center;
    border: 1px solid #ddd;
}
th {
    background-color: #f2f2f2;
    font-weight: bold;
}
tr: nth-child(even) {
    background-color: #f2f2f2;
}
```

现在，我们将使用JavaScript来填充表格数据。使用前面实现的fetchStockData函数获取股票数据，并将数据插入HTML表格中。

```
**JavaScript(main.js):**
const stockSymbols = ['MSFT', 'AAPL'];  // 请根据需要替换股票代码
const interval = '5min';  // 请根据需要替换时间间隔
async function displayStockData() {
    try {
        const stockData = await fetchStockData(stockSymbols,
```

```
interval);
        const tableBody = document.getElementById('stock-data-
body');
        stockSymbols.forEach((symbol) => {
            const data = stockData[symbol];
            const row = document.createElement('tr');
            row.innerHTML = `
                <td>${symbol}</td>
                <td>${data.timestamp}</td>
                <td>${data.open.toFixed(2)}</td>
                <td>${data.high.toFixed(2)}</td>
                <td>${data.low.toFixed(2)}</td>
                <td>${data.close.toFixed(2)}</td>
                <td>${data.volume}</td>
            `;
            tableBody.appendChild(row);
        });
    } catch(error) {
        handleError(error);
    }
}
displayStockData();
```

在这段代码中，首先定义了要获取数据的股票代码和时间间隔。然后，创建一个displayStockData函数，该函数使用fetchStockData函数获取股票数据，并将数据插入HTML表格中。使用document.createElement创建新的表格行（tr），并使用模板字符串填充行的内容。最后，将新创建的行添加到表格的tbody元素中。

数据响应长度超过了上下文限制，我们输入提示词“继续”可令其继续输出。

提示词如下：

继续。

ChatGPT的回应如下：

现在，你已经创建了一个简约风格的网页，该网页使用表格展示数据获取模块中获取的股票数据。你可以根据项目需求进一步调整HTML、CSS和JavaScript代码，以实现所需的功能和外观。

到这里，我们的数据获取模块已经完全实现，数据源使用了第三方库、JavaScript的几个函数获取到需要的数据，网页负责数据展示。

接下来的任务需要人工处理，即将所有零散的代码块整合为可以运行的项目代码。这个对于稍有经验的程序员来讲，门槛并不高。

我复制了ChatGPT生成的代码，在本地分别创建了对应的文件，简单调试了一下。结果如图4-1所示，这里展示了苹果和微软公司的股票信息。

Stock Data

Symbol	Timestamp	Open	High	Low	Close	Volume
MSFT	2023-03-31 20:00:00	288.54	288.54	288.54	288.54	442
AAPL	2023-03-31 20:00:00	164.92	164.93	164.90	164.90	4598

图4-1

如果需要展示更多自选股，在代码中自行配置即可。

到这一步，数据获取模块全部调通，所有源代码从无到有，再到成功运行，不到半个小时。不得不说，ChatGPT真的是一个得力助手！其他模块的实现逻辑也一样，有兴趣的读者可以按这个方法实操一下，限于篇幅，这里不再继续展示了。

上述操作基本是利用ChatGPT实现复杂代码的一个通用逻辑。在这里，所有的基础代码均可由ChatGPT实现，而人工只需要负责完成提示指引、架构整合等工作，这显然大大降低了开发成本，能让开发者从繁杂的基础代码中腾出手来，从而更加专注于项目的核心业务。

4.4　零基础也能快速开发插件、游戏或小程序

ChatGPT有一个明显的好处，就是能帮你高效完成“跨界”，这点在编程领域非常明显。

比如，你是后端程序员，可以利用ChatGPT完成页面开发；你是前端程序员，可以让ChatGPT快速搭建一个模拟的后台；还有一些特定方向的开发，比如浏览器插件、小游戏等。

你想开发谷歌浏览器插件，但你之前并没有任何浏览器插件开发的经验，甚至前端开发的经验也没有，这时就该让ChatGPT出场了。

案例17：如何开发谷歌浏览器插件

提示词如下：

> 如何开发谷歌浏览器插件？请给出具体步骤和一个简单示例。

ChatGPT的回应如下：

开发一个谷歌浏览器插件（Chrome扩展程序）可以分为以下几个步骤。

1.创建一个新的文件夹来存放插件的所有文件。

2.在该文件夹中，创建一个名为manifest.json的文件。这个文件是必需的，它用来告诉Chrome这个插件的基本信息，如版本号、名称、需要的权限等。

下面是一个简单的manifest.json文件示例：

```json
{
    "manifest_version": 2,
    "name": "My first Chrome Extension",
    "version": "1.0",
    "description": "This is my first Chrome Extension.",
    "browser_action": {
        "default_icon": "icon.png",
        "default_popup": "popup.html"
    },
    "permissions": [
        "activeTab"
    ]
}
```

其中：

- manifest_version：manifest的版本号，现在必须是2。
- name：扩展程序的名称。
- version：扩展程序的版本号。
- description：扩展程序的简单描述。
- browser_action：设置扩展程序的图标和点击图标后弹出的页面。
- permissions：扩展程序所需要的权限。

3.创建popup.html文件。

```html
<! DOCTYPE html>
<html>
```

```
    <head>
        <title>My first Chrome Extension</title>
        <style>
            body {
                width: 300px;
                height: 200px;
                margin: 0;
                padding: 0;
            }
        </style>
        <script src="popup.js"></script>
    </head>
    <body>
        <h1>Hello, World! </h1>
    </body>
</html>
```

4.创建popup.js文件（这个例子中我们不需要任何JavaScript代码，但在真实世界中的扩展程序里，通常必须使用JavaScript代码）。

```javascript
// 在这里添加你的JavaScript代码
```

5.创建icon.png文件。这个文件是插件的图标，大小一般为128像素×128像素。注意，这个图标的文件名必须和manifest.json文件中browser_action.default_icon的值相匹配。

6.安装扩展程序：打开Chrome，点击右上角的“菜单→更多工具→扩展程序”命令，或者直接在地址栏输入chrome：//extensions/。打开扩展程序页面，首先选择“开发者模式”，然后点击“加载已解压的扩展程序”，选择你创建的文件夹。

7.现在，你应该可以在浏览器的工具栏上看到你的扩展程序图标了。点击图标，就能看到popup.html页面。

以上就是创建一个最简单的Chrome扩展程序的步骤。在实际开发中，你可能需

> 要使用更多的API和权限，可以参考“Chrome扩展程序开发文档”来获取更多信息。

ChatGPT很快给出了具体且可行的步骤及示例代码。我们在传统搜索引擎中搜索相关内容时，得到的结果往往是分散的，而通过ChatGPT可以直接看到具体的案例，这大大提升了我们的研发速度，让不同技术之间的壁垒越来越小。

案例18：如何利用Python开发2D游戏

提示词如下：

> 如何利用Python开发一个简单的2D游戏。

ChatGPT的回应如下：

> 在Python中，我们可以使用Pygame库来开发2D游戏。以下是一种基本的实现方式。请注意，这只是一个基本框架，如果需要更多特性，例如爆炸特效、音效、更复杂的敌人行为等，可能需要花更多的时间来改进和扩展这个基础版本。

```
'''python
import pygame
import sys
# 初始化 Pygame
pygame.init()
# 设置窗口大小
size = width, height = 640, 480
screen = pygame.display.set_mode(size)
# 加载飞机和子弹的图片
player = pygame.image.load('player.png')
bullet = pygame.image.load('bullet.png')
# 定义玩家的位置
playerRect = player.get_rect()
playerRect.topleft = [50, height / 2]
bullets = []
# 定义敌人的位置
enemy = pygame.image.load('enemy.png')
enemies = [[640, 100]]
# 游戏主循环
```

```
while True:
    for event in pygame.event.get():
        if event.type == pygame.QUIT: sys.exit()
        # 按下空格键发射子弹
        if event.type == pygame.KEYDOWN:
            if event.key == pygame.K_SPACE:
              bullets.append([playerRect.x + playerRect.width, 
playerRect.y + playerRect.height / 2])
    keys = pygame.key.get_pressed()
    if keys[pygame.K_UP]:
        playerRect = playerRect.move([0, -5])
    if keys[pygame.K_DOWN]:
        playerRect = playerRect.move([0, 5])
    # 画背景
    screen.fill((0, 0, 0))
    # 画玩家
    screen.blit(player, playerRect.topleft)
    # 移动子弹
    for b in bullets:
        b[0] += 10
        screen.blit(bullet, b)
    # 移动和画敌人
    for e in enemies:
        e[0] -= 5
        screen.blit(enemy, e)
    # 检查碰撞
    for b in bullets:
        if playerRect.colliderect(b):
            bullets.remove(b)
            # 在这里添加爆炸效果
            break
    pygame.display.update()
'''
```

上述代码需要提供player.png、bullet.png、enemy.png这3个图片文件，分别

> 代表玩家、子弹和敌人。当子弹击中敌机时，可以添加一个爆炸特效。
>
> 请注意，如果想要创建一个更专业的游戏，可能需要考虑添加更多的特性，例如音效、更多的敌人、不同种类的子弹、等级系统等。为了处理这些复杂的特性，可能需要创建更多的类和函数，而不是将所有代码都放在主循环中。

ChatGPT提到了使用Pygame库的解决思路，并给出一个具体案例，直接复制代码，补齐对应的几个图片文件，一个可运行的示例就实现了。对于Python初学者，可在此代码的基础上进行调试或二次开发。

案例19：如何开发微信小程序

提示词如下：

> 我想开发一款微信小程序，通常有哪些技术方案？请列举各种方案的优缺点。

ChatGPT的回应如下：

> 微信小程序开发主要有以下几种技术方案。
>
> 1.原生微信小程序开发：使用微信官方提供的微信开发者工具进行开发，主要使用的语言是JavaScript，其中的WXML和WXSS分别对应Web的HTML和CSS。
>
> 优点：
>
> - 对微信平台支持最好，所有新的特性和API都会最早支持。
>
> - 性能较好，稳定性强，与微信原生API交互流畅。
>
> - 微信官方提供详细的文档和示例代码。
>
> 缺点：
>
> - 代码不能跨平台使用，比如不能直接用于开发支付宝小程序等。
>
> - 缺少一些复杂应用所需的前端工程化能力，比如组件化开发、模块化开发等。
>
> 2.使用Taro框架：Taro是一套来自京东凹凸实验室的多端统一开发框架，支持使用React、Vue、Nerv等框架编写代码，再编译成微信小程序、百度小程序、支付宝小程序等。
>
> 优点：
>
> - 可以使用React、Vue等熟悉的框架进行开发。
>
> - 一次编写，多端运行，可以大大提高开发效率。

- 社区活跃，文档丰富，有很多优秀的第三方插件。

缺点：

- 对一些微信小程序的特性支持可能不及时。

- 为了兼容多端，可能需要做一些妥协，对性能和体验有一定影响。

3.使用WePY框架：WePY是类似于Vue的一款框架，可以让开发者使用类Vue的语法进行微信小程序开发。

优点：

- 支持使用类Vue的语法进行开发，学习成本低。

- 支持组件化开发，提高了开发效率。

- 有很多优秀的第三方插件。

缺点：

- 社区相较Taro小一些，对问题的响应速度可能不及Taro快。

- 框架更新可能没有Taro频繁。

4.使用uni-app框架：uni-app是一个使用Vue开发所有前端应用的框架，它允许开发者编写Vue代码，然后发布到多个平台。

优点：

- 支持使用Vue语法，支持多端运行，包括iOS、Android、微信小程序、支付宝小程序等。

- 集成了很多优秀的插件，提供了很多增强功能。

提示词如下：

继续。

ChatGPT的回应如下：

优点（续）：

-DCloud提供了大量的服务，包括云服务、HBuilderX编辑器、mUI框架等，一站式的服务能够显著提高开发效率。

缺点：

- 对一些微信小程序的特性支持可能不及时，因为需要考虑到其他多端的兼容性。

> – 性能可能略逊于原生微信小程序，特别是一些复杂的小程序。
>
> 选择哪种技术方案取决于你的具体需求，比如，你是否需要跨平台，你的团队是否已经熟悉某种语言，你的项目对性能的要求，等等。以上每种方案都有其适用的场景，需要根据实际情况来选择。

ChatGPT给出了主流的几种微信小程序开发方案，如其所说，选择哪种方案要根据团队的实际情况而定。我们团队在开发一款小程序时，采用的就是上面的方案4，差不多半个月时间，小程序初版就已经上线。而团队的大部分成员，之前都没有小程序开发的相关经验。

选好技术方案后，还可以沿着思路继续追问，比如我们就选方案4。

提示词如下：

> 使用uni-app开发小程序，需要哪些流程？

ChatGPT的回应如下：

> 使用uni-app开发微信小程序，可以遵循以下步骤。
>
> 1.环境搭建：首先需要在计算机上安装Node.js和HBuilderX。HBuilderX是DCloud官方推荐的IDE，专门用于开发uni-app。
>
> 2.创建uni-app项目：打开HBuilderX，首先点击菜单栏中的“文件→新建→项目”命令，在弹出的对话框中选择“uni-app”，然后填写项目名称和其他信息。
>
> 3.编写代码：在项目中，你会看到一个类似Vue.js项目的文件结构，可以在pages文件夹中创建页面，编写.vue文件。页面的布局使用类似HTML的语法，样式使用类似CSS的语法，逻辑使用JavaScript和Vue.js的语法。你也可以使用uni-app提供的组件和API来调用微信小程序的功能。
>
> 4.预览和调试：在HBuilderX中，首先点击菜单栏的“运行→运行到小程序模拟器”命令，然后选择“微信开发者工具”，就可以在微信开发者工具中预览和调试小程序。
>
> 5.构建和发布：当小程序开发完成后，首先点击菜单栏中的“发布→发布为微信小程序包”命令，生成最终的小程序代码。然后登录微信公众平台，上传小程序代码，并提交审核。审核通过后，你的小程序就可以发布了。
>
> 在开发过程中，你可以参考“uni-app官方文档”，里面有详细的指南和API文档，可以帮助你解决开发中遇到的问题。

到这里，我们已经可以根据ChatGPT的回应，完成环境搭建及项目初始化了。如果需求明确，可以按照4.3节的内容，让ChatGPT完成整个项目的基础代码开发。

由此我们也得到一个结论，ChatGPT的助力，能帮助你在不熟悉的技术领域快速进入角色。

4.5 让ChatGPT帮你提升代码质量

如何提升代码质量，可以从两个方向优化。

一是直接修正，比如代码优化或Bug修复等；二是提前预防，比如制定代码规范、提供完备的测试用例等。

下面就从这两个方向出发，看看ChatGPT能帮我们做些什么？

4.5.1 Bug检查

这里我首先赋予ChatGPT代码审查员的身份，然后列举一个开发小白常犯的错误，看看它能给我们提供什么建议？

案例20：请ChatGPT检查代码中的问题

提示词如下：

> 你现在是资深代码评审专家，请检查以下这段代码。
>
> ```
> var userInput = document.getElementById("userInput").value;
> document.getElementById( “output” ).innerHTML = userInput;
> ```

ChatGPT的回应如下：

> 这段代码存在一个重大的安全问题，可能使你的网站或应用程序暴露于跨站脚本攻击（XSS）的风险之下。在这个例子中，你正在从一个元素中取得用户的输入，并将这个输入直接放入另一个元素的innerHTML中。这就意味着，如果用户输入的内容包含JavaScript代码，那么这段代码将会在浏览器中执行。
>
> 例如，一个恶意的用户可以输入<script>alert（'Hacked！'）；</script>，当这段代码被放入innerHTML中时，浏览器就会执行这个alert脚本。
>
> 要防止这种攻击，你需要在将用户的输入放入HTML之前，对输入进行合适的转义。以下是一个可能的解决方案：
>
> '''javascript

```
var userInput = document.getElementById("userInput").value;
document.getElementById("output").textContent = userInput;
'''
```

在这个例子中，我们使用textContent代替innerHTML。textContent不会解析HTML标记，因此，如果用户的输入中包含任何HTML或JavaScript代码，这些代码将会被当作纯文本对待，而不会被执行。然而，这也意味着你不能使用textContent来插入含有HTML标签的内容。

如果你需要插入含有HTML标签的内容，则应该使用一个可靠的库来进行HTML的转义，比如jQuery的text函数，或者可以编写自己的转义函数。但是，你应该尽量避免这种情况，因为即使是最小的错误也可能导致XSS攻击。

下面再列举一个Python代码中存在SQL注入风险的例子。

提示词如下：

请检查以下这段代码：

```
import sqlite3
user_id = input("Enter your user ID: ")
query = f"SELECT * FROM users WHERE id = {user_id}"
sqlite3.execute(query)
```

ChatGPT的回应如下：

这段代码存在一个显著的安全漏洞，它暴露于SQL注入攻击。这段代码直接接收用户输入并将其插入SQL查询中，如果用户输入的是恶意构造的数据，例如"1; DROP TABLE users"，这将会导致数据库中的users表被删除。

在Python中，应该使用参数化查询来防止SQL注入。这是一个改进后的代码示例：

```
'''python
import sqlite3
# 创建连接
con = sqlite3.connect('my_database.db')
# 创建游标对象
cur = con.cursor()
user_id = input("Enter your user ID: ")
# 使用占位符并将参数作为元组传递给execute
```

```
query = "SELECT * FROM users WHERE id = ?"
cur.execute(query, (user_id,))
# Fetch（如果需要）和操作结果
rows = cur.fetchall()
for row in rows:
    print(row)
# 最后，关闭游标和连接
cur.close()
con.close()
'''
```

在这个改进的示例中，我们使用了问号“?”作为占位符，并且将参数作为元组传递给execute方法。这样，SQLite将会自动转义我们的输入，从而避免SQL注入。

此外，你还应该确保数据库连接在操作完成后被正确关闭，以避免资源泄露。这可以通过con.close()和cur.close()实现，或者可以使用Python中的with语句来确保资源在操作完成后被自动关闭。

通过以上两个案例，发现ChatGPT具备代码评审的能力。

（1）能够快速理解我们的代码。

（2）找出代码中存在的漏洞，解释了该隐患的原理。

（3）能给出一些指导性的建议。

4.5.2 代码规范

程序员在接手一些陈旧的项目时，经常会遇到一些“奇葩”代码，可能功能完好，但缺少注释、结构混乱，非常难以理解。

为了说明更多问题，下面我列举的这个案例可能稍显极端，但通过该案例我们能更好地理解ChatGPT对代码规范起到的作用。

案例21：请ChatGPT给出代码优化方案

提示词如下：

请帮我分析出下方代码的功能，并给出具体的优化方案。

```
let a = [1, 2, 3, 4, 5];
```

```
let b = [2, 3, 4, 5, 6];
let c =(d, e) => {
    let f = [];
    for(let g = 0; g < d.length; g++) {
        let h = false;
        for(let i = 0; i < e.length; i++) {
            if(d[g] === e[i]) {
                h = true;
                break;
            }
        }
        if(! h) {
            f.push(d[g]);
        }
    }
    return f;
};

console.log(c(a, b));
```

ChatGPT的回应如下：

这段代码的目标是找出在数组a中存在，但在数组b中不存在的元素，并返回这个新的数组。

不过，这段代码的可读性非常差，因为它使用了不清晰的单字母变量名，并且没有任何注释。另外，实现这个目标的方式也很低效，因为它使用了双层循环，时间复杂度为O（n^2）。

下面是优化后的版本，我们使用了更清晰的变量名，添加了注释，并使用了一种更有效的方法：

```
// 使用 Set 可以在 O(1) 时间复杂度内进行查找，效率更高
let setB = new Set([2, 3, 4, 5, 6]);
let arrayA = [1, 2, 3, 4, 5];

// 过滤 arrayA，只保留那些在 setB 中不存在的元素
```

```
let difference = arrayA.filter (item => ! setB.has (item) ) ;

console.log (difference) ;
```

在优化后的代码中，我们首先使用Set来存储数组b的元素，因为Set具有O（1）的查找时间复杂度。然后使用Array.prototype.filter和Set.prototype.has来找出只在数组a中存在的元素。这种方法的时间复杂度为O（*n*），效率更高。此外，我们还使用了更有意义的变量名，并添加了必要的注释，以提高代码的可读性。

我们看到，上述代码片段的可读性非常差，让人一看就头皮发麻，已没有心情去探究背后的逻辑。

这个时候，我们利用ChatGPT对代码进行规范化处理，ChatGPT为我们解读了代码，并添加了注释，优化了算法效率。

另外，我们还可利用ChatGPT对目标代码生成测试用例，这里还以上述这段代码为例。

提示词如下：

针对上文的函数，请为其添加测试用例，要求尽可能全面测试该函数的功能。

ChatGPT的回应如下：

测试用例对于保证代码质量并找出潜在的问题至关重要。我们可以通过多种方式来创建测试用例，这里是一个简单的例子，使用了console.assert()来验证预期的输出：

```
let arrayDifference = (arrayA, arrayB) => {
    let setB = new Set (arrayB) ;
    return arrayA.filter (item => ! setB.has (item) ) ;
}
// 测试用例 1:
let arrayA = [1, 2, 3, 4, 5];
let arrayB = [2, 3, 4, 5, 6];
let expectedResult = [1];
console.assert (JSON.stringify (arrayDifference (arrayA,arrayB)
) === JSON.stringify (expectedResult) , 'Test case 1 failed') ;
// 测试用例 2:
arrayA = [1, 2, 3];
arrayB = [2, 3, 4];
expectedResult = [1];
```

```
console.assert(JSON.stringify(arrayDifference(arrayA,arrayB)
) === JSON.stringify(expectedResult), 'Test case 2 failed');
// 测试用例 3:
arrayA = [1, 2, 3];
arrayB = [4, 5, 6];
expectedResult = [1, 2, 3];
console.assert(JSON.stringify(arrayDifference(arrayA,arrayB)
) === JSON.stringify(expectedResult), 'Test case 3 failed');
// 测试用例 4:
arrayA = [];
arrayB = [4, 5, 6];
expectedResult = [];
console.assert(JSON.stringify(arrayDifference(arrayA,arrayB)
) === JSON.stringify(expectedResult), 'Test case 4 failed');
```

这些测试用例涵盖了多种情况，包括正常的数组、包含所有元素不同的数组及空数组。这样可以帮助我们确认arrayDifference函数在各种情况下都能正常工作。如果有任何测试失败，那么console.assert将抛出一个错误，并显示相应的错误信息。

代码评审是指通过检查代码来发现和修复错误、缺陷和不良实践的过程。通过案例20和案例21，我们看到ChatGPT具备理解代码、发现Bug、解决Bug等能力，并可为代码添加注释、优化代码、生成测试用例等。这些能力，都将明显提高开发者的工作效率。

4.6 本章小结

本章通过一系列案例，展示了从入门的“Hello World”到项目级模块代码的开发过程，并介绍了代码质量、安全等内容。这里我们简单总结以下几点。

（1）ChatGPT具备理解、生成、优化代码的能力，能够显著提高开发效率。

（2）对于功能级模块的代码片段，如函数、组件等基础逻辑单元，只要描述清晰，通常只需一两个指令，ChatGPT便可快速生成相应代码。

（3）对于项目级模块的代码开发，ChatGPT也能起到很强的辅助作用，人工专注于引导+整合，ChatGPT专注于基础代码生成和优化。

（4）对于技术小白，或陌生技术领域，ChatGPT可提供快速辅导支持，如直接提供原理讲解、实操步骤、入门案例等，这些能让你快速进入新角色。

（5）ChatGPT具备发现Bug、解决Bug等能力，并可为代码添加注释、优化代码、生成测试用例等，这些能力能够帮助我们对代码质量进行有效把控。

ChatGPT不会取代程序员，但却极大可能会改变我们未来的工作方式，所以学习如何利用好AI工具，是当下非常重要的事。

第5章

ChatGPT助力设计效能提升

下面先看两幅绘画作品。

第一幅作品如图5-1所示，名叫*La Bella Principessa*，在2019年美国纽约国际艺术博览会（ Artexpo New York ）获得了年度最佳艺术品奖。

图5-1

第二幅作品如图5-2所示，名叫《太空歌剧院》，在2022年8月获得美国科罗拉多州博览会美术竞赛一等奖。

图5-2

能写到这本书里，相信读者已经猜出，这两幅作品的创作者都不是某位人类画家，而是AI。不断涌现的优秀的AI绘画作品，也不断刷新着公众对AI在绘画及设计领域的认知。

接下来我将通过一系列案例，向读者介绍ChatGPT在设计领域可发挥的作用。

5.1 ChatGPT如何提升设计师工作效率

网上有很多关于使用ChatGPT参与图片创作的视频，比如一位外国小哥，扔给GPT-4一张网站草图，GPT-4就直接生成了网站的完整代码；又或者输入几个提示词，GPT-4就会生成相应的图片。

对于这些操作，需要特别说明一下，在2023年9月25日之前，无论是输入（识别图片）还是输出（生成图片），都不是ChatGPT直接完成的。ChatGPT只是一个基于文本的AI模型，其能够理解和生成文本，不会直接处理图像或设计任务。

自2023年9月25日，OpenAI发布重大更新，ChatGPT将增加对多模态数据的支持，这意味着它不仅支持“写”，也能支持“看”“听”“说”了。对设计师来讲，为其带来的便利就是可直接通过ChatGPT对图片进行处理。

2023年10月19日，OpenAI的图像处理模型DALL · E3对其Plus用户及企业用户提供支持。

基于以上现状，让我们一起看看ChatGPT是如何帮助设计师提高效率和创造力的。

5.1.1　全能工作助手

基于ChatGPT海量的知识储备，可以帮助设计师在创新、研究、沟通和学习等各方面提高效率。

案例22：ChatGPT如何帮助设计师提高创造力

提示词如下：

> ChatGPT如何帮助设计师提高创造力?

ChatGPT的回应如下：

> ChatGPT可以以多种方式帮助设计师提高创造力。
>
> 1.概念发展：设计师可以使用ChatGPT来探索和发展新的设计概念。例如，设计师可以向ChatGPT提出他们的初步想法，ChatGPT可以基于其大量的训练数据，提供可能的设计方向、参考案例，或者提出有关的问题以帮助设计师更深入地思考。
>
> 2.创意激发：ChatGPT可以根据输入的参数或者要求，生成多种可能的创意建议，激发设计师的创新灵感。
>
> 3.快速查找信息：ChatGPT可以用于快速查找和提供信息，例如查找设计原则、设计规则、相关材料的性质和使用等。
>
> 4.设计反馈：虽然ChatGPT不能直接评估作品，但它可以提供一种外部的视角及一些可能的考虑因素，例如作品的可用性、可访问性和可持续性。
>
> 5.客户沟通：ChatGPT可以帮助设计师更好地与客户沟通。例如，设计师可以使

> 用ChatGPT来帮助他们解释设计的复杂部分，或者理解客户可能使用的非专业术语。
>
> 6.学习新的设计技能和理论：ChatGPT可以提供设计教程、指南和理论知识的概述，帮助设计师学习新的技能和理论。
>
> 总的来说，ChatGPT是一个强大的工具，可以帮助设计师在创新、研究、沟通和学习等各方面提高创造力。

从上述回答看得出，从文本支持的角度来看，ChatGPT可为设计师提供诸多基于文本的参考建议。

5.1.2 直接参与创作

我们可以利用AI工具定制化生成参考图片。

如果你是ChatGPT的Plus用户，那目前可以直接使用OpenAI的图片处理模型DALL · E 3，它能非常方便地生成高质量的参考图片。

除了ChatGPT，市面上也有很多技术非常成熟的AI绘图工具。例如Midjourney（一款强大的AI图像生成工具，简称MJ），这类工具能通过文字形式的提示词加一些参数，直接一键生成各种类型的图片。

在应用这些AI绘图工具时，如果你不懂如何写提示词也没有关系。可以结合ChatGPT强大的语言描述能力，根据目标需求生成丰富的艺术提示词，然后将这些提示词输入到AI绘图工具中，快速生成定制化的艺术作品。

无论你选择哪种工具，这些AI绘图工具都能够方便地生成目标图片，如企业Logo、头像、插画、UI设计图等，从而大幅提高设计工作者的效率。

案例23：使用DALL · E3和Midjourney分别快速生成图片

比如，我想画一幅中秋节家人团聚的插画。

我的中文提示词可以写成：“一幅写实风格的插画，以中秋节现代都市家庭的团聚为主题，展现熙熙攘攘的城市中家人团聚的美好时刻。”

如果你是ChatGPT的Plus用户，那么你可以选择GPT-4，其内部就直接集成了很多快捷功能模型，比如我们绘图要用到的DALL · E3就在其中，如图5-3所示。

接下来，只需要在对话框中输入绘图相关的提示词指令，GPT-4会自动调用DALL · E3模型，然后根据你的描述生成对应的画面。

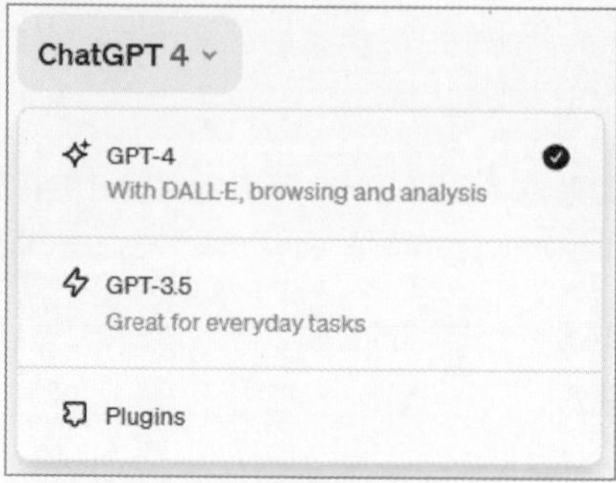

图5-3

ChatGPT中生成的图片如图5-4所示。

图5-4

从上述案例可以看出，使用OpenAI的图像处理模型DALL · E3，可直接根据中文提示词生成对应图片，并且整体效果还不错。

同样的需求，我们再看看MJ的效果如何？

由于MJ只支持英文提示词的输入，我们先将上文的中文描述翻译为英文。

英文描述：An realistic style illustration, with the theme of family reunion during the Mid-Autumn Festival in a modern urban setting, depicting the heartwarming moment of family gathering amidst the hustle and bustle of the city.

在MJ中输入提示词后，大约1~2分钟后，系统返回生成的图片，如图5-5所示。

图5-5

我们看看这段提示词的具体输出效果，画面色彩饱满，气氛温馨，符合我们需要的过节元素。

通过以上案例，可以看出MJ的出图效果也非常不错。对很多使用者，尤其初学者来说，却存在一个很直接的问题：不会写提示词。

很多人在刚接触AI绘画时，脑海里其实是有画面的，但一到上手写，却发现很难写出能与画面匹配的提示词。

试想，如果我们“投喂”给ChatGPT相关MJ的资料文档，将其训练成这个领域的提示词专家，从而帮我们生成高质量的提示词，那么这个痛点不就解决了吗？本章的后半部分将展示具体的操作方法。

接下来将结合以上两个方向，通过多个具体案例为大家展示ChatGPT在设计方面的妙用。

5.2 激发设计创意

输出一两个创意可能不难，但要保持创意一定很难。

创意没法量化，往往来源于刹那间的灵感。作为创意工作者，如果突然接到一个紧急需求，在有限的时间内给出满意的创意绝非易事。这时，可以利用ChatGPT，只要你知道如何提问，它就能很快给出具体的创意方案。

我们来看这样一个案例：你是一名UI设计师，客户需要你为他的咖啡店设计一款定制小程序。这家咖啡店位于一座历史悠久的建筑中，客户希望这款小程序的设计风格具有舒适而现代的感觉，并融入一些地方的历史元素。

案例24：请ChatGPT提供小程序创意设计方案

提示词如下：

> 我希望你担任UI设计师。我将提供有关应用程序、网站或其他数字产品设计的一些要求，而你的工作就是想出创造性的设计方案来提升用户体验。这其中可能包括产品的图像、颜色、布局和字体来传达特定的信息或概念等。我的第一个请求是：“我正在为一家小型咖啡店设计定制小程序，客户希望这款小程序具有舒适而现代的感觉，并融入一些地方的历史元素。”

ChatGPT的回应如下：

> 当然，我很乐意担任你的UI设计师，并为你的小型咖啡店定制小程序提供创意设计

方案。

1.主题与颜色

考虑到咖啡店位于历史悠久的建筑中，我建议选择一个温暖舒适的主题，并结合现代元素和一些古典的历史元素。使用柔和的中性色调，如暖色调的棕色、米色或暗红色，可以营造舒适的氛围。搭配一些现代感的冷色调，如浅蓝或灰色，以平衡整体设计。

2.标志与图标

设计一个精美而简洁的咖啡店标志，融入咖啡元素和历史建筑元素。可以使用咖啡豆、咖啡杯或咖啡壶等图标，并在其中加入一些建筑元素，例如古典建筑的轮廓。标志应该易于辨识，并在小程序中多处运用，如首页、菜单、订单等。

3.图像与照片

在小程序的背景或横幅中使用一些与历史建筑有关的高质量照片，以增加地方历史元素的融入感。此外，考虑使用一些舒适的图像，如咖啡杯、摆放整齐的咖啡豆、温馨的咖啡桌椅等，来传达现代、舒适的感觉。

4.布局与排版

采用简洁而直观的布局，确保用户可以轻松找到所需的信息。使用现代的排版风格，同时保留一些历史元素，例如使用特定的字体风格来表达咖啡店的历史传承。

5.字体选择

对于标题和横幅，选择一种现代、粗体且清晰易读的字体，以确保重要信息的突出。而在正文文本和段落中，选择一种柔和的、带有一些古典气息的字体，来传达历史元素和舒适感。

6.小程序交互

在小程序中加入一些有趣的交互元素，例如用户可以通过点击一些特定的图标或元素来了解建筑的历史故事，或者获得有关咖啡豆的知识等。这样可以增加用户的参与度，同时也体现地方历史元素的融入。

7.资讯板块

考虑在小程序中增设一个专门的资讯板块，用于展示历史建筑的照片和介绍，以及咖啡店的发展历程等。这样，不仅可以增加趣味性，还能增进客户对咖啡店的认知和了解。

综上所述，这些创意设计方案将帮助你的小型咖啡店定制小程序既传递舒适现代的感觉，又融入地方的历史元素，提升用户体验。当然，在设计过程中，我们还可以根据需要进行进一步的调整和完善。如果你有任何其他方向的要求或特定想法，请随时告诉我，我将会继续提供支持和创意！

我们看到，ChatGPT从配色、布局、图标、字体、交互等多个方面提出了具体的参考建议，具备相当的参考价值。

除了文字性的提示，我们还可以通过DALL · E3直接生成一些示意图。

提示词如下：

请基于以上描述，帮我生成一些该设计方案的示意图。

ChatGPT生成的示意图如图5-6所示。

从以上案例可以看出，ChatGPT一方面能为我们提供文字性的建议，也能快速生成对应的参考设计图。这些建议或设计图，可能没法直接被应用到产品中，却具有参考价值，这无疑大大提高了设计师的工作效率。

图5-6

我们再看一个案例，团队正在开发一款相亲类App，特意强调两个需求：注重用户隐私、界面简洁大方。我们从这个角度，基于上文中ChatGPT的角色设定，看看ChatGPT能给我们哪些创意性建议。

案例25：请ChatGPT给出相亲类App的设计元素建议

提示词如下：

> 我想要设计一款相亲类App，主要强调两个需求：注重用户隐私、界面简洁大方，你有什么独特的设计元素建议吗?

ChatGPT的回应如下：

> 当然，针对你提到的相亲类App的两个主要需求，我为你提供以下独特的设计元素建议。
>
> 1.注重用户隐私
>
> 模糊照片选项：在公开的资料中，允许用户模糊展示自己的照片，只有在两个用户都互相表示感兴趣后，才可以看到对方的清晰照片。
>
> 昵称制度：不展示真实姓名，只展示用户设定的昵称。
>
> 私密聊天：聊天记录加密，并提供自动销毁消息的选项，用户可以选择在消息发送后的一段时间内自动删除。
>
> 细分权限管理：允许用户细致地管理自己的资料，例如可以设置只有已经匹配的用户才能查看的详细资料。
>
> 2.界面简洁大方
>
> 单色调主题：使用单一的柔和色调（如淡蓝色或米色）作为背景，确保视觉的统一性和舒适性。
>
> 极简导航：只在底部展示3~4个主要的导航按钮，如“首页”“消息”“我的”等。
>
> 卡片式设计：用户的资料以卡片形式展示，每张卡片上只展示必要的信息，如昵称、模糊照片、基本介绍等。
>
> 清晰的图标：使用直观的图标代表各种功能，如“喜欢”“不感兴趣”等，并保持图标的简洁和统一风格。
>
> 3.独特设计元素
>
> 隐私徽章：当用户启用了某些隐私设置时，为其资料添加一个隐私徽章，表示该用

户注重隐私。

日常提示：在App中加入日常的恋爱、交友小贴士，这不仅能提供用户价值，还能展现App的人性化设计。

动态背景：在用户浏览资料时，使用轻微的动态背景（如轻微的波纹或渐变色变化）增加视觉趣味性。

情感色彩：根据用户的交互和反馈，界面的色彩可以有轻微的变化，例如当两个用户互相表示感兴趣后，背景色可以变得更加温暖。

希望这些建议能帮助你设计出一个既注重用户隐私又具有简洁大方界面的相亲类App！如果需要进一步地设计示意图或其他建议，请告诉我。

同样，我们让ChatGPT再生成一些示意图，方便更直观地看到设计效果。

提示词如下：

请帮我生成一些示意图。

ChatGPT生成的示意图如图5-7所示。

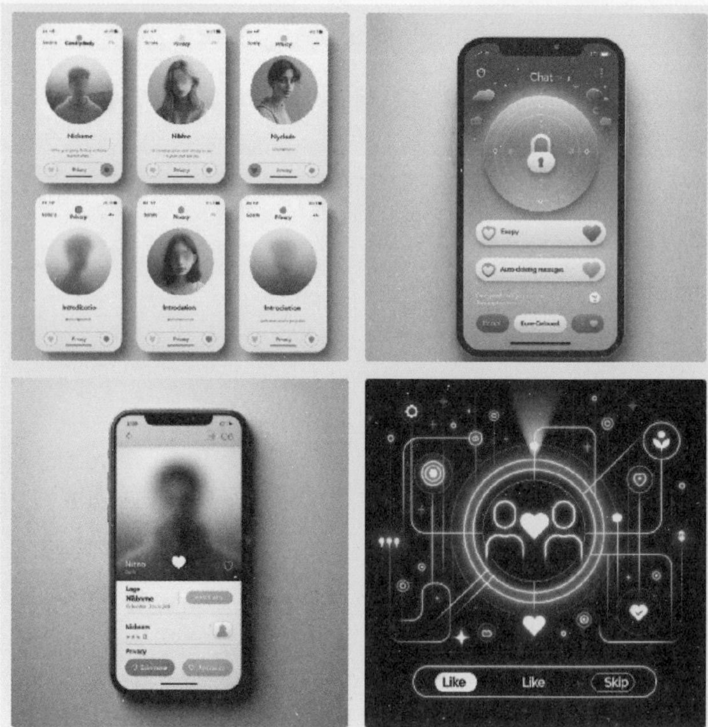

图5-7

从上述两个案例可以看出，ChatGPT可以根据用户的定制化需求，提供具有针对性的建议及效果图案例。

有了AI的支持，设计工作不必再从零冷启动，我们可通过ChatGPT直接获得一些思路、建议及设计方案，这些均可作为设计之初的启动素材，从而提高工作效率和创造力。

5.3 修复老照片

5.2节中重点分享的是如何利用ChatGPT输出设计创意，本节分享如何利用ChatGPT指导我们具体实操。

很多平台都有“老照片修复”这个服务，很多商家利用AI帮客户修复老照片实现盈利；也有些博主通过直播修复老照片，吸引粉丝到自己的私域，最终通过收徒、开训练营，或者销售修复照片的周边产品等方式来变现。

目前市面上也有不少照片修复工具，大体流程就是上传老照片至某平台，然后经过网站后台修复，返回给用户修复过的照片。这些工具的效果参差不齐，稍微靠谱一些的工具往往需要付费。

案例26：如何完整修复老照片

提示词如下：

> 我有一张来自1950年的老照片，现在已经出现了裂痕和颜色衰退的情况，我该如何修复它并尽可能地恢复其原来的样子？

ChatGPT的回应如下：

> 修复老照片并恢复其原貌是一个复杂的过程，可能需要一定的技术和耐心。这里有一些基本步骤可以参考。
>
> 1.扫描照片：如果照片是实体版的，则需要将其数字化。使用高分辨率的扫描仪将照片扫描到计算机上，并保存为高质量的图像文件，比如JPEG或PNG格式。
>
> 2.使用图像编辑工具：你需要一款像Adobe Photoshop这样的图像编辑工具来修复照片。如果你不熟悉Photoshop，那么网上有大量的教程和指南可以帮助你入门。
>
> 3.修复裂痕和污渍：在Photoshop中，可以使用修复工具（例如，“Spot Healing Brush Tool”）或者克隆图章工具（“Clone Stamp Tool”）来修复照片上的裂痕和污渍。你需要细心地使用这些工具，保证修复的区域与周围的区域在颜色和纹

理上尽可能一致。

4.修复颜色衰退：如果照片已经褪色，则可能需要进行一些颜色校正。在Photoshop中，你可以使用“Levels”或“Curves”工具来调整整体的色彩平衡，使颜色看起来更鲜艳。你也可以使用“Color Balance”或“Hue/Saturation”工具来调整特定颜色的饱和度和色调。

5.添加颜色：如果照片是黑白的，并且你希望给它添加颜色，这就涉及“着色”的复杂过程。你需要为每个元素（如皮肤、衣服、背景）选择一个合适的颜色，并逐一上色。这需要一定的艺术技巧和耐心。

6.保存你的文件：在修复工作完成后，不要忘记保存文件。为了保留你所有的修改，你需要将文件保存为Photoshop的PSD格式。但如果你想要分享照片，或者在其他设备上查看，则需要将照片保存为更通用的格式，如JPEG或PNG。

请记住，虽然这些步骤可以帮助你大致修复照片，但是每一张照片都是独一无二的，可能需要不同的处理方法。如果你遇到困难，或者对某个步骤不太清楚，则请搜索更具体的指南，或者寻求专业的帮助。

从上面的回答中，我们了解到通过Photoshop修复老照片的大体步骤，但对Photoshop“小白”来讲，如何具体实操仍是问题，网上的入门教程太多，学习成本较大，所以接下来我们基于上述回答，让ChatGPT给出具体的实操级建议。

提示词如下：

有关第3点“修复裂痕和污渍”，请罗列出具体可实操的全部步骤，越详细越好。

ChatGPT的回应如下：

当然，以下是使用Photoshop进行裂痕和污渍修复的具体步骤。

1.打开Photoshop：启动Photoshop软件，选择“File→Open”命令，找到你要修复的图像并打开它。

2.创建新的图层：为了保留原始图像，我们可以在新的图层上进行工作。在“Layers”面板中，点击右下角的“Create a new layer”按钮。你现在应该看到一个新的空图层出现在原始图层之上。

3.选择修复工具：在工具栏（通常位于屏幕的左侧）中，选择“Spot Healing Brush Tool”工具。这个工具看起来像一个带有斑点的疗愈符号。

4.调整刷子大小：在顶部的选项栏中，可以调整刷子的大小。根据你要修复的裂痕或污渍的大小来选择合适大小的刷子。

> 5.使用修复工具：将鼠标光标放在你想要修复的地方，通过拖曳鼠标来“画”过裂痕或污渍。当你释放鼠标时，Photoshop会自动从周围区域取样像素，然后用这些像素来修复你所选择的区域。
>
> 6.使用克隆图章工具：在一些复杂的区域，你可能需要使用“Clone Stamp Tool”工具。这个工具允许你从图像的一个区域复制像素，将它们粘贴到另一个区域。首先按住Alt键的同时点击一个区域来选择“源”，然后释放Alt键并点击另一个区域来“粘贴”像素。
>
> 7.重复以上步骤：继续使用这两个工具，直到满意。请记住，有时候，少就是多。过度修复可能会使图像看起来不自然。
>
> 8.保存你的文件：当修复完成后，选择“File→Save As”命令保存。你可以选择保存为Photoshop（.PSD）格式保留你的工作进度，或者选择其他格式，如JPEG或PNG用于分享或打印。
>
> 以上是一个基本的引导，实际的修复过程可能会根据你的图像和你想要达到的效果而有所不同。图像修复需要一定的技巧和耐心，所以不要期望立刻得到完美的结果。你需要通过实践和学习来不断提高技能。

这样，我们得到了有关“修复裂痕和污渍”的具体实操步骤，同理，第4点也可如此提问。

提示词如下：

> 有关“修复颜色衰退”，请罗列出具体可实操的全部步骤，越详细越好。

ChatGPT的回应如下：

> 修复颜色衰退通常需要一些色彩平衡和调整。以下是在Photoshop中修复颜色衰退的步骤。
>
> 1.打开Photoshop：启动Photoshop，选择“File→Open”命令，找到你要修复的图像并打开它。
>
> 2.创建调整层：为了保留原始图像，我们可以在调整层上进行工作。选择“Layer→New Adjustment Layer”命令，在弹出的菜单中选择你需要的调整工具，例如“Levels”“Curves”，或者“Color Balance”。
>
> 3.使用Levels或Curves调整工具：Levels或Curves工具可以调整图像的整体亮度和对比度，也可以用来调整各个颜色通道的色彩平衡。
>
> - 在Levels面板中，可以看到一个直方图，表示图像的亮度分布。你可以通过移动

3个箭头（黑色、灰色、白色）来调整亮度和对比度。也可以在“Channel”下拉菜单中选择红色、绿色或者蓝色通道，然后分别调整它们的亮度和对比度，以改变色彩平衡。

- 在Curves面板中，你可以通过改变曲线的形状来调整亮度和对比度。也可以在下拉菜单中选择红色、绿色或者蓝色通道，然后分别调整它们的曲线，以改变色彩平衡。

4.使用Color Balance调整工具：Color Balance工具可以调整阴影、中间调和高光的色彩平衡。你可以通过移动滑块来增加或减少红色、绿色和蓝色的比例。

5.细节调整：在进行了大致的色彩平衡调整之后，可能还需要进行一些细节调整。你可以创建更多的调整层，然后使用遮罩来限制它们的影响范围，只对图像的一部分进行调整。

6.保存你的文件：当完成修复工作后，选择“File→Save As”命令保存。你可以选择保存为PSD格式来保留工作进度，或者选择其他格式，如JPEG或PNG用于分享或打印。

以上是一个基本的引导，实际的修复过程会根据你的图像和你想要达到的效果而有所不同。色彩修复需要一定的艺术眼光和技术技巧，所以不要期望立刻得到完美的结果。需要通过实践和学习来不断提高你的技能。

通过以上步骤，我们获取了老照片修复相关的实操步骤。

其实这些教程在网上都能找到，但信息非常零散，如果你是小白，单单汇总提炼这些信息就需要付出巨量的时间，而如ChatGPT那样的生成式AI工具出现后，我们只需明确提出自己的需求，就可以直接获得系统化可实操的现成内容，这显然大大提高了我们的工作效率。

需要说明的是，随着AI的发展，各种细分领域的现成工具必会集中式爆发，修复老旧或打码照片的相关开源工具必然会越来越多，复杂的“P”图步骤，或许在AI技术的加持下一键即可完成。

其实，这个案例并非是为了单纯地教大家如何“P”图。重点是通过该案例，能直观地感觉到ChatGPT强大的辅助特性。对于某一问题，它不但能提供理论知识、设计思想，而且可快速、精准地为我们提供直接可上手的操作步骤。这不单单局限在设计领域，对我们学习、工作的帮助都是巨大的。

5.4 创建你的AI绘图提示词生成器

前面我们介绍了给ChatGPT提供创意、想法、理论，以及具体工具实操步骤的方法。从本节开始，我们将开始利用ChatGPT辅助AI绘画工具进行创作。

在AI绘图实践中，想要生成高质量图片，其前提必是要先有高质量的提示词。所以，如何高效写出优质提示词，是AI绘图的重中之重。

前文提过，如果我们可以将ChatGPT训练成一个AI绘图提示词专家，用来帮助快速生成高质量的提示词，那就能彻底解决提示词“词穷”的问题！

案例27：如何把ChatGPT训练成一个AI绘图提示词专家

这里我们以Midjourney（简称为MJ）这款AI绘画工具为例。

第1步，设置角色。

提示词如下：

> 从现在开始，你是一名专门为Midjourney写提示词的机器人，你能够提取描述词汇，并将其转化为Midjourney绘图系统可以识别的提示词。为了你可以更精准地进行描述，我将提供一些参考信息，你准备好了吗？

ChatGPT的回应如下：

> 非常感谢你的指定任务，我已准备好为Midjourney绘图系统提供合适的提示词。请将描述词汇提供给我，我会尽力将其转化为适合绘图的提示词。同时，如果能提供一些参考信息，将有助于我更准确地理解你的意图和需求。我期待为你提供精准的描述！让我们开始吧！

第2步，“投喂”数据，开始训练。

设定完角色，我们需要给ChatGPT“投喂”资料，这里我直接用MJ官网中提示词帮助文档页的链接，目标是让ChatGPT系统、全面地掌握MJ提示词的概念及使用方法。

提示词也很简单，直接将官网中提示词帮助文档的网页链接发给ChatGPT即可，ChatGPT会调用内置的“browsing”能力，即通过内置Bing搜索引擎获取网页数据，并快速将搜索结果整理好返回给我们。

提示词如下：

> （这里是官网中提示词帮助文档的网页链接）

ChatGPT的回应如下：

在Midjourney中创建有效的提示词（prompt）需要遵循一些基本的原则和技巧。以下是一些关键点。

1.基础提示词：可以简单到一个单词、短语或表情符号。Midjourney的机器人最适合处理简单、短小的句子来描述你想看到的内容。例如，用“明亮的橙色加州罂粟花用彩色铅笔绘制”代替“给我展示一张许多盛开的加州罂粟花的图片，让它们明亮、充满活力的橙色，并用彩色铅笔以插画风格绘制”。

2.高级提示词：可以包括一个或多个图像URL、多个文本短语、一个或多个参数。图像URL应放在提示词的最前面，而参数则放在最后。

3.提示词的长度：非常简短的提示词将主要依赖Midjourney的默认风格，所以一个更具描述性的提示词有助于创造独特的图像。但是，过长的提示词并不总是更好，应专注于你想要创建的主要概念。

4.语法：Midjourney的机器人不像人类那样理解语法、句子结构或词汇。更具体的同义词在许多情况下效果更好。例如，使用“巨大的”、“庞大的”或“浩瀚的”代替“大的”。尽量减少词汇的数量，因为更少的词意味着每个词有更强的影响力。

5.关注你想要的东西：描述你想要的东西，而不是你不想要的。例如，如果你要求一个“没有蛋糕的聚会”，你的图像可能会包含蛋糕。如果你想确保最终图像中不包含某个物体，可以尝试使用高级提示词，比如“—no”参数。

6.思考哪些细节很重要：任何未提及的事物都可能让你感到惊讶。尽可能具体或模糊，但你输入的任何内容都将被随机化。需要明确对你重要的任何背景或细节。包括主题（人物、动物、角色、地点、物体等）、媒介（照片、绘画、插图、雕塑、涂鸦、挂毯等）、环境（室内、室外、月球上、纳尼亚、水下、翡翠城等）、光照（柔和、环境、阴天、霓虹灯、摄影棚灯光等）、颜色（鲜艳、柔和、亮丽、单色、多彩、黑白、粉彩等）、情绪（沉稳、平静、喧嚣、充满活力等）、构图（肖像、特写、近景、俯瞰等）。

7.使用集合名词：尝试使用具体的数字。例如，“三只猫”比“猫”更具体。集合名词也如此，如“一群鸟”比“鸟”更具体。

将这些准则应用到你的Midjourney提示词的创作中，可以帮助你创建更精准和富有想象力的图像。如果有具体的图像描述，请告诉我，我将帮助你构建适合Midjourney的提示词。

到了这一步，我们已经可以确认，ChatGPT已经掌握了MJ官网中的提示词学习文档。

第3步，“投喂”完成，开始调教。

通过上述步骤，我们已经把MJ的提示词学习文档“投喂”给了ChatGPT，现在我们开始调教，让它帮我生成符合要求的提示词。

我们承接上述对话的上下文，继续操作。

提示词如下：

> 好的，现在我需要描述一些具体需求，你来帮我生成遵循Midjourney原则且尽量详细、丰富的提示词，你准备好了吗？

ChatGPT的回应如下：

> 是的，我准备好了！请描述具体需求，我将根据你的描述生成适合 Midjourney 的提示词，帮助你获得所需的图像效果。请开始描述吧！

端午节，我们团队去了桂林团建，那接下来我让ChatGPT帮我生成一幅桂林山水的插画作品，我随意想到3个关键词：“桂林山水”“中国风”“插画”，我们以此来检验一下刚才ChatGPT的学习效果。

提示词如下：

> 桂林山水，中国风，插画。

ChatGPT的回应如下：

> 根据你的需求，一个详细、丰富的Midjourney提示词可以是：
>
> “桂林山水, 中国风, 插画, 室外, 柔和, 鲜艳，多彩, 宁静，祥和, 桂林特有的山峰，清澈的江水，翠绿的植被, 广阔的远景，突出山水的壮美, 可以加入中国传统文化元素如古桥、船只、古建筑等，突出中国风格特色。”
>
> 这个描述具体指出了风格、主题、特定元素，并强调了整体氛围。这样的描述更有助于Midjourney生成符合你想象的图像。

我们看到，ChatGPT生成了对应的提示词，描述还是很丰富的，也完全符合MJ的要求，但格式上还不能直接拿去给MJ用，我们还需要将中文提示词翻译成英文。

提示词如下：

> 好的，请在中文提示词的下方，加上与之对应的英文翻译；格式同上方中文一样，每个单词以逗号分隔，并且之后的主题全部都用这个格式进行输出。

ChatGPT的回应如下：

好的，以下是在中文提示词下方加上对应的英文翻译，并使用逗号分隔的格式。

桂林山水, 中国风, 插画, 室外, 柔和, 鲜艳，多彩, 宁静，祥和, 桂林特有的山峰，清澈的江水，翠绿的植被, 广阔的远景，突出山水的壮美, 可以加入中国传统文化元素如古桥、船只、古建筑等，突出中国风格特色。

English Translation:

Guilin landscape, Chinese style, illustration, outdoor, soft, vibrant and colorful, serene and peaceful, unique Guilin peaks, clear river waters, lush greenery, broad panorama, highlighting the magnificence of the landscape, incorporating traditional Chinese cultural elements such as ancient bridges, boats, and buildings to emphasize the Chinese style.

希望这样的格式符合你的要求。如果有其他问题或需要进一步的帮助，请随时告知!

我们一起来看看上文提示词的输出效果，如图5-8所示。

图5-8

这时，我们的已经完成了AI绘图提示词生词器的调教，后面你就可以尽情让它帮你生成高质量的提示词了！

5.5 设计插画、Logo

我们来验证一下调教成果。继续承接5.4节的对话。

案例28：请ChatGPT辅助设计插画和Logo

我们先来生成MJ需要的提示词，我们想到的提示词比较有限，仅有中国风、春节、插画。

提示词如下：

> 中国风，春节，插画。

ChatGPT的回应如下：

> 中国风, 春节, 插画, 传统元素, 喜庆氛围, 明亮色彩, 花灯和灯笼, 舞龙舞狮, 喜庆装饰, 热闹繁华, 气氛热烈, 欢乐庆典, 吉祥图案, 春联和福字, 传统舞蹈, 文化底蕴, 红色和金色主题。
>
> English Translation：
>
> Chinese style, Spring Festival (Chinese New Year) , illustration, traditional elements, festive atmosphere, bright colors, flower lanterns and lanterns, dragon and lion dances, celebratory decorations, lively and bustling, joyful and lively celebrations, auspicious patterns, couplets and "福" characters, traditional dances, cultural heritage, red and golden theme.
>
> 希望以上提示词可以帮助 Midjourney 生成中国风的春节插画，如果你有其他要求或需要进一步的调整，请随时告知！

我们看看这个提示词的出图效果，如图5-9所示，可以看出，这幅插画的色彩、布局、气氛都还是不错的。

图5-9

我们再来尝试一个案例，这次我们期望生成一款新能源汽车的Logo，关键词是：Logo设计，汽车品牌，新能源，简洁大方，金属感。通过训练好的模型，请ChatGPT帮我们来丰富一下提示词。

提示词如下：

> Logo设计，汽车品牌，新能源，简洁大方，金属感。

ChatGPT的回应如下：

> Logo设计, 汽车品牌, 新能源, 简洁大方, 金属感, 创意符号, 现代科技, 绿色环保, 未来导向, 充电桩, 智能驾驶, 高效能源, 金属质感, 创新科技, 电动车, 智能互联, 未来出行。

English Translation:

Logo design, automobile brand, new energy, simple and elegant, metallic feel, creative symbol, modern technology, green and environmentally friendly, future-oriented, charging station, smart driving, efficient energy, metallic texture, innovative technology, electric vehicles, intelligent connectivity, future mobility.

希望以上提示词可以帮助 Midjourney 生成符合期望的新能源汽车品牌 Logo，如果你有其他要求或需要进一步的调整，请随时告知！

图5-10所示为上述提示词的效果图。我感觉第一款的效果还不错。

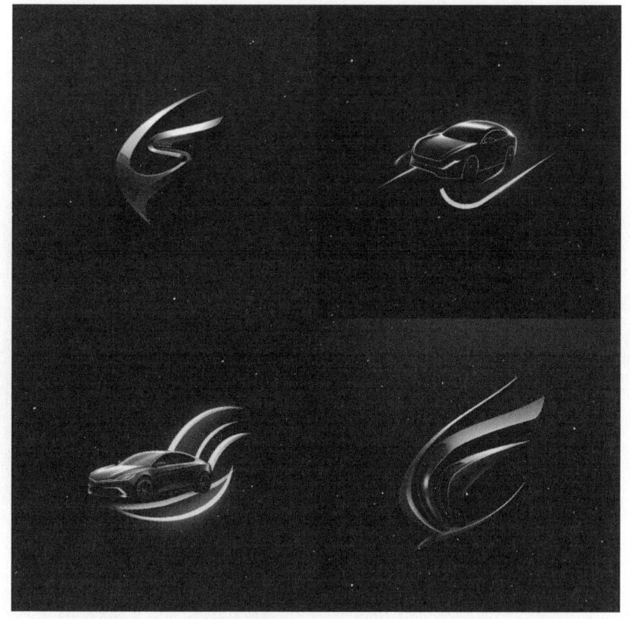

图5-10

如果觉得不满意，则可以让MJ多生成几次，每次出图大约需要1～2分钟，通过这种方式，我们可以在短时间内获取大量参考作品，方便我们选择或者进行二次创作。

5.6　通过上传手绘草图，一键生成网页源代码

我们在做初期设计讨论时，很可能会经历这样一个场景。

比如，我们正在讨论一个应用系统的操作界面，它的首页要展示哪些主体元素、各模

块如何布局、页面有哪些菜单等。为了更快梳理清楚这些信息，最直观的方式莫过于在白板或者纸张上手绘出一些草图，以方便团队成员第一时间了解相应需求。

但从手绘图到创作为直接可看的样本，是需要一些工作量的。我们是否可利用ChatGPT，帮我们完成从手绘图到源代码的转化呢?

要知道，在2023年9月25日前，实现这一目标还是有点门槛的，实现思路如下：先需要用图片解析工具，将图片中的信息转化为文字信息，然后将文字信息“投喂”给ChatGPT，从而生成网页源代码。

在ChatGPT开始支持多模态数据处理后，实现这一需求已经变得非常容易。

我们可以通过上传手绘图或某网页截图，直接让ChatGPT生成相应页面的源代码。

案例29：如何通过手绘草图生成网页源代码

图5-11所示为一张手绘草图，笔记比较潦草，但页面结构还算清晰，我们尝试让ChatGPT帮我们生成对应源代码。

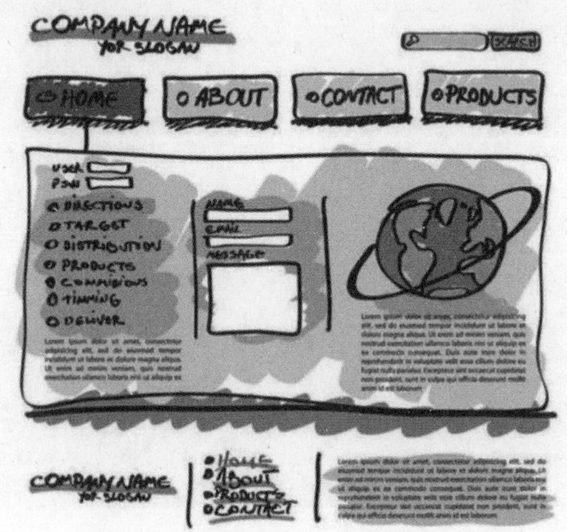

图5-11

如图5-12所示，在GPT-4的对话框左侧，有一个上传附件的图标，点击它上传目标图片。

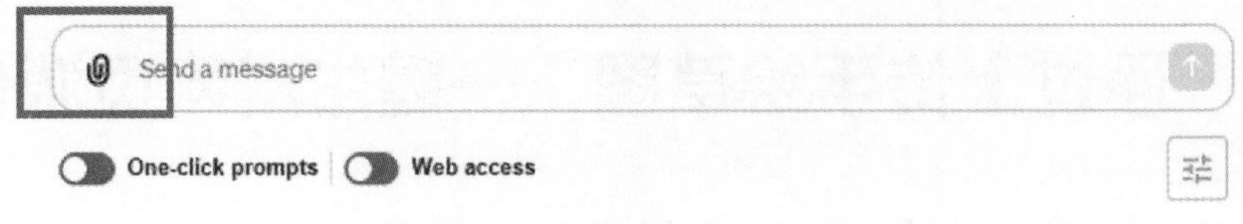

图5-12

上传图片后，输入相应提示词。

提示词如下：

图片是一张手绘网页截图，请帮我生成该手绘网页对应的源代码。

ChatGPT的回应如下：

从你提供的图片中，我可以为你生成一个简单的HTML页面模板。不过，请注意，这只是基于你的图片内容的基础模板，真正的功能和样式可能需要额外的CSS和JavaScript 来实现。以下是根据图片内容生成的 HTML 源代码。

```
<!DOCTYPE html>
<html lang="en">

<head>
    <meta charset="UTF-8">
    <meta name="viewport" content="width=device-width, initial-scale=1.0">
    <title>Company Name or Slogan</title>
    <style>
        body {
            font-family: Arial, sans-serif;
        }

        header {
            display: flex;
            justify-content: space-between;
            padding: 10px;
            border-bottom: 1px solid black;
        }

        nav {
            display: flex;
            gap: 10px;
        }
```

```
nav a {
    padding: 5px 10px;
    border: 1px solid black;
    text-decoration: none;
    color: black;
}

section {
    display: flex;
    justify-content: space-between;
    padding: 20px;
}

ul {
    list-style-type: none;
}

ul li {
    margin: 10px 0;
}

form {
    display: flex;
    flex-direction: column;
}

form input,
form textarea {
    margin: 10px 0;
    padding: 5px;
}

footer {
```

```
            border-top: 1px solid black;
            padding: 10px;
            text-align: center;
        }
    </style>
</head>

<body>

    <header>
        <div>Company Name or Slogan</div>
        <nav>
            <a href="#">Home</a>
            <a href="#">About</a>
            <a href="#">Contact</a>
            <a href="#">Products</a>
        </nav>
        <div>Search</div>
    </header>

    <section>
        <ul>
            <li>User</li>
            <li>Directions</li>
            <li>Target</li>
            <li>Distribution</li>
            <li>Products</li>
            <li>Commissions</li>
            <li>Timing</li>
            <li>Delivery</li>
        </ul>

        <div>
```

```
            <!-- Here's a placeholder for the globe image. You'll
need to replace with your actual image -->
            <img src="path-to-your-globe-image.jpg"  alt="Globe
illustration">
            <p>Lorem ipsum dolor sit amet...</p>
        </div>

        <form>
            <input type="text" placeholder="Name">
            <input type="email" placeholder="Email">
            <textarea placeholder="Message"></textarea>
            <input type="submit" value="Send">
        </form>
    </section>

    <footer>
        Company Name or Slogan
    </footer>

</body>

</html>
```

你可以将这段代码复制到任何HTML编辑器中，并根据实际需求进行修改和调整。希望这能帮到你！

从使用角度来说，上述代码并没有很好地直接实现手绘页面的布局要求。但可以看得出，ChatGPT在内容解析、代码结构、命名等方面已做得不错。对于静态网页实现者来说，基于这样一个版本二次开发，更能提高效率。对于页面上的样式等不足问题，也可让ChatGPT有针对性地快速生成。

上述案例，我们看到了ChatGPT已经打通了从上传图片、解析图片、生成内容这条完整通路，随着其多模态能力的增强，基于ChatGPT多模态的应用必然会越来越多。

5.7 本章小结

最近这些年，AI绘画工具的输出能力得到了质的突破。

我们可基于文生图、图生图两种方式，快速输出目标作品。灵活使用ChatGPT+AI绘画工具，能够提高插画师、设计师等职位的工作效率，甚至非专业的普通用户，现在也有机会和能力制作自己喜欢的作品。

我们来总结一下，本章从以下几个方面阐述了ChatGPT在设计领域的作用。

（1）基于ChatGPT海量的知识储备，可以帮助设计师在创新、研究、沟通和学习等各方面提高效率。对于初学者，它可以作为学习利器，帮你快速理解、掌握专业领域的概念、思想、技能。同时能为你生成基础实操案例；对于行业老手，ChatGPT也足以成为你身边的得力助手。

（2）目前，ChatGPT已具备多模态能力，它已不单单是一个仅支持文本输出的大模型，还具备了图片识别、图片生成等能力。本章已通过多个案例展示了ChatGPT自带的多模态数据处理能力，我们可以让它根据特有方案生成设计图例，还可以通过上传手绘图片，一键生成对应的网页源代码。可以预见的是，未来必定有大量的AI多模态相关的应用层工具诞生。

（3）ChatGPT凭借其超高的文字输出能力，生成高质量提示词，辅助AI绘画工具高效输出。在本章中，我们将MJ的提示词学习文档网页链接直接“投喂”给ChatGPT，从而将它训练成专业的提示词生成器。

其实，同样的思路可以应用在各行各业，你可以把公司服务条款的网页链接“投喂”给ChatGPT学习，它就成了你们公司的专业客服；你把公司的代码审核规范的网页链接“投喂”给它，它就成了你们团队定制的代码审查员；灵活运用这个方法，你就能快速打造出一个细分领域的“专业助理”。

第6章

ChatGPT助力办公效能提升

在工作中，我们经常需要做一些基础的办公操作，如起草邮件、处理表格、撰写报告、方案展示，等等，这些工作难度不高但比较费时费力。

ChatGPT的出现，能使我们的日常办公更加高效吗？答案当然是肯定的。本章从以下几个方向介绍ChatGPT如何助力日常办公。

- 写一封邮件。
- 让表格操作简单化。
- 生成PPT演示文档。
- 生成会议纪要。
- 写活动创意方案。

6.1 写一封邮件

早上来到办公室，打开电脑的第一件事是查收邮件。这是很多职场人的日常习惯，尤其在大公司，邮件更是沟通往来的主要手段。

因此，写邮件成为职场人必备的技能。如果你是不善书写的职场新人，那要花一些时间来适应。当然，除了邮件，还有很多其他办公文本，比如文章、报告、说明书、发言稿等，这些都有可能占用你很多时间。

而这些“内容生成”的撰写工作，正是ChatGPT所擅长的。ChatGPT能快速生成目标文本，并可对已有文本进行归纳、校验和调优。我们可通过ChatGPT完成基础稿件，然后对关键信息进行手动调整；人工写完的邮件，也可通过ChatGPT进行调优和润色。

案例30：请ChatGPT写一封职级提升的申请邮件

假设你是一名初级程序员，工作两年后觉得自己已经具备了职级提升的条件，想给领导写一封申请职级提升的邮件，但不知如何下笔，那你可以按如下方式操作。

提示词如下：

> 我是公司的一名初级程序员，现在需要给领导写一封邮件，目的是希望领导批准我的职级提升申请。请帮我写一个专业的申请邮件模板，模板中空出我需要填写的内容即可。

ChatGPT的回应如下：

> 当然，以下是一个申请职级提升的邮件模板，你只需要在方括号的地方填入相关内容即可：
>
> ---

> 主题：关于程序员[你的全名]的职级提升申请
> 尊敬的[领导的全名]，
> 您好！
>
> 我是公司的初级程序员[你的全名]。自我在[你开始工作的日期]加入[公司名称]以来，一直致力于提升专业技能，并且参与了许多项目，如[提到一些具体的项目或任务]。
>
> 我对在[你希望提升到的职级]的工作需求和责任有了深入的了解，并深信我已经具备了执行这些任务所需的技能和经验。在我为公司所做的工作中，我已经展示了技术能力，如[举例你在公司所做的具体贡献]。
>
> 因此，我希望申请提升职级。我相信这将能够使我更好地服务于[公司名称]，并进一步发挥我的专业技能和潜力。如果需要，我愿意进一步讨论我的提升申请，或参加任何必要的面试或评估。
>
> 我期待您的回复，并感谢您考虑我的申请。
> 顺祝商祺，
> [你的全名]
> [你的联系信息，包括电话和电子邮件]
> ---
>
> 希望这个模板可以帮助你。记住，尽管这是一种标准格式，但你应该根据你的具体情况和对公司文化的理解来调整和个性化这个模板。

ChatGPT几秒就生成了一个申请职级提升的邮件模板。有了这个模板，一个开放性问题瞬间变成了填空题，你只需要在这个模板中对应的位置填写你的真实情况即可，工作效能得到了提升。但也请注意ChatGPT的提醒："记住，尽管这是一种标准格式，但你应该根据你的具体情况和对公司文化的理解来调整和个性化这个模板。"

ChatGPT可以直接生成目标内容，也可以对现有文本进行优化，如果你对自己写的邮件、报告等内容不满意，则可通过ChatGPT进行优化调整。

案例31：请ChatGPT对邮件内容进行校对和优化

这是一封质量较差的求职邮件，包含错别字且文字表达也存在问题，我们通过ChatGPT对其进行优化。

提示词如下：

> 接下来我会发给你一篇邮件文本内容，请对这篇邮件进行校对和优化。要求基于邮件内容对其进行优化，并汇总其中出现的问题，以确保该邮件的表达准确、清晰。你明白了吗？

ChatGPT的回应如下：

> 是的，我明白了。你可以将邮件文本内容发送给我，我将尽力对其进行校对和优化，并提供问题的汇总，以确保邮件的表达准确、清晰。请发送邮件文本内容过来吧。

提示词如下：

> 尊敬的招聘团队，我在网络上看到你们有软件工程师的职位空缺。我是软件开发专业，所以我决定提交我对这个位子的申請。
>
> 我在大学学习计算机科学，毕业后在ABC公司工作了一年多。在那里，我使用Java和Python做了一些后端开发的工作。不过，我也有接触过一些前端开发工作，比如使用JavaScript和React.js。
>
> 我相信我有足够的经验能胜任你们公司的这个位子。我希望能有机会展示我的技能和经验。
>
> 在我附带的简历中，你可以看到我过去工作的详细情况。如果有任何问题，或者想要讨论更多的细节，我随时准备好和你进行讨论。 谢谢你考虑我的求职申請。期待听到你的回复。
>
> 祝好

ChatGPT的回应如下：

> 首先，我们来看一下这封邮件存在的问题。
>
> 1.错别字：例如，“位子”应该改为“职位”；“申請”应该改为“申请”。
>
> 2.语句生硬：例如，“我是软件开发的专业，所以我决定提交我对这个位子的申請。”这个句子非常生硬，可以优化为“我具有软件开发专业背景，因此对贵公司的软件工程师职位非常感兴趣。”
>
> 3.内容表达不清晰：例如，“我相信我有足够的经验能胜任你们公司的这个位子。”这句话过于笼统，应给出具体的证据和例子来支持你的陈述。
>
> 4.建议增加更多的细节：例如，描述你的技能、经验，以及你对公司和职位的理解和兴趣。
>
> 以下是根据以上建议修改后的邮件：
>
> ---
>
> 主题：软件工程师职位申请
> 尊敬的招聘团队，
> 您好，

> 我在贵公司网站上看到有软件工程师的职位空缺。具有计算机科学专业背景的我，对贵公司的这个职位非常感兴趣。
>
> 我在大学期间主修计算机科学，毕业后在ABC公司担任软件开发工程师一职已超过一年。在ABC公司，我主要负责后端开发，熟练掌握Java和Python语言。此外，我也有一定的前端开发经验，如熟悉JavaScript和React.js。
>
> 我相信，凭借丰富的编程经验及对新技术的快速学习能力，我能够胜任贵公司的软件工程师职位。我期待有机会向您展示我的专业技能及过往经验。
>
> 我的简历已随邮件附件发送，其中详细列出了我的工作经验和技能。如有任何疑问，或者需要进一步讨论，我随时待命，期待您的回复。
>
> 感谢您抽出时间考虑我的申请，期待有机会为贵公司效力。
> 顺祝商祺，
> [你的全名]
> [你的联系信息，包括电话和电子邮件]
> ---
> 这是一份经过优化和改进的求职申请邮件。希望对你有所帮助。

我们看到，ChatGPT从多方面对邮件内容进行了优化，包括错别字检查、表达方式，以及细节案例补充等，我们也可从ChatGPT罗列的建议反馈中，提升自身的撰写能力。

6.2 让表格操作简单化

在日常办公中，我们要经常处理表格。

基础的表格操作通常难不倒大家，但复杂一点的操作，尤其需要用到复杂公式时，就比较让人头痛了。但对ChatGPT来讲，表格的公式操作非常简单。

如果你想让ChatGPT帮你写Excel公式，则直接通过自然语言将操作需求讲给ChatGPT即可；如果业务较为复杂，那么可令其帮我们直接生成VBA脚本（VBA是Office软件内置的编程语言,可利用其实现高度个性化需求）。

下面由浅入深，列举几个案例来说明。

案例32：请ChatGPT做员工工资表求和

首先我们从最简单的例子开始：员工工资表求和。这是大多数常用Excel的读者都很熟悉的例子。表6-1所示为一个简单的员工工资表示例。

表6-1

A	B	C	K
序号	工号	姓名	实际发放工资
1	1001	张三	10000
2	1002	李四	15000
3	1003	王五	20000
4	1004	赵六	7000
5	1005	孙七	8500
6	1006	周八	10000
7	1007	吴九	11000
8	1008	郑十	14500
9	1009	冯十一	10000
10	1010	陈十二	12000

假设我是一个Excel小白，我不会使用求和公式，那么可以直接向ChatGPT发起提问。

提示词如下：

> 在一个Excel表格中，我想对K2到K11单元格的数据做求和操作，请帮我写出Excel公式解决此问题。

ChatGPT的回应如下：

> 要在Excel表格中对K2到K11单元格的数据求和，请在一个空白单元格中输入以下公式
>
> =SUM（K2：K11）
>
> 按Enter键后，Excel将计算K2到K11范围内的数据之和，并显示在你输入公式的单元格中。

我们看到，ChatGPT按要求返回了对应的公式。

案例33：请ChatGPT统计月入过万的员工数

这个公式的难度略有提升，我们按同样的思路继续处理。

提示词如下：

> 在一个Excel表格中，K列代表员工工资，我想统计工资不低于10000元的员工人数，请帮我写出Excel公式解决此问题。

ChatGPT的回应如下：

> 要在Excel表格中统计K列工资不低于10000元的员工人数，请在一个空白单元格中输入以下公式：
>
> =COUNTIF（K：K，>=10000！）
>
> 按Enter键后，Excel将计算K列中工资不低于10000元的员工人数，并显示在你输入公式的单元格中。

可以看出，ChatGPT给出的公式正确。

案例34：请ChatGPT统计2018年之后入职的员工的工资总和

提示词如下：

> 在我的Excel表格中，K列代表员工工资，G列代表员工入职时间，我想统计2018年之后（包含2018年）入职的员工收入总和，请帮我写出Excel公式解决此问题。

ChatGPT的回应如下：

> 要在Excel表格中统计2018年之后（包含2018年）入职的员工收入总和，你需要使用SUMIFS函数。假设员工入职时间位于G2：G11单元格区域，请在一个空白单元格中输入以下公式：
>
> =SUMIFS（K2：K11， G2：G11，>=2018-01-01）
>
> 按Enter键后，Excel将计算2018年之后（包含2018年）入职的员工收入总和，并显示在你输入公式的单元格中。

这次回答，ChatGPT给出的结果有些小问题，它设置了一个假设，员工入职时间位于G2：G11单元格区域，这个可以简单调整一下。

提示词如下：

> G列整列都代表员工入职时间，不要假设在G2:G11单元格区域，重新把公式写一下。

ChatGPT的回应如下：

> 了解，如果G列整列都代表员工入职时间，你可以使用以下公式：
>
> =SUMIFS（K：K，G：G，">=2018-01-01"）
>
> 按Enter键后，Excel将计算2018年之后（包含2018年）入职的员工收入总和，并显示在你输入公式的单元格中。

到此，我们得到了想要的公式。

案例35：请ChatGPT提取每位员工的分机号

如表6-2所示，我们看到这个座机号格式比较特殊，可概括为："区号-主号转分机号"，且主号和分机号的长度无规律。

表6-2

A	B	C	F
序号	工号	姓名	座机号
1	1001	张三	010-56781转8001
2	1002	李四	010-5678转8002
3	1003	王五	010-56782转8003
4	1004	赵六	010-5678转8004
5	1005	孙七	010-5678转8005
6	1006	周八	010-5678转8006
7	1007	吴九	010-56783转8007
8	1008	郑十	010-5678转8008
9	1009	冯十一	010-5678转8009
10	1010	陈十二	010-56786转8010

提示词如下：

> 在我的Excel表格中，F列代表员工座机号，座机号格式为：区号-主号转分机号，我想提取所有员工的分机号，请帮我写出Excel公式解决此问题。

ChatGPT的回应如下：

> 要在Excel表格中提取所有员工的分机号，可以使用MID和FIND函数。假设员工座机号位于F2单元格，可以使用以下公式提取分机号：
>
> `=MID（F2,FIND（"转",F2） + 1,LEN（F2） - FIND"转",F2））`
>
> 将上述公式输入一个空白单元格，例如H2，然后按Enter键。接下来，将公式应用到其他员工的座机号上。选中H2单元格，将其复制，然后粘贴到其他需要提取分机号的相应行上。

试试看结果，如表6-3所示，我们利用此公式成功提取了员工的分机号。

表6-3

A	B	C	F	G
序号	工号	姓名	座机号	分机号
1	1001	张三	010-56781转8001	8001

续表

A	B	C	F	G
序号	工号	姓名	座机号	分机号
2	1002	李四	010-5678转8002	8002
3	1003	王五	010-56782转8003	8003
4	1004	赵六	010-5678转8004	8004
5	1005	孙七	010-5678转8005	8005
6	1006	周八	010-5678转8006	8006
7	1007	吴九	010-56783转8007	8007
8	1008	郑十	010-5678转8008	8008
9	1009	冯十一	010-5678转8009	8009
10	1010	陈十二	010-56786转8010	8010

案例36：利用ChatGPT生成VBA代码

没听说过VBA？没关系，让ChatGPT解释一下。

提示词如下：

> Excel VBA是什么？

ChatGPT的回应如下：

> Excel VBA（Visual Basic for Applications）是Microsoft Office应用程序（如Excel、Word和Access）内置的编程语言。它基于Visual Basic语言，允许用户编写脚本和程序以自动化Office应用程序的功能、操作和任务。在Excel中，使用VBA可以帮助用户创建自定义函数编写宏、处理数据和完成复杂的计算任务。
>
> 通过VBA，你可以创建自定义的Excel工作表应用程序，实现高度个性化的需求。这使Excel变得更加强大，可以用于解决各种不同的业务和数据分析问题。然而，学习VBA需要一定的编程基础和时间投入，对日常的Excel用户来说，VBA可能并不是必需的。

没用过VBA？也没关系，ChatGPT能够给出完整的使用说明及示例代码，下方是一个简单的案例。

提示词如下：

> 请列举一个通过VBA代码操作Excel表格的入门例子，要求代码简洁、高效，并配有具体操作步骤。

ChatGPT的回应如下：

以下是一个使用VBA在Excel中创建一个新工作表，并在第一个单元格中写入"Hello,World！"的简单示例。这是一个非常基础的例子，但它演示了如何通过VBA来创建工作表和写入数据。

以下是具体的VBA代码：

```
Sub HelloWorld()
    '定义一个新的Worksheet对象
Dim ws As Worksheet


    '添加一个新的Worksheet
    Set ws = ThisWorkbook.Sheets.Add
    '在新Worksheet的A1单元格中写入"Hello, World! "
    ws.Cells（1, 1）.Value = "Hello, World! "
End Sub
```

接下来是如何使用这个宏的步骤：

1.打开Excel，点击“开发者”菜单。如果你看不到这个菜单，那么可能需要先在“选项”中启用它。

2.点击“Visual Basic”按钮，这将打开VBA编辑器。

3.在VBA编辑器中，点击“插入”菜单，选择“模块”命令。这将在项目浏览器中创建一个新的模块。

4.在新的模块中，粘贴上面的代码。

5.现在，你可以通过点击VBA编辑器的“运行”菜单，然后选择“运行子程序”命令，或者直接按F5键来运行这个宏。

6.回到Excel，你应该会看到一个新的工作表被添加，而且A1单元格中的内容是“Hello, World！”。

请注意，VBA编程需要一些基础的编程知识，如果你不熟悉，可能需要花一些时间来学习基本的语法和概念。这个例子非常基础，但VBA可以做的事情远不止这些，它可以使Excel中需要手动做的操作自动化。

当然，这只是一个简单的示例。如上述ChatGPT的回应所说，VBA可以做的事情远不止这些。而有了ChatGPT的支持，只要能用自然语言将业务逻辑讲清楚，各种复杂公式或VBA代码，都不再是问题。

但有一点需要额外强调：任何编程语言在未经测试的情况下，都有可能会出现逻辑问题，所以在使用VBA对表格进行操作前，务必要先将表格中的数据进行备份，以免造成损失。

6.3 制作PPT文档

ChatGPT不能直接生成PPT文档，但可以生成PPT文档的内容大纲，我们使用ChatGPT将大纲内容以Markdown源代码块的形式输出并保存，这些Markdown源代码块可以作为一些PPT文档生成工具的导入数据源，从而直接生成PPT文档。

案例37：请ChatGPT辅助做一份培训演讲的PPT

比如，公司招聘了一批刚毕业的程序员，领导让我去做培训，第一次分享主题是“React入门第一课”，我可以这么操作。

提示词如下：

> 请帮我制作一个以“React入门第一课”为主题的演讲稿文档，请遵循以下规则：1.需要有封面页，包括副标题；2.有内容大纲页；3.总共至少15页；4.需要有结尾页；5.请以Markdown源代码块的形式输出。

ChatGPT的回应如下：

> 下面是一个以“React入门第一课”为主题的演讲稿文档的例子。这个文档是按照你提供的规则来编写的。

```
---
title: "React入门第一课"
subtitle: "一步步引领你进入React的世界"
date: "2023-07-08"
author: "你的名字"
---


# 目录


1.封面页
2.内容大纲页
3.React简介
```

```
4.React环境搭建
5.React基础知识
6.JSX语法
7.React组件
8.React生命周期
9.React状态和属性
10.React事件处理
11.React条件和列表渲染
12.React表单和用户输入
13.结束页

---

# React简介
## 什么是React?
...

# React环境搭建
## 安装Node.js和npm
...

# React基础知识
## 了解React的特点和优势
...

# JSX语法
## 什么是JSX?
...

# React组件
## 什么是React组件?
...

# React生命周期
```

```
## 生命周期的各个阶段
...

# React状态和属性
## 什么是状态（state）和属性（props）？
...

# React事件处理
## 如何在React中处理事件?
...

# React条件和列表渲染
## 条件渲染和列表渲染的基本知识
...

# React表单和用户输入
## 如何处理用户的输入和表单提交?
...
---
# 结束页
```

感谢你的倾听，这是我们今天关于“React入门第一课”的所有内容。如果你有任何问题，欢迎随时向我提问。

注意：这只是一个大纲，你需要根据实际需要填写具体的内容。实际的演讲稿可能需要更详细的信息，包括每个部分的详细解释、示例、代码片段，以及适当的图像和图表来帮助解释和阐明复杂的概念。

这样，一个相对完整的大纲文档就生成了，基于这个基础大纲去做人工调整，显然比从零开始归纳的效率要高得多。

如果想进一步填充内容，也可以让ChatGPT基于大纲继续完善。比如，我想让它为每一个章节填充内容。

提示词如下：

> 请基于上文生成的大纲，填充具体的内容，并仍以Markdown源代码块的形式输出。

ChatGPT的回应如下：

以下是一个根据提供的大纲编写的演讲稿。

```
---
title: "React入门第一课"
subtitle: "一步步引领你进入React的世界"
date: "2023-07-08"
author: "你的名字"
---
# 目录
1.封面页
2.内容大纲页
3.React简介
4.React环境搭建
5.React基础知识
6.JSX语法
7.React组件
8.React生命周期
9.React状态和属性
10.React事件处理
11.React条件和列表渲染
12.React表单和用户输入
13.结束页
---
# React简介
## 什么是React?
React是由Facebook开发的一个JavaScript库，用于构建用户界面。它主要用于
构建Web应用中的复杂交互式UI。
# React环境搭建
## 安装Node.js和npm
要开始使用React，你首先需要在系统中安装Node.js和npm。Node.js是一个运行
JavaScript的环境，而npm是JavaScript的包管理器。
# React基础知识
## 了解React的特点和优势
```

React有很多特点和优势，其中最主要的有：组件化的设计、使用虚拟DOM、单向数据流等。
JSX语法
什么是JSX?
JSX是JavaScript的一种扩展语法，它使得在JavaScript中写HTML变得更容易。
React组件
什么是React组件?
React组件是React的核心，它可以被看作用户界面的一部分。每个React组件都有自己的状态和属性。
React生命周期
生命周期的各个阶段
React组件的生命周期通常分为3个阶段：挂载、更新和卸载。
React状态和属性
什么是状态（state）和属性（props）?
在React中，组件的状态是可以改变的数据，而属性是组件接收的外部输入。
React事件处理
如何在React中处理事件?
在React中，事件处理和DOM中的事件处理相似，但有一些语法差异。
React条件和列表渲染
条件渲染和列表渲染的基本知识
React提供了多种方式来进行条件渲染和列表渲染。
React表单和用户输入
如何处理用户的输入和表单提交?
在React中，你可以通过使用受控组件来处理用户的输入和表单提交。

结束页
感谢你的倾听，这是我们今天关于“React入门第一课”的所有内容。如果有任何问题，欢迎随时向我提问。

这个演讲稿只是一个简单的示例，并未涵盖所有的React知识。实际的演讲稿可能需要更多内容，包括更详细的解释、示例、代码片段，以及适当的图像和图表来帮助解释和阐明复杂的概念。

我们看到ChatGPT为每一个章节增加了一些概括性的文字描述，但在实际演示中，我可能还需要一些代码片段来具体讲解，我们继续完善。

提示词如下：

根据上述大纲，请为“React事件处理”“React条件和列表渲染”“React表单和用户输入”这3个章节，分别提供一段典型的代码示例。

ChatGPT的回应如下：

当然可以，以下是各个部分的典型代码示例。

React事件处理

在React中，处理事件的方式和处理DOM元素的事件类似，但是有一些语法差异。例如，在React中，不能使用返回false来阻止默认行为，你必须明确地调用preventDefault。

```
class EventHandlingComponent extends React.Component {
  constructor(props) {
    super(props);
    this.state = {isToggleOn: true};

    // 这是将this绑定到回调函数的一种常见方式
    this.handleClick = this.handleClick.bind(this);
  }

  handleClick() {
    this.setState(state => ({
      isToggleOn: !state.isToggleOn
    }));
  }

  render() {
    return (
      <button onClick={this.handleClick}>
        {this.state.isToggleOn ? 'ON' : 'OFF'}
      </button>
    );
  }
}
```

```
ReactDOM.render(
  <EventHandlingComponent />,
  document.getElementById('root')
);

# React条件和列表渲染
在React中，你可以创建多个独立的组件，然后根据程序的状态选择性地渲染其中的部分。

function ListRenderingComponent(props) {
  const numbers = props.numbers;
  const listItems = numbers.map((number) =>
    <li key={number.toString()}>
      {number}
    </li>
  );
  return (
    <ul>{listItems}</ul>
  );
}

const numbers = [1, 2, 3, 4, 5];
ReactDOM.render(
  <ListRenderingComponent numbers={numbers} />,
  document.getElementById('root')
);

# React表单和用户输入
在HTML中，表单元素（如<input>、<textarea>和<select>）通常自己维护状态，并根据用户输入进行更新。而在React中，可变状态通常保留在组件的状态属性中，并且只能使用setState()方法进行更新。

class NameForm extends React.Component {
```

```
  constructor(props) {
    super(props);
    this.state = {value: ''};

    this.handleChange = this.handleChange.bind(this);
    this.handleSubmit = this.handleSubmit.bind(this);
  }

  handleChange(event) {
    this.setState({value: event.target.value});
  }

  handleSubmit(event) {
    alert('A name was submitted: ' + this.state.value);
    event.preventDefault();
  }

  render() {
    return(
      <form onSubmit={this.handleSubmit}>
        <label>
          Name:
     <input type="text" value={this.state.value} onChange={this.
handleChange} />
        </label>
        <input type="submit" value="Submit" />
      </form>
    );
  }
}

ReactDOM.render(
  <NameForm />,
  document.getElementById('root')
```

> ）；
> 请注意，以上代码应在实际React环境中运行，包括必要的React和ReactDOM库。同时，代码需要放在适当的React组件结构中运行。

按照上述的类似思路，我们可以不断优化PPT大纲内容及配套需要整合的资料，人工只负责方向引导，ChatGPT负责机械性地生成内容，这个过程明显提高了工作效率。

当所有准备就绪后，我们可将上述Markdown格式的大纲导入第三方工具中来完成后续的工作。图6-1中的示例工具为Mindshow，可通过导入Markdown文本的方式生成PPT文档。操作很简单，在Mindshow中导入文本，选择一个主题，点击“导入创建”按钮，即可生成PPT文档，效果如图6-2所示。

总结：先利用ChatGPT生成主题大纲的Markdown代码，然后将Markdown代码导入第三方工具，从而快速完成我们的需求。

需要说明的是，对于要求不是很高的PPT文档，这种方式可以大幅提高工作效率，但对于一些专业性很强的PPT，利用ChatGPT辅助输出内容才是关键。

基于这个思路，我们想到如下通用逻辑：ChatGPT虽然不能直接完成绘图、制表、输出文档的功能，但支持生成各类标记语言，比如Markdown、SVG、HTML、Mermaid等，我们可以通过复制粘贴、导入或其他嵌入的方式，将这些标记语言作为数据源接入第三方应用或网站中，从而实现相应结果的输出。

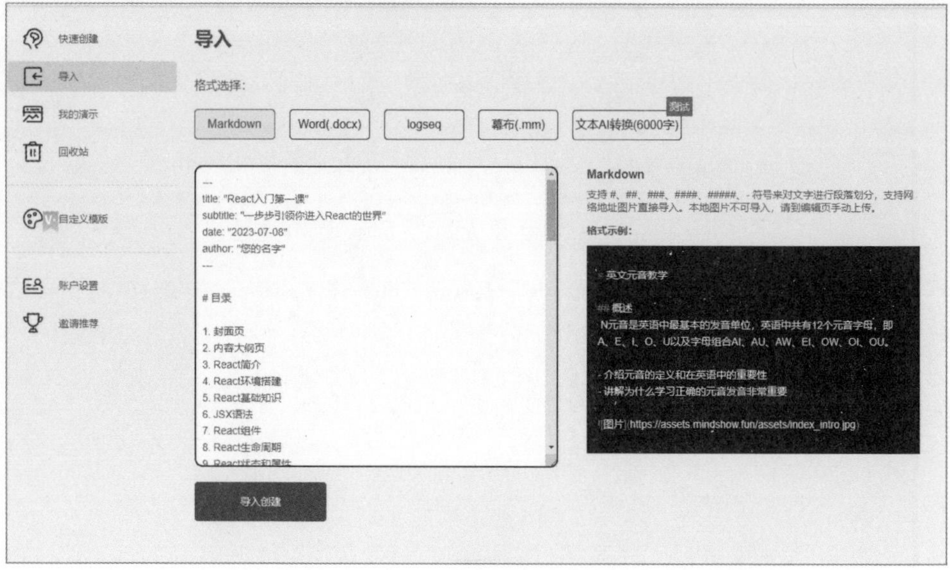

图6-1

图6-2

6.4 生成会议纪要

ChatGPT可以用来辅助人们生成会议纪要，你需要将会议内容输入ChatGPT中，然后它会基于这些输入生成简明的会议纪要。

案例38：请ChatGPT生成一份讲话录音稿摘要

提示词如下：

> 接下来，我会发给你一份公司领导的讲话录音稿，请根据该稿件生成一份简明的摘要。你明白吗?

ChatGPT的回应如下：

> 是的，我明白。请将领导的讲话录音稿发送给我，我会为你生成一份简明的摘要。

提示词如下：

> 亲爱的团队成员，
>
> 我非常高兴能够在这里，与所有人面对面，坐在一起，进行这次非常重要的讨论。我知道，每个人都很忙，都有自己的工作和项目需要处理，所以，能够在这里见到各位，我感到十分荣幸和感激。

今天，我想谈一谈我们这个大家庭中的一个关键话题，也是一个对我们每个人工作产出至关重要的话题，那就是提高工作效率。我们可能常常听到这个词，但我们是否真的理解它意味着什么呢？

提高工作效率，并不意味着我们要像机器一样，每天做更多的工作，更长时间地坐在电脑前。而是要聪明地工作，是要我们找出更有效的方法来完成任务。我们需要把注意力集中在那些真正重要的事情上，那些能够为客户、为公司真正创造价值的事情上。

你们可能会问，我们怎样才能提高工作效率呢？这是一个非常好的问题，也是一个我们需要一起解答的问题。

首先，我们要知道我们在做什么，我们为什么要做这件事，这是提高工作效率的第一步。只有明确了目标，才能找到达到这个目标的最快路径。

然后，我们需要使用合适的工具。你知道，我们生活在一个科技进步飞速的时代，有很多工具和技术可以帮助我们更好地完成工作。比如，既可以使用一些自动化工具来简化工作流程，也可以使用一些AI工具来帮助我们分析数据、做决策。我们也需要持续学习，不断学习技能和知识，这样才能更好地适应不断变化的工作环境。

此外，我们也需要建立一个支持高效工作的环境。我们需要有一个清静、有秩序、让人能够集中精力工作的环境。我们也需要有一个能够互相支持、互相鼓励、共同成长的团队。我们需要在高效工作和愉快生活之间找到一个平衡点，因为只有身心健康，才能完成最好的工作。

我们的公司，我们的领导团队，已经开始采取一些行动来帮助大家提高工作效率。我们正在引进一些新的工具和技术，提供一些培训和学习的机会，也正在尝试改变工作环境和工作方式。但是，我们不能独自做到这一点，我们需要每个人的参与，需要每个人的建议和反馈。

所以，我想在这里鼓励大家，让我们一起来提高工作效率。让我们一起思考，一起探索，一起学习，一起行动。我相信，只要我们团结一致，就一定能够实现我们的目标，一定能够创造出更大的价值。

谢谢大家，让我们一起努力，一起进步。

ChatGPT的回应如下：

在这次会议上，公司领导强调了工作效率的重要性。领导认为提高工作效率并不仅仅是做更多的工作，而是要用更有效的方法完成任务，集中精力创造真正有价值的

> 工作。
>
> 为了提高工作效率，领导提出了几个关键策略。
>
> - 明确目标：了解我们在做什么，为什么这么做，这是提高工作效率的第一步。
> - 使用合适的工具：利用科技的力量，例如自动化和AI工具，可以帮助我们更好地完成工作。
> - 持续学习：通过不断学习技能和知识，我们可以更好地适应不断变化的工作环境。
> - 建立支持高效工作的环境：这包括一个能够让人专注工作的环境，一个互相支持、互相鼓励、共同成长的团队，并保持工作与生活的平衡。
>
> 公司领导团队已经开始采取行动来实现这些策略，并鼓励所有员工参与其中，共同提高工作效率。

在这个例子中，ChatGPT提取并归纳了领导讲话的要点。

可能有人会问，在真实开会场景中，ChatGPT并不能实时生成记录。会议内容需要手动记录，一样很麻烦啊。这个就得自己想想办法了，比如，先用手机录音，再将其转成文本。毕竟，办法总比困难多。

当发现一个不错的机遇时，有人会不自觉地先罗列困难，有人会下意识地寻找方案，两种不同的心态，结果一般也不同。

6.5 写活动创意方案

下面描述一个职场人很熟悉的场景。

领导一拍脑门，然后蹦出一个创意，但这个创意如何落地，不知道！需要大家集思广益。于是，你被拉进了一个叫作“头脑风暴”的会议。

在完美状态下，大家讨论得热火朝天，才华相互碰撞，最终找到了完美的落地方案。但现实中很多情况是这样的，大家坐在一起大眼瞪小眼，感觉大脑被掏空。

好消息是，对于这种创意性的工作，ChatGPT非常擅长。

如下面的案例，你需要组织一场“程序员节”的主题活动，公司的30多人都要参加，领导给了1000元的预算，你要如何安排呢？

案例39：ChatGPT给出的“程序员节”活动创意

提示词如下：

请策划一场“程序员节”主题活动，活动人数为30人左右，预算在1000元以内，场地在公司内部，你有哪些创意呢？

ChatGPT的回应如下：

很好，针对你的需求，我将策划一场“程序员节”主题活动。下面是我对活动的创意和规划。

主题：编码者的狂欢节——“程序员节”

预算：1000元

人数：30人

场地：公司内部

活动规划：

1.开场仪式（预算：无）

由公司领导或活动主持人致辞，宣布“程序员节”活动开始，表达对公司程序员的感谢和尊重，同时介绍接下来的活动流程和规则。

2.编码大赛（预算：无）

组织一场友谊的编码大赛。将参加活动的程序员分成几个小组，设置一个有趣且具有挑战性的编程题目或项目，在限定时间内完成。最后由专业的评审团队评估，宣布获得胜利的团队。这不仅能够激发程序员的工作热情，也可以增进团队之间的协作精神。

3.技术分享（预算：无）

邀请公司内部或外部的专家进行技术分享，主题可以涵盖最新的编程技术、优秀的代码实践等。通过分享，让团队成员有机会学习新知识，提升技术水平。

4.休闲娱乐环节（预算：500元）

准备一些桌游，比如狼人杀、斗地主等，或者可以设置小型的电竞比赛，如“王者荣耀”“英雄联盟”等。游戏赛事的优胜者可以得到小礼品，这能增加团队之间的互动，增强团队人员的友谊。

5.茶歇环节（预算：400元）

准备一些简单的小吃和饮料，为大家提供一个休息和交流的机会。可以购买一些饼干、蛋糕、水果等，饮料可以有咖啡、茶、果汁等。

6.结束仪式（预算：100元）

结束活动时，颁发一些象征性的奖品，比如“编程大赛”优胜者、最佳合作者等，奖品可以是一些实用的小物件，如定制的杯子、T恤衫等。

注意，为了保证活动顺利进行，需要提前进行详细的策划和准备工作。请根据你的实际情况对以上方案进行适当的调整。

从开场到结束，ChatGPT给出了每个环节的细节及预算，整体感觉还是很有参考价值的。如果仍对此方案不满意，可以在同一个会话中，通过提示词“继续”，让它接着发挥。

提示词如下：

继续。

ChatGPT的回应如下：

如果你需要进一步的活动细节或其他方面的建议，我需要更多的具体信息。不过，这里是一些可能的想法来继续规划你的“程序员节”活动。

7.技术知识问答游戏（预算：无）

准备一系列关于编程、网络安全、云计算等方面的问题，然后主持一个快节奏的问答游戏。这不仅可以让参与者学习新知识，也能提高活动的趣味性。

8.“黑客马拉松”活动（预算：无）

考虑组织一个内部的“黑客马拉松”活动。这类活动通常在固定的时间（如24小时）内，团队需要解决一个实际问题或开发一个新的程序或产品。虽然需要一定的时间和精力，但这将是一次很好的团队合作和创新的机会。

9.照片墙（预算：50元）

设置一个照片墙，让参与者拍照留念。可以购买一些便宜的装饰物和道具，增加照片的趣味性。

10.反馈环节（预算：无）

在活动结束后，收集参与者对活动的反馈。这可以帮助你了解活动的效果，也可以提供宝贵的信息，帮助你更好地规划下一次的活动。

希望以上建议对你的“程序员节”活动的规划有所帮助。如果你有更多的问题，或者需要在某个特定方面获得更多的建议，欢迎提出。

通过该指令，ChatGPT会根据上文思路，输出其他可能的想法。

6.6 本章小结

有关ChatGPT助力办公效能提升的内容，我们先讲到这里。让我们来简单回顾一下本章的重点内容：

- ChatGPT的出现，能使我们的日常办公更加高效。
- ChatGPT可以帮助我们撰写、修改、润色日常的办公文本，比如邮件、文章、报告等各种文本形式。
- ChatGPT让表格操作更加简单，它能帮我们生成Excel公式甚至VBA代码，理论上可以将所有表格的人工操作进行自动化处理。
- ChatGPT可以生成PPT文档的文本大纲，并可通过Markdown源代码块的形式将其输出，利用一些第三方工具可以导入Markdown源代码块，直接生成PPT文档。
- 对于指定的文本内容，ChatGPT能快速理解、归纳，并提取出其核心内容，这一点能够辅助我们快速生成会议纪要。
- ChatGPT可以替我们做一些创意性思考，可用于组织活动、需求研讨等场景。

第7章

ChatGPT助力教育效能提升

在很多知识领域，ChatGPT懂得很多，足以胜任我们的老师。ChatGPT能够用各种各样的方式有针对性地帮助我们学习，可以说，只要我们清晰、准确地提出要求，它就能按需为我们提供服务。

经过慎重考虑，我从ChatGPT可以做的众多教育工作中，选择了下面6种与你分享。

- 制订学习计划。
- 推荐学习资源。
- 生成题库。
- 在线辅导。
- 在线测试。
- 深度阅读。

接下来我们逐一介绍。

7.1 制订学习计划

根据我的经验，成人学习常常会遇到两个困难。

- 第一个困难：有要解决的问题，但不知道哪些知识和技能可以更好地帮助自己解决问题，不确定要学什么。
- 第二个困难：知道要学什么，明确了学习目标，但不清楚具体的学习路线，不知道怎么一步一步学成。

在ChatGPT面前，这两个困难都很好解决——ChatGPT的学习规划能力非常强，既可以根据问题推荐学习方案，又可以根据学习目标划定学习范围，拆解学习任务，制订学习计划。

下面我们分别来看看具体怎么做。

7.1.1 有待解决的问题但不知道学什么

假设你是一名财务人员，想要高效分析财务数据，知道需要学习编程，但不知道学习哪种编程语言。此时，就可以请教ChatGPT，请它推荐。

首先，要指定ChatGPT扮演一位精通多种编程语言的程序员，然后请它根据要求推荐合适的编程语言。

案例40：请ChatGPT推荐一种能分析财务数据的编程语言

提示词如下：

> 你是一名程序员，精通各种常见的编程语言，可以根据需求为他人推荐编程语言。请推荐一种能用来分析财务数据的编程语言。注意，我没有任何编程基础，你推荐的编程语言要简单易学。

ChatGPT的回应如下：

> 针对财务数据分析的编程语言有很多，例如R、Python和SQL等。但如果你没有任何编程基础，我建议你学习使用Excel或Google Sheets，这两个工具可以帮助你轻松地进行财务数据分析。
>
> Excel和Google Sheets都具有强大的计算和数据处理功能，可以帮助你分析数据并制作图表。它们都有广泛的用户群，因此可以很容易找到相关的教程和资源。此外，这两个工具都有免费版本，可以轻松开始学习。
>
> 如果你希望更深入地了解编程语言，并且在财务数据分析方面实现更高级的功能，我建议你学习Python。Python是一种易于学习的编程语言，具有广泛的应用场景，并且有丰富的财务数据分析库和工具，例如Pandas、NumPy和Matplotlib等。此外，Python社区非常活跃，可以很容易地找到各种教程和资源来学习Python。

ChatGPT先提到R、Python、SQL等都可以用来做财务数据分析，然后根据我没有编程基础这点，建议我学习Excel、Google Sheets，最后，它指出，我真要学习编程的话就学Python。

可以感觉到，ChatGPT还是相当智能的，懂得结合具体情况做个性化推荐。

看完ChatGPT的反馈，我决定选择学习Python，请它制订学习计划。

案例41：请ChatGPT制订学习 Python财务数据分析的计划

提示词如下：

> 我想学习Python，希望6个月后能够熟练应用Python分析财务数据。请为我制订一份学习计划。

ChatGPT的回应如下：

> 学习Python并熟练应用于财务数据分析需要一定的时间和系统性的学习。以下是一个适用于初学者的6个月学习计划，可以帮助你逐步掌握Python编程和财务数据分析的技能。

> 第1～2个月。
>
> 学习Python基础知识：了解Python的基本语法、数据类型、条件语句、循环和函数等。你可以通过在线教程、书籍或视频课程来学习。
>
> 熟悉Python开发环境：安装Python解释器和一个集成开发环境（IDE），例如Anaconda、PyCharm或Jupyter Notebook。
>
> 学习使用Python的数据处理库：开始学习使用Pandas库，它是Python中最常用的用于数据分析和处理的库。
>
> 第3～4个月。
>
> 掌握Pandas库：深入学习Pandas库的数据结构、数据操作、数据清洗和数据处理技术。了解如何读取和写入不同格式的数据文件，如CSV和Excel。
>
> 学习数据可视化：学习使用Matplotlib或Seaborn库进行数据可视化，学会绘制折线图、柱状图、散点图等常见的图表类型。
>
> 第5～6个月。
>
> 学习统计分析和建模：了解如何使用Python进行统计分析和建立基本的财务模型。学习使用Scipy和Statsmodels库进行统计计算和回归分析等。
>
> 学习高级数据处理和分析技术：深入学习Pandas库的高级功能，如数据透视表、分组和聚合操作，以及时间序列分析和金融数据分析等。
>
> 实践项目：尝试完成一些实际的财务数据分析项目，如股票数据分析、财务报表分析或投资组合分析。这将帮助你将所学知识应用于实际情境，并提升你的技能水平。
>
> 除了上述学习计划，我建议你积极参与Python编程社区，如论坛、开发者社区和在线学习平台。与其他学习者交流并参与项目实践可以加速学习进程。另外，多阅读与财务数据分析相关的书籍和文章，掌握相关的领域知识也是非常重要的。
>
> 记住，学习编程需要耐心和实践，不断练习编写代码并解决实际问题将帮助你提高技能水平。祝你学习愉快，并成功地应用Python分析财务数据！

可以看到，ChatGPT给出的学习计划，明确了学习范围和学习顺序，的确是针对我要解决的问题量身定制的。这点非常好。

另外，你可能会发现，这份学习计划的时间颗粒度比较粗，以两个月为一个单位，对于初学者来讲，可能不好落地。

这个问题和我所用的提示词有关，只要调整一下，给出时间颗粒度要求，结果就会发生相应变化。接下来的案例中，我会演示怎么调整提示词。

7.1.2 知道学什么但不知道学习路线

如果你明确知道自己要学习什么，可以直接请ChatGPT扮演目标学习领域的资深人士，请它帮忙制订详细学习计划。

案例42：请ChatGPT制订每周或每天的学习计划

首先，我请ChatGPT扮演一位精通Python编程且擅长学习规划的程序员，让它根据我的要求制订详细到每周的学习计划。

提示词如下：

> 你是程序员，精通Python编程，擅长学习规划。我没有任何编程基础，想学习Python，希望6个月后能够熟练应用Python分析财务数据。请为我制订一份详细的学习计划。注意，学习计划要围绕我的目标来制订，要详细到每周，给出每周的学习内容，计划总共包括24周，以表格形式输出学习计划，输出学习计划后请概述学习路线。

ChatGPT的回应如下：

学习计划如下所示。

周数	学习内容
1	Python基础：变量、数据类型、条件语句和循环语句
2	Python基础：函数、列表和元组
3	Python基础：字典、文件读写和异常处理
4	Python基础：模块和库
5	Python进阶：面向对象编程基础
6	Python进阶：面向对象编程进阶
7	Python进阶：正则表达式
8	Python进阶：文件和目录操作
9	数据分析基础：NumPy和Pandas库介绍
10	数据分析基础：数据清洗和数据预处理
11	数据分析基础：数据可视化基础
12	数据分析进阶：高级数据处理和特征工程
13	数据分析进阶：统计分析和假设检验
14	数据分析进阶：回归分析和预测建模
15	数据分析进阶：分类分析和聚类
16	数据分析进阶：时间序列分析和异常检测

17	金融数据分析基础：了解金融市场和金融数据相关知识
18	金融数据分析基础：获取金融数据和数据源选择
19	金融数据分析基础：金融数据清洗和处理
20	金融数据分析进阶：金融数据可视化和探索性分析
21	金融数据分析进阶：金融数据建模和回测
22	金融数据分析进阶：量化交易策略和风险管理
23	金融数据分析进阶：金融大数据处理和机器学习应用
24	项目实战：应用Python进行财务数据分析实战项目

这份学习计划将帮助你在6个月内熟练应用Python进行财务数据分析。第1周到第4周主要是Python基础知识的学习，包括变量、数据类型、条件语句、循环语句、函数、列表、元组、字典、文件读写和异常处理等内容。第5周到第8周是关于面向对象编程的学习，这是提升代码结构和可维护性的重要概念。

第9周到第11周，将进入数据分析的基础阶段。学习内容包括NumPy和Pandas库的介绍、数据清洗和预处理、数据可视化基础等。这些知识将为后续学习金融数据分析奠定基础。

第12周到第16周，将进一步深入学习数据分析知识。学习内容包括高级数据处理和特征工程、统计分析和假设检验、回归分析和预测建模、分类分析和聚类、时间序列分析和异常检测等。

第17周到第19周，将学习金融数据分析的基础知识，了解金融市场和金融数据相关的知识，并学习获取金融数据和数据源选择的方法。同时，还将学习金融数据的清洗和处理技巧。

第20周到第23周，将深入学习金融数据分析的进阶内容，包括金融数据可视化和探索性分析、金融数据建模和回测、量化交易策略和风险管理、金融大数据处理和机器学习应用等。

最后一周，将进行一个实战项目，应用Python进行财务数据分析。这个项目将巩固你所学的知识，并帮助你将学到的技能应用到实际场景中。

这个学习计划将帮助你系统地学习Python编程和数据分析技能，并将其应用到财务数据领域。通过逐步学习和实践，你将在6个月后熟练掌握Python编程，并能够应用其进行财务数据分析。记得在每周的学习内容中，结合阅读相关文档和书籍，完成练习和项目实战，以加深理解和巩固所学知识。祝你学习顺利！

如你所见，ChatGPT制订了为期24周的学习计划，为每周安排了具体的学习内容，满足了我们的要求。同时，它还对整个学习计划按阶段做了综述，能帮助我们更好地理解和把握学习计划。

对于部分初次学习某种技能的学习者来讲，精确到周的学习计划，时间颗粒度还比较粗，因为他们可能不知道怎样把周计划中的学习任务拆分到每一天。此时，可以要求ChatGPT进一步细化学习计划。

提示词如下：

请细化第1周的学习计划，具体到每一天，并给出学习目标。

ChatGPT的回应如下：

下面是第1周学习计划的详细安排，具体到每一天的学习内容和学习目标。

第1周　Python基础：变量、数据类型、条件语句和循环语句

学习目标：熟悉Python的基本语法和编程概念，掌握变量、数据类型、条件语句和循环语句。

日期	学习内容	学习目标
Day 1	Python简介和安装，编写第一个Python程序	了解Python的特点和应用领域，安装Python解释器，编写简单的Python程序
Day 2	变量和数据类型：数字、字符串、布尔值	学习如何声明变量，了解不同数据类型的特点和使用方法
Day 3	变量和数据类型：列表、元组	学习列表和元组的定义、操作和常用方法，理解它们的区别
Day 4	条件语句：if语句和比较运算符	学习如何使用if语句进行条件判断，掌握常用的比较运算符
Day 5	条件语句：elif和多重判断、逻辑运算符	学习如何使用elif语句进行多重判断，掌握逻辑运算符的使用
Day 6	循环语句：while循环	学习while循环的基本语法和使用方法，能够编写简单的循环程序
Day 7	循环语句：for循环和range函数	学习for循环的基本语法和使用方法，掌握range函数的功能

在第1周的学习中，你将通过理论和实践相结合的方式，逐步掌握Python的基本语法和编程概念。每天的学习内容都有具体的学习目标，帮助你逐步达到熟悉Python的基本概念和语法的目标。请确保每天的学习时间充足，并结合练习和编程实践，加深对所学知识的理解和掌握。完成这周的学习后，你将具备基础的Python编程能力，为后续的学习打下坚实的基础。

可以看到，ChatGPT的安排非常细致，学习内容已经精确到具体的数据类型和语句了。有这样的学习计划指导，就算是初入行的新手，也知道怎么开始行动了。

以上就是运用ChatGPT制订学习计划的参考做法。

需要说明的是，虽然我举的两个例子都和编程有关，但这并不意味着你只能用ChatGPT制订编程学习计划。实际上，你可以结合你的具体情况，为英语、冥想、插画、跑步、线性代数、管理学等各类知识和技能制订学习计划。你只要参考示例中的提示词，将编程相关的关键词替换为目标学习领域的关键词，做一点简单的测试和调整，就能达到你的目的。

7.2 推荐学习资源

ChatGPT不仅可以帮我们制订学习计划，还可以为我们推荐学习资源。

ChatGPT可以通过两种方式推荐学习资源：一种是结合学习计划推荐学习资源，另一种是根据我们描述的学习背景推荐学习资源。

7.2.1 结合学习计划推荐学习资源

7.1节介绍了怎么让ChatGPT帮我们制订学习计划，拿到学习计划后，紧接着要做的事情是寻找学习资源。此时，最典型的做法，就是让ChatGPT结合刚刚生成的学习计划来推荐相关的学习资源。

案例43：请ChatGPT根据学习计划推荐学习资源

提示词如下：

> 请根据完整的学习计划，推荐学习资源。

ChatGPT的回应如下：

> 根据完整的学习计划，我为你推荐以下学习资源，这些资源将帮助你系统地学习Python编程和数据分析技能。
>
> Python基础：
>
> 1.*Python Crash Course*（作者：Eric Matthes）——这本书适合初学者，涵盖了Python基础知识和编程技巧。
>
> 2.Python官方文档——官方文档是学习Python的权威参考资料，详细介绍了Python语法和标准库。

3.Codecademy Python课程——Codecademy提供互动式的在线Python课程，适合初学者进行实践和练习。

数据分析基础：

1.*Python for Data Analysis*（作者：Wes McKinney）——这本书介绍了如何使用Python进行数据分析，详细介绍了NumPy和Pandas库的使用。

2.Pandas官方文档——Pandas是Python中主要用于数据分析的库，官方文档提供了详细的说明和示例。

3.DataCamp数据分析课程——DataCamp提供了丰富的在线数据分析课程，涵盖了NumPy、Pandas库和数据可视化等内容。

金融数据分析：

1.《Python金融数据分析》（作者：Yves Hilpisch）——这本书介绍了如何使用Python进行金融数据分析，包括金融市场、金融数据的获取和处理，以及量化交易等内容。

2.金融数据分析实战——Coursera提供的金融数据分析专项课程，通过实战项目帮助你应用Python进行财务数据分析。

3.Quantopian平台——Quantopian是一个用于量化金融研究和算法交易的平台，提供了大量的教育资源和实践机会。

这些学习资源提供了不同形式和层次的学习材料，你可以根据自己的学习偏好选择适合自己的资源。结合阅读书籍、参与在线课程、完成实践项目和参考官方文档，你将能够全面掌握Python编程和数据分析的技能，并应用到财务数据分析中。记得在学习过程中保持坚持和实践，不断巩固所学知识。祝你学习顺利！

7.2.2 根据学习背景推荐学习资源

如果你知道自己要学什么，但不知道有哪些资源可供学习，就可以向ChatGPT提供具体的背景信息，请它推荐学习资源。

案例44：请ChatGPT辅导你学习演讲并推荐资源

提示词如下：

你是一位演讲教练，擅长辅导别人学习演讲。我想学习演讲，我没有任何演讲经验，害怕面对公众演讲，从未在公众场合演讲过。请推荐适合我的学习资源。

这个提示词首先指定ChatGPT扮演一位演讲教练，然后描述了自己的情况，最后请

ChatGPT帮忙推荐学习资源。

ChatGPT的回应如下：

> 当你开始学习演讲时，以下是一些适合你的学习资源和建议。
>
> 1.阅读经典演讲：开始时，你可以研究一些著名演讲家的经典演讲，如马丁·路德·金的*I Have a Dream*演讲或温斯顿·丘吉尔的*We Shall Fight on the Beaches*演讲。这将帮助你了解演讲的要素和有效的演讲技巧。
>
> 2.学习演讲结构：了解演讲的基本结构是非常重要的。一个常用的结构包括引言、主体和结论。在引言中，你需要吸引听众的注意力并介绍演讲的主题。主体部分应该包含论点和支持材料。结论要总结演讲的要点并给听众留下深刻的印象。
>
> 3.观看演讲教学视频：YouTube上有很多优秀的演讲教学视频，你可以寻找一些专业演讲教练或公众演讲专家的视频教程。这些视频可以教你演讲技巧，如控制语速、姿势、手势和眼神交流等。
>
> 4.加入演讲俱乐部：在你所在地区寻找演讲俱乐部，比如Toastmasters International。这是一个国际性的演讲和领导力发展组织，提供了一个友好和支持性的环境，让你有机会在小组中进行演讲，并从他人的反馈中学习成长。
>
> 5.练习演讲：练习是提高演讲技能的关键。选择一个你感兴趣的话题，准备一个简短的演讲，并在镜子前面练习。确保你的演讲清晰、有条理，并使用适当的语气和表情来增强表达力。
>
> 6.寻求反馈：当你准备好在公众场合演讲时，邀请你的朋友、家人或同事作为听众，并请他们提供反馈，帮助你不断提高。
>
> 7.自信和放松：演讲可以让人紧张，但要记住，自信是成功演讲的关键。尝试采用放松技巧，如深呼吸和积极的自我对话，以减轻紧张感并增强自信心。
>
> 通过实践和不断学习，你可以克服对公众演讲的恐惧，并成为一位出色的演讲者。祝你好运！

可以看到，ChatGPT给了一些资源，并针对我害怕演讲的问题提供了几点建议。不过我觉得它这次提供的资源不全面，就重新编写提示词，请它重列资源。

提示词如下：

> 请针对我的情况，列出适合我的学习资源，并给出推荐理由。

ChatGPT的回应如下：

> 针对你的情况，以下是适合你的学习资源和推荐理由。

1.TED Talks视频：TED Talks是一系列精彩而有启发性的演讲，涵盖了各种主题。这些演讲通常具有吸引力强、简洁明了的语言，可以帮助你了解演讲技巧和风格。观看成功演讲家的表演将为你提供灵感和指导。

2.*Talk Like TED*（作者：卡门·加洛）：这本书是关于成功演讲的指南，作者通过研究TED演讲中的共同特点和技巧，提供了实用的建议和技巧。它包含了让你的演讲更具吸引力和影响力的策略，以及如何讲述故事和利用肢体语言等。

3.*Public Speaking for Success*（作者：道尔·卡耐基）：这是一本经典的演讲指南，旨在帮助你克服公众演讲的恐惧并提高演讲技巧。该书涵盖了演讲准备、表达技巧、掌控紧张情绪等方面，通过实例和实用技巧帮助你成为自信的演讲者。

4.Toastmasters International：Toastmasters International是一个全球性的演讲和领导力发展组织，提供了一个友好和支持性的环境，让你有机会在小组中进行演讲，并从他人的反馈中学习成长。加入Toastmasters俱乐部，你可以与其他成员互动、参与演讲竞赛和领导项目，逐步提高你的演讲技能。

5.演讲教练的在线课程：你可以寻找一些在线平台，如Udemy或Coursera，这些平台提供专门的演讲教练课程。这些课程通常包含视频教学、练习任务和反馈机制，帮助你系统地学习演讲技巧并获得个人指导。

这些学习资源将提供给你不同的学习途径和方法，从观看优秀演讲到阅读指南书籍，再到加入组织和接受在线培训。这样的多样性将帮助你全面了解演讲技巧，并提供实践和反馈的机会，以不断提高演讲能力。

因为我要求ChatGPT在提供资源时给出推荐理由，所以它给出了更全面、更具体的学习资源，比上一次要好不少。

当然，我们还可以继续优化提示词，让ChatGPT给出更好的学习资源。比如，要求ChatGPT只推荐视频课程，或者要求它只推荐图书。

关于推荐学习资源，有一点要注意：ChatGPT提供的学习资源不保证真实存在。很可能，它推荐的某本书、某个网络视频是不存在的。所以，在使用ChatGPT推荐学习资源时，一定要验证一下相关资源是真是假、是否可以访问。

7.3 生成题库

做测试题是提升新知识留存率的有效方法，然而设计测试题对初学者来讲却是一个很大的难题。ChatGPT的出现，破解了这个经典难题——它可以针对各种学科知识和专业技能生成测试题。

提到测试题，我们马上就能想到中小学时的随堂考试——使用匹配当前学习内容的试卷测试学生的学习效果。

随堂考试的卷子，往往是老师精心设计或者选择的。我们自学时，没有老师帮我们设计考试卷子，但可以请ChatGPT根据学习计划为我们生成测试题。

在7.1节中的案例42，我们让ChatGPT生成了为期24周的Python学习计划，并且让它细化了第1周的学习计划。

有了学习计划，我们就可以提示ChatGPT按照学习计划生成测试题。

案例45：请ChatGPT根据学习计划设计测试题

提示词如下：

> 请根据第1周的学习计划，设计一份测试题，帮助我验证学习效果。

ChatGPT的回应如下：

> 当然，下面是一份测试题，涵盖了第1周学习计划中的内容，可以帮助你验证学习效果。
>
> 第1周学习计划测试题
>
> 1.在Python中，如何声明一个整数类型的变量？请写出一个例子。
>
> 2.字符串是Python中的一种数据类型，请写出一个包含你的名字和姓氏的字符串变量。
>
> 3.如何使用条件语句判断一个数是否大于10？请写出相应的Python代码。
>
> 4.列举Python中常用的比较运算符，并给出每个运算符的含义。
>
> 5.请写出一个while循环，输出从1到10的所有偶数。
>
> 6.列举Python中常用的逻辑运算符，并给出每个运算符的含义。
>
> 7.使用for循环和range函数，输出从1到5的所有整数。
>
> 请根据所学知识回答上述问题。完成后，可以对照答案进行自我评估，检验你对Python基础知识的掌握程度。祝你好运！

对比第1周的学习计划，我发现，ChatGPT生成的测试题严格匹配了第1周的知识点，相当不错。

由此我们可以推测，就算没有学习计划，只有知识点列表（或者知识点说明），ChatGPT

也可以生成测试题。

案例46：请ChatGPT提供10道两位数加减法的数学题

提示词如下：

> 针对两位数加减法，提供10道数学题，不要答案，以列表形式输出。

ChatGPT的回应如下：

> 当然，以下是10道关于两位数加减法的数学题。
>
> 1.25 + 16 =
>
> 2.48 - 32 =
>
> 3.57 + 23 =
>
> 4.82 - 19 =
>
> 5.36 + 44 =
>
> 6.68 - 53 =
>
> 7.42 + 38 =
>
> 8.75 - 28 =
>
> 9.61 + 29 =
>
> 10.89 - 47 =
>
> 祝你解答这些数学题时玩得开心！如果需要任何帮助，请随时告诉我。

在这个案例中，我们通过“针对两位数加减法，提供10道数学题”，明确了知识范围，ChatGPT据此生成了10道题目。

案例47：请ChatGPT提供一份市场营销学的测试题

提示词如下：

> 你是一位市场营销学教授。请针对有关顾客和市场的5个核心概念，提供一套测试题，测试学生对这些概念的掌握程度。下面是这5个核心概念。
>
> 1.需要、欲望和需求。
>
> 2.市场提供物（产品、服务和体验）。
>
> 3.价值和满意。
>
> 4.交换和关系。
>
> 5.市场。

ChatGPT的回应如下：

作为市场营销学教授，我很愿意为你提供一套测试题，测试学生对顾客和市场的5个核心概念的掌握程度。以下是5道相关的测试题，供学生回答。

1.请简要解释以下概念：需要、欲望和需求。

2.通过提供什么，企业可以满足顾客的需求和欲望？请列举并解释市场提供物的3个要素。

3.解释价值和满意在市场营销中的重要性，并描述二者之间的关系。

4.简要解释交换和关系的概念，并说明它们在市场营销中的作用。

5.市场是什么？请提供一个简洁但全面的定义，并解释市场对企业的重要性。

希望这些测试题能够帮助学生巩固对这些核心概念的理解和掌握。如果你需要参考答案或有其他问题，请随时告诉我。

在这个案例中，我让ChatGPT扮演市场营销学教授，然后提供了5个核心概念，请它根据这5个核心概念生成测试题。可以看到，ChatGPT圆满完成了任务。

有时候，你可能需要针对某本教材生成测试题。这时，你告诉ChatGPT教材名字和题目要求就可以了。

案例48：请ChatGPT针对“社会心理学”专业提供20道期末测试题

提示词如下：

请你扮演“社会心理学”专业的大学教授。请针对《社会心理学》这本教材，提供一套期末测试题，题目数量不少于20道，题目要尽可能多地覆盖核心知识点。

ChatGPT的回应如下：

作为“社会心理学”专业的大学教授，我很愿意为你提供一套期末测试题。以下是一套包含20道题目的测试题，涵盖了《社会心理学》这本教材的核心知识点。

1.解释社会心理学的定义，并列举其研究的主要领域。

2.解释认知失调理论，并提供一个实际生活中的例子。

3.解释归因理论，并说明内在归因和外在归因的区别。

4.描述群体规范，包括描述一种明确的群体规范并解释其影响。

5.解释社会认知理论，并说明其与社会心理学的关系。

6.解释态度的形成和变化，包括认知、情感和行为成分。

7.什么是社会影响？列举和解释3种社会影响的类型。

8.描述心理学中的亲社会行为，并提供一个例子。

9.解释人际吸引力的原理，并说明相似性、互补性和亲密性的作用。

10.描述和解释协作与竞争的影响，包括社会“蚁族”现象和社会损耗。

11.解释集体行为的心理过程，包括群体决策和群体思维。

12.解释偏见和歧视的心理机制，并提供一个现实生活中的例子。

13.描述自我概念的构建和发展过程，并解释自我认同的重要性。

14.解释亲社会行为中的互惠原则和社会交换理论。

15.描述社会认知失调的解决策略，包括认知重组和选择性接受信息。

16.解释社会认同的理论，并说明社会认同对个体行为的影响。

17.描述冲突解决的不同策略，包括合作、竞争和妥协。

18.解释领导行为的心理特征，并列举几种领导风格。

19.描述群体中的规范和规则，并解释他们对行为的影响。

20.解释集体行为中的社会契约理论，并提供一个相关的例子。

希望这套测试题能够帮助学生们回顾和巩固《社会心理学》这本教材的核心知识点。如果需要参考答案或有其他问题，请随时告诉我。

在这个案例中，我让ChatGPT扮演“社会心理学”专业的教授，请它出一套包含20道题目的期末测试题，另外还提了一点附加要求，ChatGPT成功地完成了任务。

7.4 在线辅导

ChatGPT可以辅导我们学习各种知识，下面用两个案例——英语和编程，演示一下具体怎么做。

7.4.1 辅导学习英语

英语四级考试是很多人都经历过的，我们以它为例，看看怎么使用ChatGPT辅导我们学习。

四级考试的一个典型难题是——长难句分析。下面这个长难句，来自2010年英语四级考试真题。

Higher up the ladder, where a pay cut is usually more significant, the demand for scientists with a wealth of experience in industry is forcing universities to make the transition to academia more attractive, according to Lee.

在这个句子中，“the ladder”的含义不是字面意思“生活中的梯子”，较难理解。为此，我请ChatGPT帮忙解释。

案例49：请ChatGPT解释句子或词语

提示词如下：

> 请解释“the ladder”在下面这句话中的中文意思。
>
> [例句见前面，此处省略]

ChatGPT的回应如下：

> 在这句话中，“the ladder”是一个比喻性的表达，表示职位阶梯或职业发展的层级。它表示一个人在工作生涯中向上升的过程，从较低的职位到较高的职位。在这个句子中，“higher up the ladder”指的是在职位阶梯上较高的位置，即更高级的职位。这个短语强调了在职位阶梯上处于较高层级的人，通常面临更显著的薪资减少。
>
> 总结起来，这个短语表达了一个人在职业发展中的上升过程，随着职位的提升，薪资减少的程度通常也会更大。

注意我刚才使用的提示词——请解释“the ladder”在下面这句话中的中文意思，它可以抽象成如下模板：

> 请解释“[待解释的单词或短语]”在下面这句话中的中文意思。
>
> [英文句子]

遇到难以确认含义的单词时，都可以套用它编写提示词，然后请ChatGPT解释。

接下来，我们请ChatGPT针对刚才的长难句做语法分析，帮助我们理解。

提示词如下：

> 对以下句子做语法分析，并翻译成中文。
>
> Higher up the ladder, where a pay cut is usually more significant, the demand for scientists with a wealth of experience in industry is forcing universities to make the transition to academia more attractive, according to Lee.

ChatGPT的回应如下：

这句话可以进行如下的语法分析。

1.Higher up the ladder, where a pay cut is usually more significant：这是一个介词短语，用于描述在职位阶梯上更高层级的情况。这里指当薪资减少更为显著时。

2.the demand for scientists with a wealth of experience in industry：这是一个名词短语，描述对在工业界拥有丰富经验的科学家的需求。

3.is forcing universities to make the transition to academia more attractive：这是一个谓语动词短语，表达出需求对大学的影响，迫使它们转向学术界变得更具吸引力。

4.according to Lee：这是一个介词短语，表示引用Lee的观点。

翻译成中文：

根据李先生的观点，职位阶梯越高，薪资减少的幅度通常更为显著，因此大学对于在工业界拥有丰富经验的科学家的需求迫使它们转向学术界。

可以看到，ChatGPT分析出了句子结构，包括主干（第2、3点）和两个介词短语（第1、4点）。

四级考试时，除了长难句分析，中译英也是一个难点。

我在练习时经常发现，自己的英文译文和参考答案有差距，但又不知道差距在哪里，也不知道如何改进。像这种情况，就可以请出ChatGPT，让它批改译文，给出修改意见，供我们参考使用。

案例50：请ChatGPT对照中英文，给出翻译完善建议

提示词如下：

阅读后面提供的一段中文和对应的英文译文，评估英文译文，根据美国英语习惯和文体规范，给出修改建议，建议包括修改前的词语、修改后的词语和修改原因，以表格形式输出，最后根据建议完成修改，提供修改后的英文译文。

中文如下：

中国人自古以来就在中秋时节庆祝丰收，这与北美地区庆祝感恩节的习俗十分相似。过中秋节的习俗于唐代早期在中国各地开始流行。中秋节在农历八月十五，是人们拜月的节日。这天夜晚皓月当空，人们合家团聚，共赏明月。2006年，中秋

节被列为中国的文化遗产，2008年又被定为公共假日。月饼被视为中秋节不可或缺的美食，人们将月饼作为礼物馈赠亲友或在家庭聚会上享用。传统的月饼上带有“寿”（longevity）、“福”或“和”等字样。

英文译文如下：

Since ancient times, Chinese people have celebrated harvest in the Mid-Autumn Festival, which is very similar to the custom of celebrating Thanksgiving in North America.The custom of celebrating the Mid-Autumn Festival became popular throughout China in the early Tang Dynasty.The Mid-Autumn Festival falls on the 15th day of the 8th lunar month.It is a festival for people to worship the moon.On this day, the bright moon is in the sky, and families get together to enjoy the bright moon.The Mid-Autumn Festival was listed as a cultural heritage in China in 2006 and a public holiday in 2008.Mooncakes are considered an indispensable food for Mid-Autumn Festival.People give mooncakes as gifts to relatives and friends or enjoy them at family gatherings.There are characters of “longevity”, “happiness” or “harmony” on traditional moon cakes.

我在提示词中明确指示ChatGPT，按美国英语习惯和文体规范来提供修改建议，并以表格形式输出建议，方便阅读。

ChatGPT的回应如下：

以下是对英文译文的评估和修改建议。

修改前	修改后	修改原因
celebrated harvest	celebrated the harvest	在英文中，使用冠词“the”来表示特定的收获，即“the harvest”
throughout China	throughout various regions of China	添加“various regions of”来更准确地描述在中国的不同地区庆祝中秋节的习俗
falls on the 15th day	falls on the 15th day of the lunar month	添加“of the lunar month”以明确指出是农历月份的第15天
the bright moon is in the sky	the moon shines brightly in the sky	更改为“the moon shines brightly in the sky”以更准确地描述月亮在天空中发出明亮的光
listed as a cultural heritage	designated as a cultural heritage	使用“designated”替换“listed”来更准确地表示中秋节被官方确认为中国的文化遗产

give mooncakes as gifts	give mooncakes as gifts to their loved ones	添加“to their loved ones”来表明是将月饼作为礼物赠送给亲人和朋友
characters of “longe vity”, “happiness”	characters such as “longe vity”, “happiness”	使用“such as”替换“of”来更准确地表示月饼上的字样不仅限于“longevity”、“happiness”或“harmony”，还可以是其他字样

修改后的英文译文。

Since ancient times, Chinese people have celebrated the harvest in the Mid-Autumn Festival, which is very similar to the custom of celebrating Thanksgiving in North America.The custom of celebrating the Mid-Autumn Festival became popular throughout various regions of China in the early Tang Dynasty.The Mid-Autumn Festival falls on the 15th day of the lunar month.It is a festival for people to worship the moon.On this day, the moon shines brightly in the sky, and families get together to enjoy the bright moon.The Mid-Autumn Festival was designated as a cultural heritage in China in 2006 and a public holiday in 2008.Mooncakes are considered an indispensable food for the Mid-Autumn Festival.People give mooncakes as gifts to their loved ones or enjoy them at family gatherings.There are characters such as “longevity”, “happiness”, or “harmony” on traditional mooncakes.

你可以对比看看，ChatGPT给出的修改建议是不是有道理。

7.4.2 辅导学习C++编程

常见的编程语言，包括C、C++、Java、Python、PHP、Golang、JavaScript等，ChatGPT都懂。这里我以C++语言为例，演示一下辅导过程。

案例51：请ChatGPT解答C++编程问题

提示词如下：

请你扮演一位程序员，你精通C++语言，还擅长讲课，能够用通俗易懂的语言讲述复杂的概念和难题。请你担任我的编程导师，为我解答C++编程方面的问题。

可以看到，我在提示词中描述了ChatGPT所扮演的程序员的两个特征：一是精通C++语言，二是讲课通俗易懂。这样一来，ChatGPT在辅导时，就会尽可能深入浅出。

ChatGPT的回应如下：

当然，我很愿意担任你的编程导师，并解答你在C++编程方面的问题。请告诉我你需要帮助的具体问题，我将尽力以通俗易懂的语言来解释和讲解复杂的概念和难题。

在C++编程中，时间复杂度是初学者较难理解的概念，所以我编写了一段提示词，请ChatGPT解释它并举例说明。

提示词如下：

请解释算法的时间复杂度，并举例说明。

ChatGPT的回应如下：

当我们设计和分析算法时，时间复杂度是一个重要的概念。它用来衡量算法在处理输入数据时所需要的时间量级。时间复杂度通常用大写O表示。

时间复杂度描述的是算法运行时间与输入规模之间的关系。具体而言，时间复杂度表示随着输入规模的增加，算法执行所需时间的增长速度。

让我们通过一个简单的例子来说明时间复杂度。假设有一个函数用于计算前*n*个自然数的总和：

```
int sum (int n) {
    int toal = 0;
    for (int i = 1; i <= n;  i++) {
        total += i;
}
return total;
}
```

在这个函数中，我们使用一个循环来将前*n*个自然数累加起来。循环的迭代次数与*n*的值相关，因此可以说该算法的时间复杂度与*n*成正比。

具体来说，这个算法的时间复杂度为O（*n*），表示随着*n*的增加，算法的执行时间将线性增长。例如，如果*n*的值是100，那么算法将执行大约100次迭代。如果*n*的值是1000，那么算法将执行大约1000次迭代。

在这个例子中，时间复杂度为O（*n*），表示算法的执行时间与输入规模呈线性关系。当输入规模变大时，算法的执行时间也相应增长。需要注意的是，时间复杂度并不关注具体的执行时间，而是关注算法的增长趋势。

通过分析时间复杂度，我们可以比较不同算法在处理大规模输入时的效率。一般来说，较低的时间复杂度意味着算法更高效。

这只是时间复杂度的一个简单示例，实际上，时间复杂度的分析可能涉及更复杂的情况，例如嵌套循环、递归等。但基本原则是一致的：通过分析算法在不同输入规模下的执行次数来推导时间复杂度。

希望这个解释能帮助你理解时间复杂度的概念。如果你有任何问题，请随时提问！

我感觉，ChatGPT的讲解比较通俗，给出的示例代码，既很容易看明白，也能演示时间复杂度O（n）。

除了请ChatGPT解释概念，还可以把自己不懂或不会做的练习题，发给ChatGPT，请它解答。下面是C++程序员求职时可能会遇到的笔试题：

请实现一个函数，把字符串中的每个空格替换成"%20"。例如输入"I am beautiful."，输出"I%20am%20beautiful."。

看见这样的题目，最直观的想法就是从头到尾扫描字符串，每一次碰到空格字符串时就做替换，同时把空格后面的所有字符串都后移两个字节。

实现这样的解法也很简单。但实际上，按这样解题，很难打动面试官。因为这种做法的时间复杂度为O（n^2），而这道题还存在一个时间复杂度为O（n）的解法。

后一种解法没那么直观，好多人一下子想不起来。因此我用它举例，请ChatGPT为我们解答。

为了清楚、准确地说明问题，我在编写提示词时，对笔试题目进行了更详细的说明，指定了函数的输入参数和返回值。

提示词如下：

请实现一个函数，把字符串中的每个空格替换成"%20"。函数的输入参数是一个字符串，例如"I am beautiful."。函数的返回值是一个字符串指针，指向被修改过的字符串，例如"I%20am%20beautiful."。注意，函数所用算法的时间复杂度为O（n）。

ChatGPT的回应如下：

下面是一个使用C++编写的函数，可以将字符串中的每个空格替换为"%20"，并且具有O（n）的时间复杂度。

```
#include <cstring>
char* replaceSpaces(const char* str) {
```

```
if(str == nullptr) {
  return nullptr;
}

int spaceCount = 0;
int len = strlen(str);

// 计算字符串中空格的个数
for(int i = 0; i < len; i++) {
  if(str[i] == ' ') {
    spaceCount++;
  }
}

// 计算替换后的字符串总长度
int newLen = len + spaceCount * 2;

// 创建新的字符串，并进行替换
char* newStr = new char[newLen + 1];
int newIndex = 0;

for(int i = 0; i < len; i++) {
  if(str[i] == ' ') {
    newStr[newIndex++] = '%';
    newStr[newIndex++] = '2';
    newStr[newIndex++] = '0';
  } else {
    newStr[newIndex++] = str[i];
  }
}

newStr[newIndex] = '\0';
```

```
  return newStr;
}
```

这个函数首先会遍历一遍输入的字符串，统计空格的个数。然后根据空格的个数计算出替换后的字符串总长度。接下来，创建一个新的字符串，利用两个指针（一个指向原字符串，另一个指向新字符串）进行遍历和替换操作。最后，返回新字符串的指针。

这个函数的时间复杂度为O（*n*），其中*n*是输入字符串的长度。因为它只对字符串进行一次遍历，并且所有操作都是O（1）的时间复杂度。

下面是一个示例的使用方法：

```
#include <iostream>

int main() {
  const char* str = "I am beautiful.";
  char* newStr = replaceSpaces(str);

  std::cout << newStr << std::endl;

  delete[] newStr;   // 记得释放内存

  return 0;
}
```

这段代码会输出“I%20am%20beautiful.”，表示空格已成功替换为“%20”。

希望这个函数能满足你的需求，如果还有其他问题，请随时提问！

如你所见，ChatGPT不但给出了时间复杂度为O（*n*）的解法，还详细解释了实现思路。另外，它还提供了简单的测试程序，方便我们验证它所编写的函数的正确性。

有时候，我们会看不懂一些代码，此时，也可以请ChatGPT帮忙解释。比如下面的代码，有模板、友元、私有构造函数、虚拟继承等复杂的语法，初学C++的人很难理解。

```
template <typename T> class MakeSealed
{
friend T;
private:
```

```
MakeSealed(){}
~MakeSealed(){}
};

class SealedClass2 : virtual public MakeSealed<SealedClass2>
{
public:
SealedClass2(){}
~SealedClass2(){}
};
```

此时，我们就可以请ChatGPT来解释一下。

提示词如下：

> 详细解释以下代码。
>
> [这里为节省空间略去代码，实际操作时请放置前面所示代码]

ChatGPT的回应如下：

这段代码使用了C++的模板和访问控制特性来实现一个封闭类（Sealed Class）的机制。让我们逐行解释这段代码的含义和作用。

```
template <typename T> class MakeSealed
{
    friend T;
private:
    MakeSealed(){}  // 私有构造函数
    ~MakeSealed(){} // 私有析构函数
};
```

这部分代码定义了一个模板类MakeSealed，它有一个模板参数T，表示该类可以用于任何类型T。在类的私有部分，有一个私有的无参构造函数和一个私有的析构函数。

关键在于“friend T；”这行代码，它将模板类MakeSealed声明为类型T的友元。这意味着只有类型T可以访问MakeSealed类的私有成员和构造函数。其他类或函数无法访问或继承MakeSealed类，从而实现了封闭类的效果。

```
class SealedClass2 : virtual public MakeSealed<SealedClass2>
```

```
{
public:
    SealedClass2(){}  // 公有构造函数
    ~SealedClass2(){} // 公有析构函数
};
```

这部分代码定义了一个类SealedClass2，它公开继承自MakeSealed<SealedClass2>。通过使用模板类MakeSealed，SealedClass2成为一个封闭类，它的构造函数和析构函数是公开的，但其他类无法继承或访问SealedClass2的私有成员和构造函数。

这里还使用了虚继承virtual public，这是为了避免可能出现的菱形继承问题。通过虚继承，多重继承同一基类的派生类之间共享同一个虚基类子对象，避免了数据冗余和其他可能的问题。

综上所述，通过使用模板类MakeSealed和访问控制特性，我们可以创建一个封闭类SealedClass2，它的私有成员和构造函数只能被SealedClass2自身访问，其他类无法继承或访问它们。这样可以实现一种封装和限制访问的效果，保护类的实现细节，并防止其被继承。

需要注意的是，封闭类并不是C++语言的原生特性，而是一种通过使用访问控制和特定的设计模式来实现的机制。它在某些特定场景下可能有用，但在一般情况下并不常用。

可以看到，ChatGPT的解释清晰准确，通俗易懂！

本节演示了请ChatGPT辅导我们学习英语和编程的过程。其中，有两个值得注意的关键点。

第一，准确传达你的意图。比如英语辅导，你要告诉ChatGPT“做语法分析”，它才会分析长难句的语法。

第二，指定合适的角色并说明它的知识背景。比如编程辅导，我们指定了ChatGPT是程序员并且“精通C++语言”，这样它在后续的辅导过程中，才会使用C++语言编写示例代码。

这两个关键点，需要你对所学习的知识或技能有一定的了解，所以，就算你想请ChatGPT辅导你学习新领域，也要先了解该领域的常见概念、术语。

7.5 在线测试

ChatGPT可以在很多领域为我们出题，测试我们对该领域知识的掌握水平。

接下来通过小学数学测试和模拟面试两个案例来演示一下做法。

7.5.1 小学数学测试

案例52：请ChatGPT扮演考官在线测试

首先，指定ChatGPT扮演小学三年级数学老师。

提示词如下：

> 请扮演小学三年级数学老师。

ChatGPT的回应如下：

> 当然！我很乐意扮演小学三年级的数学老师。有什么数学问题或者课堂活动我可以帮助你解答或设计吗？

然后，我让ChatGPT设计测试题。

提示词如下：

> 针对两位数加减法，提供10道数学题，不要答案，以列表形式输出。

ChatGPT如约给出了10道数学题，具体如下：

> 当然，以下是10道关于两位数加减法的数学题。
>
> 25 + 16 =
>
> 48 - 32 =
>
> 57 + 23 =
>
> 82 - 19 =
>
> 36 + 44 =
>
> 68 - 53 =
>
> 42 + 38 =
>
> 75 - 28 =
>
> 61 + 29 =
>
> 89 - 47 =

> 祝你在解答这些数学题时玩得开心！如果你需要任何帮助，请随时告诉我。

接着，我请ChatGPT担任考官，使用刚才的题目，对我进行测试。

提示词如下：

> 现在，请你担任考官，使用刚才那套题目，对我进行测试。你每次出一道题目，等我回答问题，你收到答案后，进行批改。如果我的答案正确，则回复“恭喜你，回答正确”，然后出下一道题目。如果我的答案错误，则回复“回答错误”，提供正确答案，然后出下一道题目。

这段提示词明确规定了交互过程，这样ChatGPT就不会随意发挥。

ChatGPT的回应如下：

> 好的，我将担任考官，进行测试。让我们开始吧！
>
> 第一道题目：25 + 16 =（请回复你认为的答案）

ChatGPT给出了第1道测试题，请我回答。我输入答案“41”，ChatGPT给出了下面的反馈：

> 恭喜你，回答正确！答案是41。
>
> 下一道题目：48 - 32 =（请回复你认为的答案）

反馈的同时，ChatGPT还提供了下一道测试题。

……

如此这般操作了10轮，我完成了10道测试题。然后，我请ChatGPT分析测试结果。

提示词如下：

> 请分析测试结果。

ChatGPT的回应如下：

> 当然！让我来分析一下你的测试结果。
>
> 在这次测试中，共有10道题目。以下是你的答题情况。
>
> 正确答案的数量：8
>
> 错误答案的数量：2
>
> 你的正确率为80%，回答正确的题目比例较高，这是一个很好的表现！大部分题目都给出了正确的答案，显示出你对两位数加减法有很好的掌握。

> 对于那两道回答错误的题目，我们可以一起回顾一下。错误的答案可能是由于计算错误、粗心或者概念理解上的一些困惑所导致的。在未来的练习中，你可以仔细检查题目，避免犯同样的错误，并尝试更深入地理解数学概念和运算技巧。
>
> 继续进行数学练习和挑战，你的数学能力将不断提高！如果你还有其他数学问题或需要进一步练习，请随时告诉我。我很乐意帮助你。

可以看出，ChatGPT统计了正确答案和错误答案的数量与占比，并给出了综合评价。

刚刚为了演示方便，我选择了简单的加减法运算进行测试。实际上，ChatGPT可以针对小学、初中、高中及大学等各个阶段、各个科目出具题目并进行测试。我以线性代数为例，演示一下出题过程。

第1步，设定角色。

提示词如下：

> 请扮演大学高等数学老师。

ChatGPT的回应如下：

> 好的，作为你的大学高等数学老师，我将竭尽全力帮助你。请告诉我你需要什么帮助或是有什么数学题目需要解答。无论是微积分、线性代数还是其他高等数学领域，我将尽力为你提供所需的知识和答案。请告诉我你的问题或需求。

第2步，指导ChatGPT出题。

提示词如下：

> 请提供5道线性代数测试题，不附带答案。

ChatGPT的回应如下：

> 当然！以下是5道关于线性代数的测试题，不附带答案。
>
> 1.对于矩阵$\boldsymbol{A}$和$\boldsymbol{B}$，如果$\boldsymbol{A}$和$\boldsymbol{B}$的乘积$\boldsymbol{AB}$是一个3×4的矩阵，那么$\boldsymbol{A}$的列数和$\boldsymbol{B}$的行数分别是多少？
>
> 2.给定矩阵$\boldsymbol{A}$ = [[1, 2, 3], [4, 5, 6], [7, 8, 9]]，计算$\boldsymbol{A}$的转置矩阵。
>
> 3.对于矩阵$\boldsymbol{A}$ = [[2, 4], [1, 3]]，求$\boldsymbol{A}$的逆矩阵。
>
> 4.给定矩阵$\boldsymbol{A}$ = [[1, 2], [3, 4]]，计算$\boldsymbol{A}$的特征值和特征向量。
>
> 5.如果矩阵$\boldsymbol{A}$ = [[3, −1], [2, 4]]，使用LU分解法求解$Ax = b$的方程组，其中b = [5, 8]。

> 希望这些题目能够帮助你练习线性代数和巩固知识！如果需要答案，请告诉我，我会为你提供。

除了针对学院式科目出题测试，ChatGPT还可以针对某项专业技能或特定领域知识出题测试。这点在7.3节已经演示过了。

7.5.2 模拟面试

很多人在求职时害怕面试，担心自己不能妥善回答面试官的问题。ChatGPT可以担任面试官，对你进行面试，增加你的面试经验，让你在实际面试中表现得更好。

案例53：请ChatGPT扮演面试官在线提问

我们要让ChatGPT扮演面试官的角色，并且指定一些背景信息。

提示词如下：

> 请你扮演一家互联网公司的运营总监，你面试过1000多位求职者，在识别和选拔人才方面有非常丰富的经验。现在我是求职者，你通过问我问题，考查我是否适合目标职位。请你按照面试官的方式，一次只问一个问题，然后等待回答。收到我的回答后，你再提出下一个问题。提出10个问题后，结束面试，然后等待我的后续提示。

ChatGPT的回应如下：

> 当然，我很愿意帮助你进行模拟面试。请告诉我你所应聘的职位和相关背景，这样我可以根据这些信息提出相关问题。

ChatGPT让我输入职位信息和我的背景信息。我准备了新媒体运营岗位的招聘信息，虚构了一份简历，提供给ChatGPT。

提示词如下：

> 以下是我应聘的职位。
>
> 岗位名称：新媒体运营
>
> 岗位职责：
>
> 1.独立运营微博、微信公众号、小红书、抖音账号，对粉丝增长及阅读数据负责，提升产品的影响力和关注度。
>
> 2.负责账号内容的选题规划、撰写与编辑、发布与互动管理。

3.内容营销活动方案输出、执行并分析方案效果、输出分析报告。

4.挖掘及搭建多角度宣传渠道，合理有效地调用各种资源和手段达成推广效果。

5.了解品牌文化、核心产品的用户画像，深度挖掘用户行为，分析研究竞争对手。

任职要求：

1.具有两年以上新媒体相关工作经验，对行业和新媒体各种渠道，如小红书、微博、微信公众号、抖音等有实操经验（有教育行业经验优先）。

2.具有较强的美工、文案和策划功底，热爱创作，擅长图文编辑和短视频制作。

3.网感好，有创意，有营销思维，具备优秀的选题策划能力，善于抓住各类与目标用户相关的事件，并迅速形成有针对性的传播角度和内容方案。

4.熟练使用办公软件、PS及视频剪辑工具，了解新媒体各大平台及工具的使用者优先。

以下是我的简历。

姓名：章晓婧

性别：女

年龄：25岁

教育经历：2015.09—2019.06　西北大学　中文系

工作经历

2019.07至今 青岛卓越电子商务有限公司 新媒体运营

工作职责：

1.负责天猫海信冰洗内容端运营，每日发布“逛逛”，更新微详情短视频。

2.负责天猫冰洗店直播端运营，主要包括上架产品，统计每周直播数据，进行主播培训，策划营销活动，编写直播脚本。

3.拍摄抖音冰箱旗舰店短视频，剪辑短视频，编写短视频脚本，偶尔上镜直播。

ChatGPT收到这些信息后，提出了第1个问题：

感谢提供详细的信息。我会根据你的背景和应聘职位的要求，提出一些相关的问题。请回答以下问题。

1. 在你目前的职位上，你是如何提升天猫店铺的关注度和产品的影响力的？

针对ChatGPT的问题，我的回答如下：

我会针对产品撰写文案，制作短视频，通过内容吸引意向客户，提升天猫店铺的关注度。

简单感谢后，ChatGPT提出了第2个问题。具体如下：

感谢你的回答。下面是第2个问题。

2.在你的工作中，你是如何选择和规划内容的？请分享选题策划过程和方法。

我的回答如下：

我会结合节日策划活动内容。比如双十一购物节，会撰写促销的文案，强调活动价格和福利，吸引用户关注。文案撰写完毕后，会发布到“逛逛”，观察浏览数据，再进行调整。

就这样，ChatGPT和我一问一答，很快来到第10个问题。具体如下：

非常好。最后是第10个问题。

10.请分享一次你在新媒体运营工作中面临的挑战，以及你是如何应对并解决这个挑战的经验。

针对这个问题，我的回答如下：

有一次家电节，领导安排我做活动，要求吸引1000人关注企业微信公众号，了解产品。之前从来没做过，不知道怎么做。另外，领导也不提供活动经费和相关资源，要求我自己零成本搞定。我感到压力很大，几乎难以承受。后来，我想到找设计部门、营销部门的同事支援，请他们帮忙设计不花钱的营销方案和物料。我拉着他们陪我加班，主动请他们吃饭，帮他们买奶茶，搞定了方案。然后，在运营部门、设计部门及营销部门的工作群里，请大家转发内容，扩大影响力。我几乎发动了所有人帮我宣传。最后，完成了目标。

ChatGPT的回应如下：

非常出色的处理方式！你展示了很好的团队合作能力和创造力，克服了挑战并成功达到目标。这种积极主动、善于与同事合作的态度在新媒体运营中非常重要。非常感谢你的回答。

面试到此结束。根据你的回答，你展现了对新媒体运营工作的理解和经验，并且在团队合作、数据分析和创新方面展现了良好的能力。如果你还有其他问题或需要补充说明，请随时告诉我。祝你好运！

如你所见，ChatGPT先肯定了我的回答，然后告诉我面试结束，并根据我前面的所有回答，提供了一个综合评价。

模拟面试的目的，一是熟悉面试过程，积累面试经验；二是找到改进的方向。因此，我还让ChatGPT根据面试情况提供建议。

提示词如下：

> 你对我以上面试的回答有什么建议吗?

ChatGPT的回应如下：

> 根据你的回答，你在面试中表现得非常不错。以下是一些建议，帮助你进一步提升面试效果。
>
> 1.提供具体的例子和细节：在回答问题时，尽量提供具体的例子和细节，这样能够更好地展示你的经验和能力。例如，你可以分享某次活动的具体策划和执行过程，以及最终的成果和效果。
>
> 2.强调结果和成就：除了描述你的工作职责和经验，还可以强调你在过去的工作中取得的结果和成就。这能够更加突出你的能力和价值，给面试官留下深刻的印象。
>
> 3.关注持续学习和更新知识：在面试中提到你如何保持对行业和新媒体渠道的最新了解是很好的，还可以进一步扩展，分享你主动学习和持续提升自己的方法和资源。这显示了你对行业的热情和自我驱动能力。
>
> 4.强调团队合作能力：团队合作在新媒体运营中非常重要，可以更多地突出你与其他团队成员合作的经验和能力。例如，可以分享与设计团队和营销团队合作完成项目的具体情况，并强调你的沟通和协作技巧。
>
> 5.准备更多面试问题：在面试前，可以预先准备更多可能会被问到的面试问题，并练习回答。这样可以让你更有信心，流利地回答问题，展示你的能力和适应性。
>
> 希望以上建议对你有帮助！祝你在求职过程中取得成功！

我回顾了我回答的10个问题，发现ChatGPT提出的第1、2、4点建议，都是很中肯的。

本节展示的小学数学测试和模拟面试，只是ChatGPT测验能力的一个简单演示。实际上，它可以做到更多，只要编写出合适的提示词，它就能按照你的指示，对你进行测试，帮助你掌握相应知识，提升相关能力。

7.6 深度阅读

移动互联网的深入发展，改变了我们的阅读行为，使我们习惯快速浏览文章和图书，获取文本表面和浅层意思。这种习惯的典型坏处是：阅读量很大，但知识理解不深、不系统，个人行为没什么改变。

因此我们换用深度阅读，即通过辨析概念、探究知识源头、举一反三、践行知识等方式来深度掌握知识，将知识内化为能力。

ChatGPT可以在辨析概念、探究知识源头、举一反三和践行知识这4个方面发挥作用，帮助我们深度阅读。

下面以《清醒思考的艺术》一书的第5节为例进行深度阅读，这节介绍了“沉没成本”这个概念。沉没成本是指已经付出且无法收回的成本。

案例54：借助ChatGPT进行深度阅读

第1步，指定ChatGPT扮演读书博主角色。

提示词如下：

> 请你扮演一位读书博主，你博览群书，涉猎广泛，对心理学、社会学、计算机、历史、文艺、音乐、战争等各方面的图书都有研究。请担任我的阅读顾问，为我提供帮助。

ChatGPT的回应如下：

> 当然，我很乐意担任你的阅读顾问！请问有什么方面的书籍或主题是你特别感兴趣或想要深入研究的吗？无论你是想要推荐一些经典的著作，还是寻找一些关于特定主题的新书，我都会尽力为你提供帮助。请告诉我你感兴趣的领域或者具体的问题，我将尽力满足你的需求。

第2步，辨析概念。具体包括解释概念、寻找相关概念、比较相似概念等。

首先，我让ChatGPT解释沉没成本概念。

提示词如下：

> 解释一下沉没成本。

ChatGPT的回应如下：

> 沉没成本（sunk cost）是一个经济学概念，指的是在过去已经发生且无法恢复的成本。这些成本在当前的决策中应该被忽略，因为它们无法改变或撤销。然而，人

们往往在决策中受到沉没成本的影响，继续投入资源或坚持之前的决策，以期能够回收过去已经投入的成本。

沉没成本的问题在于它会导致非理性的决策。人们常常因为过去已经投入了大量时间、金钱或精力，而觉得放弃或改变方向是一种损失。然而，决策应该基于当前和未来的情况，而不是过去已经发生的事实。将沉没成本考虑在内可能会导致持续投入资源到一个不再具有经济效益或合理前景的项目中。

理性的决策应该关注未来的预期收益和成本，而不是过去的投入。当面临决策时，重要的是评估当前和未来的情况，而不仅仅是过去已经投入的成本。通过避免受到沉没成本的影响，人们可以更好地做出明智的决策，以达到最大化利益和资源的效用。

然后，我请ChatGPT帮忙寻找与沉没成本相关的概念。

提示词如下：

罗列与沉没成本相关的概念。

ChatGPT的回应如下：

与沉没成本相关的一些概念如下。

1.独立决策原则（independent decision principle）：这个原则指在做出决策时，应该将已经发生的沉没成本视为不可恢复的，并且不应该影响当前和未来的决策。

2.逆向思维（reverse thinking）：逆向思维是一种方法，通过反向思考问题，将注意力从已发生的沉没成本转移到当前和未来的潜在利益和成本上。

3.退出成本（exit cost）：退出成本是指放弃或终止一个项目、活动或决策所需承担的成本。当人们考虑退出时，他们可能会受到已经投入的沉没成本的影响。

4.调整决策（adjustment decision）：调整决策是指在考虑已经投入的沉没成本的同时，重新评估、调整当前和未来的决策。这样可以更全面地考虑未来的效益和成本。

5.机会成本（opportunity cost）：机会成本是指由于做出某个决策而放弃的最有利可得的替代选择所带来的成本。当人们受到沉没成本的影响时，他们可能会忽略掉机会成本。

这些概念与沉没成本密切相关，一起帮助人们更理性地进行决策，并避免沉没成本陷阱。

接下来是辨析概念这个环节特别重要的一步——比较相似概念。通过比较相似概念，我们能更好地理解一个概念。

提示词如下：

比较沉没成本、退出成本和机会成本的异同。

ChatGPT的回应如下：

沉没成本、退出成本和机会成本是经济学中3个相关但有一些区别的概念。下面是它们的异同点。

沉没成本（sunk cost）

1.定义：沉没成本是指在过去已经发生且无法恢复的成本。

2.特点：沉没成本是不可撤销的，不应该在当前和未来的决策中起作用。

3.作用：沉没成本往往会影响决策者，使其继续投入资源或坚持之前的决策，希望能够回收过去已经投入的成本。

退出成本（exit cost）

1.定义：退出成本是指放弃或终止一个项目、活动或决策所需承担的成本。

2.特点：退出成本是因为放弃而产生的成本，它可能包括时间、金钱、努力等。

3.作用：退出成本会影响决策者，使其在考虑是否退出时需要权衡放弃和继续的利益、成本。

机会成本（opportunity cost）

1.定义：机会成本是指由于做出某个决策而放弃的最有利可得的替代选择所带来的成本。

2.特点：机会成本是相对于做出的选择而存在的，它衡量了放弃其他可能性所带来的损失。

3.作用：机会成本帮助决策者评估不同选择之间的机会利益和成本，并在做出决策时权衡各种替代方案。

异同点

1.共同点：沉没成本、退出成本和机会成本都是在决策过程中考虑的成本概念，它们都涉及已经投入的资源和未来选择之间的权衡。

2.不同点：沉没成本关注过去已经投入的成本，不可撤销；退出成本关注放弃当前项目或决策所需承担的成本；机会成本关注放弃最有利可得的替代选择所带来的成本。

> 总的来说，这些概念在经济学中帮助我们更好地理解决策中的成本和效益，并在面临选择时提供更明智的决策依据。

刚刚演示了辨析概念要做的三件事：解释概念、寻找相关概念、比较相似概念。你可以读一读ChatGPT给出的回应，相信能加深你对沉没成本的理解。

第3步，探究知识源头。探究源头让我们有机会了解知识的产生过程，了解知识背后的人（提出者/发明者/传播者等），这能增强我们对知识的认可和接受程度。

提示词如下：

> 沉没成本这个概念是怎么来的？

ChatGPT的回应如下：

> 沉没成本概念源于经济学领域，它是在对决策过程和人类行为的研究中逐渐形成的。虽然无法追溯到确切的起源，但沉没成本的概念得到了多个领域的研究和发展。
>
> 经济学家在研究决策过程中逐渐认识到，人们在做出决策时经常会受到已经投入的成本或资源的影响，即使这些成本与当前决策无关。这种现象被称为“沉没成本效应”，并在19世纪70年代和19世纪80年代的研究中得到了广泛讨论。
>
> 经济学家丹尼尔·卡尼曼（Daniel Kahneman）和阿莫斯·特沃斯基（Amos Tversky）在心理学领域的研究中提出了许多与沉没成本相关的概念，如损失厌恶和锚定效应。这些研究强调了人们在决策中对已经投入的成本敏感的倾向。
>
> 随着时间的推移，沉没成本的概念被广泛应用于经济学、行为经济学、管理学和决策科学等领域。它对于理解人类行为、决策、资源分配的理论和实践具有重要意义。
>
> 尽管沉没成本没有一个特定的起源点，但它已成为许多学科和领域中的重要概念，对于分析决策过程中的成本和效益起着关键的作用。

这一步我们要留意的是，ChatGPT给出的知识源头，不一定全都是真实的——它可能会在找不到源头时杜撰一个版本。为了确认真实性，我们可以使用Google、Bing、百度等搜索引擎，检索信息，交叉验证。

第4步，举一反三。与目标概念相关的现象、例子，自带上下文，能帮助我们更好地理解知识，所以在学习新知识时，可以自主寻找几个与知识有关的现象或例子，加深理解和记忆。如果找不到或者想找到更多，可以借助ChatGPT来完成。

我使用下面的提示词，请ChatGPT帮忙“举一反三”：

> 按照以下指示罗列受沉没成本影响而做出错误决策的例子：例子贴近普通人的工作和生活，数量不少于3个。

ChatGPT的回应如下：

以下是受沉没成本影响而做出错误决策的3个例子，这些例子贴近普通人的工作和生活。

1.购买不适合的商品或服务：一个人在购买某件商品或服务后，发现它并不符合自己的需求或期望。尽管意识到这个错误，但由于已经花费了大量的金钱或时间，他们可能会继续使用或购买这个商品或服务，而不是选择放弃它。这是因为他们考虑到放弃的成本，而不是纯粹基于商品本身的价值。

2.追求没有前途的事业或项目：一个人可能在某个职业领域或项目中投入了大量的时间、努力和金钱。尽管他们逐渐认识到这个事业或项目没有前途或不再符合他们的兴趣和目标，但由于已经投入了巨大的沉没成本，他们可能会坚持下去，而不是选择转向其他更有潜力的机会。

3.坚持不良关系或不满意的婚姻：人们可能会在不满意的婚姻或亲密关系中继续投入时间和情感，尽管已经意识到关系已经破裂或不健康。沉没成本的影响导致他们难以放弃已经建立的关系，因为他们考虑到已经投入的时间、情感和资源，而不仅仅基于当前的不满。

这些例子突出了沉没成本在日常生活中可能产生的错误决策。尽管人们有时会意识到错误，但过去的投入会产生心理上的压力和约束，导致他们难以放弃已经投入的成本，从而继续坚持不合理的选择。

第5步，践行知识。实际上，ChatGPT没办法直接替我们践行知识，它能做的是围绕知识点为我们设计实践活动。

提示词如下：

选择一个日常生活中的决策场景，围绕它设计一个活动，帮助我理解和掌握沉没成本。

ChatGPT的回应如下：

.决策场景：购买一款新手机

活动设计：

1.背景介绍

- 提供关于购买新手机的一般背景信息，如你目前的手机使用时间、性能状况和个人需求等。

2.沉没成本分析

- 列出你当前使用手机的购买价格、使用时间和功能。

- 讨论已经投入的金钱和时间成本，以及目前手机的功能和性能。

3.替代选择调查

- 提供一些其他手机型号和品牌的信息，包括价格、功能和用户评价。
- 要求你列出几种可行的替代选择，并分析它们的优劣势。

4.沉没成本讨论

- 引导你思考，如果你选择购买新手机，当前手机的沉没成本会如何影响你的决策?
- 分析已经投入的金钱和时间成本是否应该在购买新手机的决策中起作用。

5.决策实践

- 要求你在考虑沉没成本的情况下，做出购买新手机的决策。
- 解释决策背后的考虑因素，包括是否将沉没成本纳入考虑。

6.结果评估

- 在你购买新手机后，记录新手机的购买价格、功能和使用体验。
- 讨论你的决策是否符合期望，是否满足了你的需求。

通过这个活动，你将深入思考和讨论购买新手机的决策，考虑到已经投入的沉没成本，并在实践中应用沉没成本概念。这将帮助你更清晰地理解沉没成本对决策的影响，并在类似的情况下做出更明智的决策。

这里要注意的是，ChatGPT输出实践活动的设计后，我们要落地执行活动，才能达到在实践中内化知识的效果。

7.7 本章小结

本章从制订学习计划、推荐学习资源、生成题库、在线辅导、在线测试、深度阅读6个方面，简要介绍并演示了ChatGPT如何帮助我们提升学习效能。实际上，ChatGPT潜力巨大，我们日常遇到的与教育相关的事情时，都可以想想：结合ChatGPT，这件事情可以怎么做? 这样一来，你就可能有不一样的发现。

第8章

ChatGPT助力翻译效能提升

ChatGPT作为目前最流行的大型人工智能语言模型，经过了大量多语言文本的训练，这使其对各种语言的语法、短语和习惯用法有了深入理解。这种理解力不仅提高了翻译的准确性，还使其能够生成更自然、更贴近人类语言使用习惯的翻译结果。这个能力让ChatGPT在多种语言之间进行翻译时轻松自如。

我的工作经常需要涉及翻译相关的内容。比如，阅读英文文档、在外文网站查资料、向国外同事发送邮件等，常用的口语虽然问题不大，但很多具体领域的内容仍需借助翻译工具。我从各个方面测试了ChatGPT的语言翻译能力。不得不说，在多语种、上下文理解、效率、准确性等各方面，ChatGPT均表现得不错。

接下来，我们通过典型的具体案例，一起看看ChatGPT的翻译本领。

8.1 普通翻译

先做一个日常的中英文翻译，我从《华尔街日报》摘抄了一段英文原文，讲述的是微软和OpenAI之间的微妙关系，我们先以此作为参考，看看ChatGPT的翻译能力。

案例55：请ChatGPT完成英文翻译

首先，要指定ChatGPT扮演一位精通中英文的翻译家，然后请它完成这段英文原文的翻译。

提示词如下：

> Microsoft and OpenAI’s partnership is one of the hottest tie-ups in tech right now.The relationship has also produced conflict and confusion behind the scenes, according to people familiar with the matter.
>
> Microsoft invested billions to get early access to the generative artificial intelligence technology of much smaller OpenAI, a forerunner in the field. But it specifically invested only 49%, a setup that helps the arrangement avoid antitrust scrutiny.
>
> The result is a kind of open relationship—together, but not exclusive. OpenAI has been arming some of Microsoft’s biggest rivals, while Microsoft has effectively limited the potential search-engine customers for OpenAI.

There are some strong alignments.Microsoft hosts OpenAI’s technology on its cloud and increasingly stitches it into its popular products, giving the software giant new bragging rights over longtime rival Google as well as others.Microsoft Chief Executive Officer Satya Nadella and OpenAI CEO Sam Altman sing each other’s praises at events declaring the start of a new era of computing.

At the same time, people within Microsoft have complained about diminished spending on its in-house AI and that OpenAI doesn’t allow most Microsoft employees access to the inner workings of its technology, said people familiar with the relationship.Microsoft and OpenAI sales teams sometimes pitch the same customers.

你是一位资深的中英文翻译家，非常精通这两种语言的表达习惯，能够提供非常精准的中英文翻译服务。请帮我将上述英文翻译为中文。

ChatGPT的回应如下：

目前微软与OpenAI的合作关系是科技领域最受瞩目的联盟之一。然而，据熟悉情况的人士表示，这种关系在幕后也引发了一些冲突和困惑。

微软投入数十亿美元以便能够尽早接触到规模较小的OpenAI的生成式人工智能技术，OpenAI在该领域处于领先地位。然而，微软特意只投资了49%，这样的设置有助于避免这种合作安排受到反垄断审查。

其结果是一种开放的关系——共同合作，但并非独家合作。OpenAI一直在为微软的一些竞争对手提供“武器”，而微软则有效地限制了OpenAI的潜在搜索引擎客户。

两者之间存在一些强烈的相互关联。微软在其云端托管OpenAI的技术，并越来越多地将其整合到自己的热门产品中，使这个软件巨头在与长期竞争对手谷歌及其他公司的竞争中占据了新的优势。微软首席执行官萨提亚·纳德拉和OpenAI首席执行官山姆·阿尔特曼在宣布计算新时代开始的活动中互相赞美。

与此同时，据熟悉情况的人士表示，微软内部的人士抱怨公司对自家AI产品的投资减少，而且OpenAI并不允许大多数微软员工了解其技术的内部运作。微软和OpenAI的销售团队有时会向同一客户推销产品。

客观来讲，ChatGPT给出的这份翻译文稿质量非常高，响应速度很快且兼顾了中文的表达习惯。

举例说明文中的一处细节，“The result is a kind of open relationship—together, but not exclusive”这句，普通翻译工具往往采用的是生硬的直译，翻译成“结果是一种开放的关系在一起，但不是排他性的。”但ChatGPT能够结合上下文语境，翻译为：“其结果是一种开放的关系——共同合作，但并非独家合作。”

我们再举一个例子，比如你是一名开发人员，需要对一个国外的软件项目进行评估，但你的外国同事还没有发给你需求明细，你需要写一封标准的英文商务邮件，提醒这位同事尽快发送需求明细。

如果你英文水平一般，很可能会先写一篇中文邮件，然后借助翻译工具将其转化为英文，最后进行规范化的调整。但现在有了ChatGPT，你可以直接令其生成目标邮件内容，从而提高工作效率。

案例56：请ChatGPT作为软件工程师写一封英语邮件

提示词如下：

> 你是一名外企软件工程师，精通中英两种语言，请写一封英文邮件提醒国外同事Bob，在今天内尽快发给你项目的需求明细，以方便你接下来对项目进行评估，要求按商务英语来写。

ChatGPT的回应如下：

> Subject：Urgent Request for Project Requirements Details
>
> Dear Bob,
>
> I hope this email finds you well.
>
> I'm writing to remind you about the need for the detailed requirements of our current project. As you know, these details are crucial for me to accurately assess the project and to make further planning more effective.
>
> While I understand we are all working under tight schedules, it would be greatly appreciated if you could send the needed information by the end of the day today. This would enable me to keep our project on track and ensure that all aspects of our work proceed smoothly.
>
> Thank you in advance for your prompt attention to this matter. If there's anything you'd like to discuss or clarify regarding these requirements, please feel free to get in touch with me. I'm looking forward to moving ahead with the project in a timely and efficient manner.
>
> Best regards,

[Your Name]

不得不承认，这封英文邮件写得很地道。如果你英文水平较高，则可以直接在其基础上查漏补缺；如果你英文水平一般，也可直接将这封邮件内容再发送给ChatGPT，让它帮你翻译成中文，以方便你检查内容的合理性。

案例57：请ChatGPT将英文邮件翻译成中文

提示词如下：

你现在是一位资深的中英文翻译家，非常精通这两种语言的表达习惯，能够提供非常精准的中英文翻译服务。请帮我将上述英文邮件翻译为中文。

ChatGPT的回应如下：

主题：紧急请求项目需求明细

亲爱的Bob，

我希望这封邮件能让你感觉良好。

我写这封邮件是为了提醒你我们当前项目的详细需求。你也知道，这些详细信息对于我准确评估项目，以及进行更有效的后续计划至关重要。

我明白我们都在满满的日程下工作，但如果你能在今天结束之前发送所需的信息，我会非常感激。这将有助于我们保证项目的进度，确保工作的所有环节都能顺利进行。

提前感谢你对这个事项的及时关注。如果你有任何想要讨论或澄清的关于这些需求的问题，随时与我联系。我期待我们能及时且高效地推动项目进展。

祝好，

[你的名字]

通过以上两个案例，我们看到ChatGPT的翻译能力很出色，响应速度快且完成度较高，能够理解上下文语境，翻译出的语言符合当地表达习惯；同时也支持以指定目标语种来回应用户的问题。

8.2 多语种翻译

经过了大量多语言文本的训练，ChatGPT对多种语言的语法、短语，甚至俚语都有不错的理解。

我们假设这样一个场景，公司的业务主要面向国外用户，所有产品，无论是说明书还是产品界面，都需要支持国际化。这其中涉及语种包括中文、日文、英文、法文、俄文。为了节约成本，没有足够的资源去聘请专业翻译，而ChatGPT正好可以解决这个问题。

案例58：请ChatGPT将英文产品说明书翻译成多种语言

这个案例以ChatGPT的英文产品说明书为例，将其快速翻译成中文、日文、法文、俄文。

提示词如下：

> 你是一位语言翻译专家，精通各国语言的表达方式，尤其是熟练将英文翻译成各国语言，接下来我将发给你一篇简单的英文产品说明书，请你将该说明书分别翻译成中文、日文、法文和俄文，你明白吗？

ChatGPT的回应如下：

> 是的，我明白你的要求。请提供产品说明书的英文稿件，我将尽力为你进行中文、日文、法文、俄文的翻译。

提示词如下：

> Title：Product Guide - ChatGPT
>
> Introduction
>
> ChatGPT is a state-of-the-art language model developed by OpenAI, trained using machine learning algorithms on a vast dataset of internet text.It's designed to generate human-like text and perform tasks that require an understanding of language, from writing essays and summaries to answering questions and translating languages.
>
> How to Use
>
> 1.Text Generation：Simply input a prompt or start of a sentence, and ChatGPT will complete it with contextually relevant text. For example, inputting "The weather today is" might produce "sunny with a high of 75 degrees."
>
> 2.Question Answering：You can ask ChatGPT any question, and it will provide the best possible answer based on its training data.For example, asking "What is the capital of France?" will yield "Paris."

3.Translation：ChatGPT supports translation between multiple languages. Just input the text and specify the language you want it translated into.For example, input"Translate'Hello, how are you?'to Spanish," and you will get "Hola, ¿cómo estás?"

4.Summarization：ChatGPT can also provide brief summaries of long pieces of text.For instance, if you input a news article, you can request, "Summarize this article."

Support

If you need assistance or have queries about ChatGPT, please reach out to our support team at support@openai.com.

（End of Product Guide）

ChatGPT的回应如下：

题目：产品指南——ChatGPT

介绍

ChatGPT是由OpenAI开发的先进语言模型，通过使用机器学习算法，在庞大的互联网文本数据集上进行训练而得到。它旨在生成类似人类的文本，并执行需要理解语言的任务，包括撰写文章和摘要、回答问题和翻译语言等。

使用方法

1.文本生成：只需输入提示或句子的开头，ChatGPT将会以相关背景文本完成它。例如，输入"The weather today is"可能会生成"sunny with a high of 75 degrees."（阳光明媚，最高温度为75华氏度）。

2.问答：你可以向ChatGPT提出任何问题，它将根据其训练数据提供最佳答案。例如，询问"What is the capital of France?"将会得到"Paris."（巴黎）。

3.翻译：ChatGPT支持多种语言之间的翻译。只需输入文本并指定要翻译的语言。例如，输入"Translate 'Hello, how are you?'to Spanish."（将"你好，你好吗？"翻译成西班牙语），将会得到"Hola，¿cómo estás?"（你好，你好吗？）。

4.摘要：ChatGPT还可以对长篇文本提供简单摘要。例如，如果输入一篇新闻文章，你可以请求"Summarize this article"（摘要这篇文章）。

支持

> 如果你需要帮助或对ChatGPT有疑问，请通过support@openai.com与我们的支持团队联系。
>
> （产品指南结束）

接下来只要输入提示词“继续”，ChatGPT就会输出该产品说明的日文、法文、俄文的版本。

该案例展示了ChatGPT的多语种翻译能力，在同一个上下文会话中，我们通过“继续”指令让它持续完成所有语种的输出。

8.3 专属的24小时外语教师

ChatGPT拥有如人类般强大的语言表达能力，同时其支持身份角色设定，并能基于设定角色给出专业性较强的回答。

因此，我尝试了将ChatGPT的角色设定为外语私教，经测试，它表现出来的“授课能力”非常不错，如同结交了一位线上专业外教，而且24小时都在线。

需要提醒的是，使用AI工具和与人当面沟通，感受上肯定是不同的，但AI已足够为我们提供一定程度的专业性指导。

案例59：请ChatGPT做你的英语私教

我们设定ChatGPT的身份为专业的英语教师，并描述它的能力水平及我的学习要求。

提示词如下：

> 你是专业的英语教师，具有丰富的英语教学经验，亲和力强，善于制造合适的话题，并引导学生在和你的对话中，掌握最地道的英语。请担任我的英语私教，帮助我快速提升英语口语水平，接下来请直接切换到私教角色与我对话。

ChatGPT的回应如下：

> 当然，我很乐意帮助你提高英语口语水平。让我们开始吧！既然你希望提高口语水平，我们可以从一些常见的生活话题开始。我们先从“旅行”这个主题开始，这是一个许多人都喜欢的话题，你可以通过这个话题学习一些实用的表达方式。你对此有什么看法?
>
> 好，那让我们开始吧。我会先提出一个问题，你尽可能用英语回答。这样可以帮助你在实际对话中提高英语水平。

> Here’s the first question：“If you could visit any place in the world, where would you choose and why?”

我们看到，ChatGPT已经进入了英语教学模式，要开始上课了，方式是通过常见话题对话，熟悉掌握英语中实用的表达方式。这里我们特意用一些“中式英语”的表达习惯，看看ChatGPT给我们怎样的反馈。

提示词如下：

> I want to visit Europe and Amrican，because the beautiful scene and a lot of famous place I find in TV.

ChatGPT的回应如下：

> That’s a great response！ Europe and America certainly have a lot of beautiful places to visit.A slight correction to your sentence could be：“I want to visit Europe and America, because of the beautiful scenery and numerous famous places I’ve seen on TV.”
>
> Now, let’s continue our conversation.Can you tell me more about what kind of places interest you the most? Are you more attracted to historical sites, cities, nature, or something else?

我们看到这位“私教”先对我进行了鼓励，之后纠正了我的表达，给出了正确的表达方式，并延续该话题继续与我探讨，整体感觉还是比较专业的，我们继续。

提示词如下：

> I’m intrested in nature scenery , because that can make me feel relax.

ChatGPT的回应如下：

> That’s wonderful！ It seems like you would enjoy visiting places with lots of natural beauty.Your sentence is great, and I just have a small suggestion for improvement：“I’m interested in natural scenery, because it can make me feel relaxed.”
>
> Now, let’s elaborate on this.Can you tell me about any specific natural places in Europe or America you would like to visit? For example, the Grand Canyon in the U.S., the fjords in Norway, or the Alps in Switzerland?

这次，ChatGPT认为我的表达“很棒”，但还是给了一点建议，显然这位老师很会鼓励学生。我们话题继续。

提示词如下：

> Yes , I wang to go to the fjords in Norway , it's so beautiful.

ChatGPT的回应如下：

> Excellent！ Norway's fjords are indeed stunning.Just a tiny correction to your sentence："Yes, I want to go to the fjords in Norway.They are so beautiful."
>
> Since you're interested in nature, Norway is a perfect choice.It's famous not only for fjords, but also for its breathtaking Northern Lights.Can you try to express in English how you imagine feeling when you see these natural wonders?

这次，ChatGPT仍旧对我的表达做了优化，同时期望我尝试用英语表达看到美景时的感受。

提示词如下：

> I have some questions , I want to say a lot, but I don't know how to express , could you help to give me some suggestion.

ChatGPT的回应如下：

> Absolutely, I'd be happy to help！ Describing feelings about nature can sometimes be challenging because of the emotional depth and awe these experiences can inspire.Here are some phrases and expressions that might help you：
>
> 1. "I believe I would feel overwhelmed by the beauty of the fjords and Northern Lights."
>
> 2. "Seeing such natural wonders would probably leave me speechless."
>
> 3. "I can imagine feeling a deep sense of peace and relaxation in the presence of such stunning natural scenery."
>
> 4. "It would be an awe-inspiring experience that I think could give me a new perspective on the world."
>
> Try using one or more of these expressions, or modify them to suit what you're trying to express.Practice makes perfect！

我没有直接跟着ChatGPT的引导继续下去，而是抛出一个中国学生练习口语时的常见问题，即想说的很多，但是不会表达。ChatGPT也给出了有针对性的帮助，并列举了一些常见的表达示例，同时鼓励我大胆练习！

这个案例就到这里，只要你想练习，就可以和它一直这么对话下去，这感觉有点像与自己的老师微信聊天，并且没有时间限制。

有些读者会说，这只是文字交流啊，练习的还是读写能力，如果也能练习听说能力就好了。好消息是，ChatGPT也同样支持语音对话。

这需要用到谷歌浏览器的一款插件，这款插件叫作“Voice Control for ChatGPT”，插件安装完成后，ChatGPT就具备了语音对话能力。你和ChatGPT的聊天框下方会出现一个话筒图标，如图8-1所示。

图8-1

具体操作也很简单，长按话筒图标即可录入语音，ChatGPT也会自动播放它的回答。这样，你就拥有了一位专业的、能和你实时对话的，且24小时不休息的专属私人外教。

利用相同的思路，你也可以将ChatGPT的角色设置为雅思口语的考官，或外企英文测试的面试官等，它能够利用其庞大的知识储备，对你进行专业性的模拟指导，这对于备考的考生及准备面试的职场人是很有用的。

8.4 本章小结

本章分享了ChatGPT在翻译方面的应用，作为自然语言大模型，ChatGPT具备很好的翻译能力。我们可以总结以下几点。

- 在日常文本翻译中，ChatGPT能够通过理解上下文，翻译的准确性明显强于传统翻译工具。
- 根据具体场景需要，你可指定ChatGPT以目标语种输出回答，比如，要求它撰写某一主题的外语邮件等。
- ChatGPT支持多语种之间的相互翻译，速度快，准确率高。
- 对于想学习外语的人群，可对ChatGPT进行身份设定，它能带给你较为专业的指导。

第9章

ChatGPT助力营销效能提升

之前的很长一段时间，我都在技术岗工作。在我当时的认知里，技术部门才是公司赖以生存的核心。毕竟，公司的产品都出自技术人员之手。后来自己创业，开始负责团队所有业务时，我才真切地感受到营销的重要性完全不亚于技术。

2019年，我开始做公众号自媒体业务，再次刷新了我对营销重要性的认知。

比如，一些甲方公司，会成立专门的部门负责撰写推广文案，主要对推广文案进行一字一句的斟酌，以求达到最佳的投放效果。

再比如，我在公众号发一篇广告文，同样一个产品，以不同的文案推广，效果可能相差上百倍。由此可见，一篇好的转化文案真的价值千金。

ChatGPT具备很强的文案写作能力、数据分析能力及强大的知识储备，这些能力汇聚起来就能转化成专业的营销能力。至于这份能力会发挥几成，则取决于人工如何引导。

接下来，我们通过以下几个方面，拆解ChatGPT在营销方面的能力。

- 广告文本创作。
- 推广策划。
- 搜索引擎优化。
- 商业数据分析。

9.1 广告文本创作

ChatGPT能够生成各种类型的文本内容，包括公众号文章、博客文章、社交媒体文案、新闻稿、漫画文案、短视频文案、电视广告文案，甚至朋友圈推广文案等。这显然能大大节省营销团队的时间，提高效能。

9.1.1 公众号推广文章

我们先以公众号推广为例，假设一家服装厂找到我，希望在我的公众号上推广一批格子衬衫，期望通过“程序员+格子衬衫”的“梗”来扩大销量。接下来，我们让ChatGPT来完成这个广告文案。

大体的思路还是一样的，这里我们设定ChatGPT的角色为广告文案高手，描述了它的能力，也给了具体写作要求。

案例60：请ChatGPT写一篇推广“格子衬衫”的文案

提示词如下：

> 你是专业的广告文案高手，非常擅长撰写专业的产品推广文案，往往能通过态度真诚、逻辑清晰、专业性强的文字来推广客户的产品。接下来，请帮我写一篇公众号文章，要推广的产品是格子衬衫。文章要求：800字左右，以“那天，女朋友送我一件格子衬衫”为开头写一个温暖的故事，文末加上产品推广的信息。

ChatGPT的回应如下：

> 那天，女朋友送我一件格子衬衫——充满温暖与爱的篇章
>
> 那天，女朋友送我一件格子衬衫，一件她精心挑选的衬衫，清新的色彩与优雅的格子线条，就像我们的爱情，清澈而深厚。
>
> 我是一个程序员，每天都在与数不尽的代码和冷冰冰的机器打交道。那天，一个棘手的编程问题让我陷入了深深的困境，仿佛走进了一个无尽的迷宫，找不到出路。就在我几乎要放弃的那一刻，她走入我的工作室，手中托着那件格子衬衫，温暖的笑容就像阳光一样驱散了我心中的阴霾。
>
> 她轻轻地说：“看，这件格子衬衫，每一个格子都像是你编写的代码，整齐、有序。你一定可以找到解决问题的答案。”这些简单的话语瞬间照亮了我心中的黑暗，让我重新找回了面对困难的勇气。
>
> 从那天起，这件格子衬衫不仅是我的衣物，更是我工作的伙伴及爱情的象征。每一次穿着它，我都仿佛能感受到她的鼓励和力量，那是一种无法言喻的温暖。
>
> 今天，我想把这份温暖分享给你。我们推出的全新款式的格子衬衫，就像那天她送我的那件衬衫一样，充满了温暖与爱意。
>
> 这款衬衫采用高品质纯棉面料，触感舒适，适合长时间穿着。简约大方的设计，使得它在任何场合都不会显得突兀。细节之处，我们特别设计了实用的口袋，可以方便你随身携带必要的小物品。
>
> 为了回馈大家的支持，我们为前100位购买的朋友提供八折优惠，同时提供7天无理由退换货服务，让你可以安心购买。
>
> 那天，女朋友送我一件格子衬衫，今天，我希望这件温暖的格子衬衫也能陪伴你，无论是在工作还是在生活中，都能给你带来力量与信心。期待你能感受到这份来自格子衬衫的温暖与爱意。

总的来说，ChatGPT给出的这篇推广文案的文笔略有夸张，但也基本符合要求，我们

可以以这篇文章为基础进行人工调整，如果不满意还可以让ChatGPT直接重写。

9.1.2 短视频推广脚本

我们再看一个案例，假设客户又改主意了，希望通过短视频的形式推广，我继续让ChatGPT来帮忙。

案例61：请ChatGPT将文稿改为短视频文案脚本

提示词如下：

> 你现在是一位资深短视频创作者，拥有百万名粉丝，有非常强的短视频文案创作能力，现在请将上文文稿，改成一个短视频文案，12个镜头左右，要求诙谐有趣，能把读者逗笑最好，在视频末尾添加推广信息。

ChatGPT的回应如下：

镜头 1

画面：程序员男主角看着屏幕上的代码，脸上满是愁容。

对话：“这代码问题，比找蚂蚁身上的跳蚤还难！”

镜头 2

画面：女朋友进门，手中拿着一件格子衬衫，脸上满是温暖的微笑。

对话：女朋友说：“我给你买了一件‘神秘武器’。”

镜头 3

画面：男主角接过格子衬衫，满脸疑惑。

对话：“神秘武器？这是要我变成‘格子衬衫超人’吗？”

镜头 4

画面：女朋友咯咯笑，给男主角讲解。

对话：“不是格子衬衫超人，而是格子衬衫程序员！”

镜头 5

画面：男主角起身穿上格子衬衫，举起右手像超人一样站立。

对话：“我是格子衬衫程序员！”

镜头 6

画面：男主角坐在电脑前，衬衫的格子发出光芒。

对话：男主角说：“我感到力量在涌动！”

镜头 7

画面：男主角突然灵光一闪，代码问题解决。

对话：“嘿！我解决了！这件衬衫真的有神秘力量。”

镜头 8

画面：男主角高兴地跳起来，女朋友笑眯眯地看着他。

对话：“我就知道，我的‘神秘武器’肯定能帮到你。”

镜头 9

画面：男主角满脸感激地看着女朋友。

对话：“谢谢你，我爱你！”

镜头 10

画面：男主角朝观众比个“V”的手势，衬衫格子发出光芒。

对话：“你们也想要‘神秘武器’吗？”

镜头 11

画面：展示多款格子衬衫，不同颜色，不同格子。

对话：“来看看我们的格子衬衫吧，让你成为真正的‘格子衬衫超人’！”

镜头 12

画面：打出推广信息，满脸笑容的男主角和女朋友。

对话：“前100位购买的朋友可以享受八折优惠哦！可以7天无理由退换，放心购买吧！”

希望你们喜欢这个格子衬衫程序员的故事，更希望你们能爱上我们的格子衬衫。

现在，一篇公众号推广文章就转化成了一篇视频文案脚本。至于如何基于脚本生成视频，可以参考第11章。

9.1.3 朋友圈推广文案

也许行外人不知道，朋友圈现在已成为打造个人IP、建立营销转化的主战场了。市面上甚至出现了不少基于“朋友圈运营”的付费课程，这足以说明朋友圈在营销方面的优势。

案例62：请ChatGPT给出朋友圈推广文案

提示词如下：

> 你是专业的朋友圈运营人员，非常擅长撰写专业的朋友圈文案，往往能通过真诚、专业的介绍来推广产品。我的第一个建议请求是“我需要推广一个Java程序员入门课程。”

ChatGPT的回应如下：

当推广一个Java程序员入门课程时，编写真诚、专业的朋友圈文案可以帮助吸引目标受众的兴趣。下面是一个推广Java程序员入门课程的朋友圈文案示例。

踏上Java编程之旅！

你是否对编程充满好奇？想要掌握一门世界各地都广泛应用的编程语言吗？那么这个消息一定适合你！

我们很自豪地推出了全新的Java程序员入门课程，专为零基础学习者设计。无论你是完全没有编程经验，还是想进一步提升编程技能，这个课程都能帮助你快速掌握Java编程的基础知识和技巧。

在这个课程中，你将学到：

- Java语言的基本语法和核心概念。
- 如何编写简单而有效的Java程序。
- 掌握面向对象编程（OOP）的原理和实践。
- 解决实际问题的编程技巧和最佳实践。
- 参与实际项目，锻炼编程实践能力。

为什么选择我们的课程？

- 专业的教师团队：我们有经验丰富的Java开发者作为教师，能够提供深入浅出的课程内容和实用的学习建议。
- 互动的学习环境：我们提供结构化的课程和实践项目，让你在学习过程中获得积极的互动和反馈。
- 灵活的学习时间：课程采用在线学习模式，你可以根据自己的时间表进行学习，无论是白天还是晚上。

不要错过这个机会！立即报名Java程序员入门课程，开始你的编程之旅吧！

> [课程详情和报名链接]
>
> 如果你有任何关于课程的问题，欢迎在评论中留言或私信我，我将竭诚为你解答。
>
> #Java编程 #编程入门 #学习编程 #编程课程 #专业培训
>
> ---
>
> 这个朋友圈文案通过简洁明了的文字介绍了课程的目标、内容和优势，强调了课程的专业性和互动的学习环境，并提供了报名链接。同时，通过使用相关的标签和话题，可以吸引对Java编程和编程入门感兴趣的目标受众。请根据实际情况进行适当的调整和个性化修改。

不得不说，这个朋友圈文案写得不错，如果你正在做朋友圈推广，不妨试试ChatGPT。

通过以上几个案例，我们看到ChatGPT能够生成各种类型的广告文案，可通过不同的角色设定来让它创作不同类型的广告文案。

即便它生成的内容不能让你完全满意，至少也能为你提供一个创作的基础稿件，你可在其创作基础上进行人工优化，这显然提高了工作效率，节约了创作时间。

9.2 推广策划

要具体策划一场推广活动，是一件非常耗费心力的事。产品关键词、口号、目标受众分析、选择宣传渠道等，要考虑的事情非常多。

案例63：请ChatGPT给出一个产品推广的活动文案

提示词如下：

> 我想让你充当广告商。你将创建一个活动来推广所选择的产品或服务。你将选择目标受众，制定关键信息和口号，选择宣传媒体渠道，并策划实现目标所需的任何其他活动。我的第一个请求是“我需要针对18~30岁的年轻人策划一个关于新型能量饮料的广告活动。”

ChatGPT的回应如下：

> 广告活动：新型能量饮料，针对18~30岁的年轻人
>
> 目标受众：18~30岁的年轻人，注重健康、活力和品味的消费者群体。
>
> 关键信息和口号：无限能量，独特味觉体验！

宣传媒体渠道

1.社交媒体广告：通过Facebook、Instagram和Twitter等社交媒体平台展示精心制作的图像和视频广告，突出新型能量饮料的高能量特性和令人愉悦的味觉体验。

2.与网络影响者合作：与当红网络影响者合作，邀请他们尝试并宣传新型能量饮料，通过他们的影响力和受众基础扩大品牌知名度。

3.大学校园宣传：在大学校园内设置展台和促销活动，向学生提供免费试饮和优惠券，并与大学社团合作举办有趣的活动，如体育比赛和音乐表演，以吸引目标受众。

4.体育赛事赞助：赞助本地或地区性的体育赛事，如马拉松、自行车比赛或极限运动活动，将新型能量饮料作为参赛者和观众的首选饮品，并通过广告牌、赛事宣传品和讲话机会提高品牌曝光度。

5.电视和广播广告：在年轻人经常观看的电视和广播节目中播放精心制作的广告，通过生动的视觉效果和动听的音效传达新型能量饮料的活力和味觉享受。

6.校园大使计划：招募热衷于健康生活方式和能量补给的学生作为品牌大使，他们可以在校园内推广新型能量饮料，组织品尝活动、派发样品和宣传材料，同时提供有关产品的详细信息。

通过综合利用社交媒体、校园活动、体育赛事赞助和传统媒体广告，旨在吸引18~30岁的年轻人，让他们认识到新型能量饮料的独特价值和品味，从而建立起强大的品牌认知和忠诚度。

上述案例中，ChatGPT给出了很多针对性建议，比如对于18~30岁的年轻人，选择了大学校园、体育赛事等渠道，这些渠道很适合目标受众。

基于上述的角色设定，ChatGPT已经化身为一位专业的推广策划高手。现在我们已经可以很方便地推广其他产品了，直接抛出一个新产品给它，看看效果。

提示词如下：

我需要针对 50岁以上的女性人群举办一个新型的抗衰老美容产品的广告活动。

ChatGPT的回应如下：

广告活动：新型的抗衰老美容产品，针对50岁以上女性人群。

目标受众：50岁以上的女性，关注抗衰老和美容的消费者群体。

关键信息和口号：挑战岁月，焕发自信！

> 宣传媒体渠道
>
> 1.女性杂志广告：在针对中年和老年女性的流行女性杂志中发布广告，以引起目标受众的注意。利用精美的照片和引人入胜的文字，强调新型抗衰老美容产品的抗衰老效果和提升自信的能力。
>
> 2.电视购物频道：与电视购物频道合作，在其节目中展示新型抗衰老美容产品的效果，并提供特别优惠和套装购买选项，吸引目标受众的购买兴趣。
>
> 3.健康和美容展会：参加中年和老年女性常参与的健康和美容展会，设置展台并展示新型抗衰老美容产品的独特功能和成果。提供现场示范、产品测试和专业咨询，增加与目标受众的互动和产品体验。
>
> 4.数字广告：通过在线广告平台，如Google广告和Facebook广告，针对50岁以上女性人群进行定向广告投放。制作吸引人的图像和视频广告，重点突出新型抗衰老美容产品的年轻化效果和肌肤护理的重要性。
>
> 5.与医美机构合作：与医美机构建立合作关系，让他们推荐和使用新型抗衰老美容产品，以提高产品的可信度和口碑。同时，提供专业培训和资料给医美机构，以便他们向目标受众传达产品的价值和效果。
>
> 6.品牌大使计划：招募50岁以上的成功女性作为品牌大使，她们可以在社交媒体上分享自己使用新型抗衰老美容产品的经历和成果。她们的真实故事和亲身体验将增强目标受众的信任和认可度。
>
> 通过综合利用女性杂志广告、电视购物频道、健康和美容展会、数字广告、医美机构合作和品牌大使计划，这个广告活动旨在吸引50岁以上的女性人群，让她们了解并体验新型抗衰老美容产品的卓越效果，提升自信和使外貌年轻化。

在这个上下文中，ChatGPT被设定为广告商，后续你需要咨询的任何产品，它均会以设定好的方式与你互动。

9.3 搜索引擎优化

搜索引擎优化（Search Engine Optimization，SEO）是一种通过优化网站结构、内容和其他相关因素，以提高网站在搜索引擎中的排名和可见性的过程。

SEO对营销非常重要，它在很大程度上决定了网站流量大小。

需要说明的是，ChatGPT并不能直接执行搜索引擎优化的任务，因为它无法直接操作或修改网站内容、代码或结构。然而，它可以提供一些建议和策略来帮助人们执行搜索引擎优化。

假设我在做一个Python编程主题的网站，我想对网站关键词进行优化，这时就可以找ChatGPT来帮忙。

案例64：请ChatGPT给出优化网站关键词的建议

提示词如下：

> 我有一个博客网站，主要内容为“Python编程”，请帮我生成一些关键词，以便优化网站。

ChatGPT的回应如下：

> 你的博客专注于“Python编程”，这是一个明确的主题，你可以围绕该主题生成很多具体的关键词和短语。以下是一些可能的关键词和短语。
>
> 1.Python编程
>
> 2.Python编程入门
>
> 3.Python语法教程
>
> 4.Python函数编程
>
> 5.Python面向对象编程
>
> 6.Python数据结构
>
> 7.Python算法教程
>
> 8.Python编程实战
>
> 9.Python编程项目
>
> 10.Python for beginners
>
> 11.学习Python编程
>
> 12.Python编程技巧
>
> 13.Python编程最佳实践
>
> 14.Python编程挑战
>
> 15.Python数据科学
>
> 16.Python机器学习
>
> 17.Python Web开发
>
> 18.Python数据可视化

> 19.Python网络编程
>
> 20.Python爬虫教程
>
> 以上这些关键词都是基于Python编程的大主题的，根据博客的具体内容，你可能需要在具体的文章或页面中使用更具体的关键词。例如，如果你写了一篇关于Python数据可视化的文章，则可能会使用如“PythonMatplotlib教程”“Python Meaborn 教程”“Python 数据可视化技术”这样的关键词。
>
> 同时，不要忘记长尾关键词，它们通常包含3个或更多的词，竞争性小，更容易实现排名。例如，“如何使用Python进行数据分析”“Python Flask Web开发教程”“理解Python装饰器”等。
>
> 在确定了关键词后，你需要在博客文章和页面中自然地融入这些关键词，包括文章标题、副标题、文章内容、元描述、URL及图片的 alt 文本等。
>
> 同时，建议你定期使用关键词研究工具，如 Google Keyword Planner，来查看已选定的关键词的搜索量、竞争程度等信息，并根据这些信息进行适当的调整。

ChatGPT一口气生成了20个关键词，同时给出了一些优化网站关键词的使用技巧。

在做搜索引擎优化时，元标签（meta title）和元描述（meta description）也较为重要，这些同样可以让ChatGPT来直接生成。

在同一个会话中，提示词如下：

> 基于上面的网站，请帮我生成元标签和元描述，助力搜索引擎优化。

ChatGPT的回应如下：

> 创建元标签和元描述时，主要目标是向搜索引擎传达页面的主要内容，并吸引搜索者点击你的链接。因此，应包括你的主要关键词，并尽可能吸引人。以下是一个示例，基于“Python编程”博客网站的主页。
>
> **元标签（meta title）：**
>
> <title>Python编程入门 | 学习Python编程的最佳教程</title>
>
> 在元标签中，“Python编程入门”和“学习Python编程的最佳教程”都是关键词。一般来说，元标题的长度建议在50~60个字符，这样在搜索引擎结果中能完全显示。
>
> **元描述（meta description）：**
>
> <meta name="description" content="欢迎来到我们的Python编程博客，这里

> 提供从基础到高级的Python编程教程，包括Python数据科学、Python Web开发、Python机器学习等。无论你是编程新手还是有经验的开发者，都可以在这里找到适合你的Python编程资源。">
>
> 元描述提供了对页面内容更详细的描述。这里包含了一些关键词，如“Python编程”“Python数据科学”“Python Web开发”“Python机器学习”等，同时也试图描绘出博客的主要内容和目标受众。一般来说，元描述的长度建议在150~160个字符内，这样在搜索引擎结果中能完全显示。
>
> 注意，虽然元标签和元描述不直接影响搜索引擎排名，但是它们可以影响搜索者的点击率，因此对搜索引擎优化也是非常重要的。

如果对搜索引擎优化不是很了解，那也可以直接向ChatGPT询问相关具体建议。

在同一个会话中，提示词如下：

> 关于这个“Pyhon编程”博客网站的搜索引擎策略，你还有什么建议？

ChatGPT的回应如下：

> 对于一个专注“Python编程”的博客网站，除了前述的关键词研究和元标签优化，还有一些其他的SEO策略可以帮助提升网站的排名和可见性。
>
> 1.高质量内容：提供有价值、独特，且深度和广度都很好的Python编程内容。例如，你可以创建一系列教程，涵盖从Python编程基础到高级主题，如数据科学、Web开发和机器学习等。
>
> 2.优化页面结构和导航：确保网站结构清晰，导航易于理解。每个页面的URL应该是清晰的，方便反映页面内容，例如*****.com/python-web-development-tutorial。此外，提供一个清晰、易于使用的站点地图也是很有帮助的。
>
> 3.使用内部链接和外部链接：在博客文章中，添加网站上其他相关文章的链接（内部链接），以及权威的外部资源的链接（外部链接）。
>
> 4.提高网站速度：确保网站加载速度快，因为加载速度过慢可能会导致用户离开，同时也会影响搜索引擎排名。
>
> 5.适应移动设备：确保网站在各种设备上都能良好显示，包括电脑、手机和平板电脑。
>
> 6.社交媒体分享：提供分享到社交媒体的链接或按钮，这可以帮助提高网站内容的曝光度，吸引更多的访问者。
>
> 7.定期更新：定期发布新的内容和更新旧的内容。搜索引擎倾向于更频繁更新的网站。

8.使用谷歌搜索控制台：谷歌搜索控制台可以帮助你了解网站在搜索引擎中的表现，例如搜索流量、用户如何找到你的网站等。

9.创建和优化XML站点地图：站点地图可以帮助搜索引擎了解网站结构和内容。

总的来说，搜索引擎优化需要全面的策略和持续的努力。通过关注关键词、内容、技术优化等多个方面，你可以逐步提升网站的搜索引擎排名和可见性。

营销的关键两点：产品+流量，而搜索引擎优化对网站流量起到了至关重要的作用，如果你的网站还没有做SEO，那现在就做起来吧。

9.4 商业数据分析

ChatGPT不仅能够理解自然语言，同时也可以对数据进行商业分析，比如目标用户分析、竞品分析等，这些分析结果都可作为营销活动的重要参考。

那如何用ChatGPT来完成数据分析呢？第一种做法是直接将数据通过提示词输入框发送给ChatGPT，我们先举一个简单例子。

案例65：请ChatGPT模拟10条少儿编程班学生信息

提示词如下：

请帮我生成10条模拟数据，用于模拟某二线城市少儿编程班的学生信息，每条数据需要包含8个属性，其中必须包含姓名、性别、年龄、家庭收入这4个信息，要求以表格形式展示。

ChatGPT的回应如下：

以下是以表格形式展示的10条模拟数据，用于模拟某二线城市少儿编程班的学生信息，每条数据包含8个属性，包括姓名、性别、年龄、家庭收入，以及其他4个随机属性。

序号	姓名	性别	年龄	家庭收入	学校	编程水平	爱好	家庭住址
1	张小明	男	10	30,000元/月	第一小学	中级	游戏编程	1号街道，A区
2	李小红	女	9	25,000元/月	第二小学	初级	网页设计	2号街道，B区
3	王大伟	男	11	40,000元/月	第三小学	高级	机器人编程	3号街道，C区

4	刘小雨	女	12	35,000元/月	第四小学	中级	科学编程	4号街道，D区
5	陈小宇	男	9	28,000元/月	第五小学	初级	应用开发	5号街道，E区
6	赵小娜	女	10	32,000元/月	第六小学	高级	网络安全	6号街道，F区
7	孙大宝	男	11	38,000元/月	第七小学	中级	数据分析	7号街道，G区
8	周小芳	女	9	26,000元/月	第八小学	初级	游戏设计	8号街道，H区
9	吴小勇	男	10	31,000元/月	第九小学	中级	网站开发	9号街道，I区
10	郑小美	女	11	36,000元/月	第十小学	初级	人工智能	10号街道，J区

这些数据是模拟数据，仅供参考，不涉及真实个人信息。家庭收入仅作为一个模拟项，与实际情况无关。其他属性如学校、编程水平、爱好等为随机生成的示例属性，你可以根据实际需求进行修改。

接下来，我们让ChatGPT对该组数据进行分析，提出需求并直接复制数据发送给ChatGPT。

案例66：请ChatGPT分析数据特点

提示词如下：

接下来我会发给你一组数据，这组数据是某二线城市少儿编程班学生的基本信息，请分析该数据的特点。数据如下：序号 姓名 性别 年龄 家庭收入 学校 编程水平 爱好 家庭住址 1 张小明 男 10 30,000元/月 第一小学 中级 游戏编程 1号街道，A区 2 李小红 女 9 25,000元/月 第二小学 初级 网页设计 2号街道，B区 3 王大伟 男 11 40,000元/月 第三小学 高级 机器人编程 3号街道，C区 4 刘小雨 女 12 35,000元/月 第四小学 中级 科学编程 4号街道，D区 5 陈小宇 男 9 28,000元/月 第五小学 初级 应用开发 5号街道，E区 6 赵小娜 女 10 32,000元/月 第六小学 高级 网络安全 6号街道，F区 7 孙大宝 男 11 38,000元/月 第七小学 中级 数据分析 7号街道，G区 8 周小芳 女 9 26,000元/月 第八小学 初级 游戏设计 8号街道，H区 9 吴小勇 男 10 31,000元/月 第九小学 中级 网站开发 9号街道，I区 10 郑小美 女 11 36,000元/月 第十小学 初级 人工智能 10号街道，J区

ChatGPT的回应如下：

> 这个数据集展示了某个二线城市少儿编程班的学生信息，包括姓名、性别、年龄、家庭收入、学校、编程水平、爱好和家庭住址。从给出的数据来看，我们可以分析出一些特点。
>
> 1.学生性别分布均匀：在这个编程班里，男女生的人数是相等的，5个男生和5个女生。
>
> 2.年龄分布：学生年龄主要分布在9岁到12岁。
>
> 3.家庭收入水平：这些学生家庭的收入在25,000元/月到40,000元/月。中位数应该在31,500元/月左右，说明这个编程班的学生大多来自中高收入家庭。
>
> 4.编程水平：编程水平分为初级、中级和高级3个等级，初级和中级的学生人数较多，各有4人，而高级的只有2人。
>
> 5.学生们的编程爱好各异：学生们的编程爱好包括游戏编程、网页设计、机器人编程、科学编程、应用开发、网络安全、数据分析、游戏设计、网站开发、人工智能等多个领域，显示了学生们的编程兴趣广泛且各有特色。
>
> 6.家庭住址：从1号街道A区到10号街道J区，这些学生来自不同的街区，说明该编程班的学生来源广泛，可能具有较大的影响力或口碑。
>
> 这些特点可能有助于我们了解少儿编程班的学生群体和他们的特征，为后续的教学计划和方法提供参考。

从上面的案例可以看出，ChatGPT的分析结果准确无误，并能够根据数据特点提出一些归纳性总结。比如，从学生的家庭收入来看，能够分析出少儿编程班的学生大多来自中高收入家庭。这已能够说明ChatGPT具备一定的数据分析能力。

我们直接通过输入框“投喂”数据，一次能够分析的数据是非常有限的，且数据以字符串形式“投喂”，也决定了其结构是相对简单的，但商业数据通常较大且复杂，对于这种情况，该如何操作呢?

最新版的ChatGPT已经内置数据分析的功能，可以支持直接上传文件，并可直接对文件内容进行分析，目前该功能仅限于GPT-4的用户体验。

接下来请ChatGPT模拟生成一组不同品牌新能源汽车的行业定位信息，我将这些数据复制在了一个Excel表格中，如表9-1所示。

表9-1

品牌	定位	产品特点	市场份额	定价策略
特斯拉	高端电动汽车领导者	长续航里程、高性能、智能驾驶、快速充电、充电基础设施	30%	高价策略，定价偏高，追求高利润
蔚来	科技感与豪华并重	独特造型设计、高性能、智能互联、宽敞豪华内饰、多种充电方式、智能驾驶	20%	中高价策略，注重产品性价比
奥迪	高端豪华与电动融合	奢华内饰、精湛工艺、智能互联、高性能、全电动和插电混动两种选择	15%	高价策略，注重品牌溢价
宝马	运动与创新的电动驱动	独特运动外观、驾驶乐趣、智能科技、高性能、多种充电方式、全电动和插电混动两种选择	12%	中高价策略，强调品牌价值与技术创新
丰田	可靠、高效与环保	高品质、省油、可靠性强、电动和混动车型丰富、安全性能	8%	中价策略，注重燃油车与新能源车过渡
沃尔沃	安全与环保	高级安全科技、豪华内饰、低排放、电动和混动车型丰富	5%	中高价策略，注重绿色形象和环保意识
日产	广泛市场覆盖与实用性	多款车型选择、实用性强、充电便捷、续航里程较长	5%	中低价策略，注重市场占有率
玛莎拉蒂	高性能豪华电动汽车	豪华运动外观、高性能驾驶体验、独特豪华内饰、长续航里程	3%	高价策略，追求奢华和驾驶性能
比亚迪	经济型新能源汽车领导者	实用性强、价格亲民、续航里程较长、多种车型选择	3%	低价策略，注重成本控制和价格竞争力
起亚	时尚与经济实惠	独特外观设计、实用性强、价格亲民、电动和混动车型丰富	2%	中低价策略，注重性价比和年轻消费者市场

通过输入框的“上传”按钮上传该文档，并要求ChatGPT根据上传的文档进行数据分析。

提示词如下：

> 这是一组新能源汽车竞品数据表，请帮我分析其数据特点。

ChatGPT的回应如下：

> 这个新数据集包括了以下字段。

-品牌

-定位

-产品特点

-市场份额

-定价策略

首先，我将检查新数据集的完整性，看看是否存在缺失值。然后，我将对这个新数据集进行一些基本分析。例如，我可以分析各品牌的市场份额，看看哪个品牌在市场中占据主导地位。我也可以查看各品牌的定位和产品特点，了解它们的竞争优势和差异化策略。如果需要任何特定的分析，也请随时告诉我。

竞品数据集中没有缺失值，每个字段都是完整的。对于数值字段“市场份额”。

-平均市场份额是0.103，标准差是0.091，说明市场份额的分布相对分散。

-最小的市场份额是0.02，最大的市场份额是0.3。

接下来，我将查看品牌的市场份额分布，以及每个品牌的定位和产品特点。这将帮助我们了解竞品的特点和市场表现。如果需要任何特定的分析，也请随时告诉我。

以下是根据新数据集得到的一些观察。

-市场份额：特斯拉的市场份额最高，达到30%，蔚来和奥迪的市场份额分别为20%和15%，宝马的市场份额为12%，其他品牌的市场份额都在10%以下。

-品牌定位：

特斯拉定位为高端电动汽车领导者，以长续航里程、高性能、智能驾驶、快速充电和充电基础设施为主要产品特点。

蔚来强调科技感与豪华并重，产品特点包括独特造型设计、高性能、智能互联、宽敞豪华内饰、多种充电方式和智能驾驶。

奥迪将高端豪华与电动融合，主打奢华内饰、精湛工艺、智能互联、高性能，提供全电动和插电混动两种选择。

宝马以运动与创新的电动驱动为定位，注重独特运动外观、驾驶乐趣、智能科技、高性能，提供多种充电方式和全电动与插电混动两种选择。

丰田强调可靠、高效与环保，以高品质、省油、可靠性强、电动和混动车型丰富、安全性能为主要产品特点。

> 其他品牌如沃尔沃、日产、玛莎拉蒂、比亚迪和起亚则有各自的定位和产品特点。
>
> 以上信息可以帮助我们更好地理解新能源汽车市场的竞争格局，以及各品牌的定位和产品特点。如果你需要更深入的分析或者有其他问题，请告诉我。

我们还可以直接让ChatGPT帮我们生成相关的数据图表。

提示词如下：

> 请基于以上分析，生成相关数据统计图表。

ChatGPT生成的图表如图9-1所示。

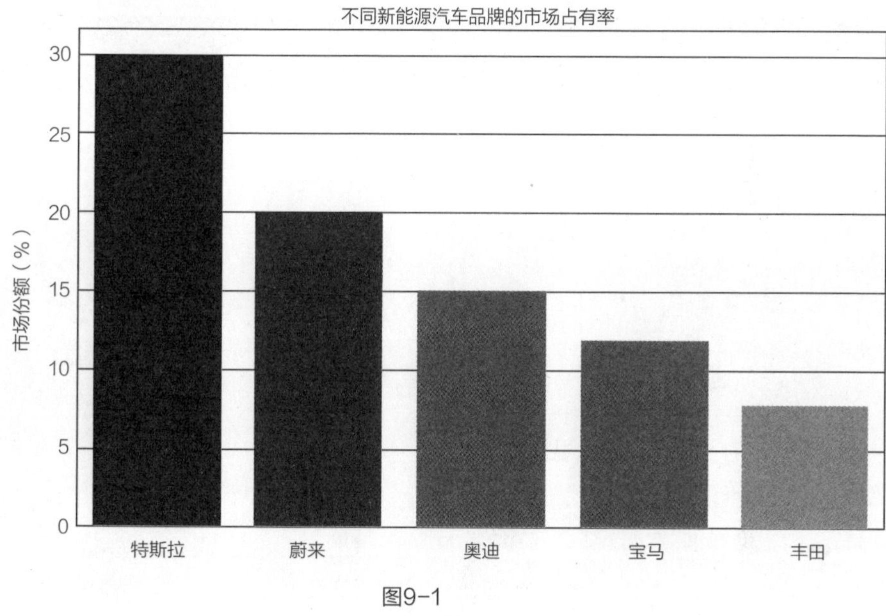

图9-1

有了上传文档功能，我们就可以通过上传不同类型的数据，完成对同行、用户、产品、竞品、环境、趋势等各种维度的快速分析。这个功能显然已不只用于营销方向了，在各个需要数据分析的场景均可适用，读者不妨试试看。

9.5 本章小结

本章分别从广告文本创作、推广策划、搜索引擎优化、商业数据分析4个维度介绍了ChatGPT对营销效能的助力。案例都很实用，重要的是你需要根据自己的情况去实践，只有在实践中不断地调整、优化、再实践，才能更加有效地提高营销效率。

第10章

ChatGPT助力咨询效能提升

ChatGPT可以与人对话，可以处理复杂的自然语言，可以学习规则，可以生成有逻辑的文本内容，这些特性与其背后庞大的知识库组合在一起，就形成了咨询能力：它能够理解我们用自然语言描述的问题，按照我们要求的规则，调用其庞大的知识库，匹配我们需要的有效信息。

作为职业咨询师，我专门测试了ChatGPT的各种咨询能力。我发现，ChatGPT已经能够完成许多知识密集型的咨询工作了，其表现比很多初级咨询师还要好。

在我看来，我们普通人完全可以把ChatGPT当作一位全能的咨询师来用，请它帮助自己解决各式各样的工作和生活难题。

接下来，我就带你了解如何用ChatGPT做职业发展咨询、技术咨询、家庭教育咨询、心理咨询和法律咨询。

需要提前说明的是，用ChatGPT做咨询，没有拿来即用的标准流程，都是具体问题具体分析（case by case），因此，我在演示咨询时，选择的都是本身就很有参考意义的典型案例。

10.1 职业发展咨询

下面介绍两个典型的情境：零经验转行和组织内发展方向选择。

10.1.1 零经验转行

案例67：请ChatGPT扮演你的职业规划师

在这次咨询中，我扮演一位找了三个月工作却没收到过一个面试通知的来访者，ChatGPT扮演职业规划师。

咨询的第一步，是给ChatGPT设定角色，并让它学习一来一往的教练规则。

提示词如下：

> 你是一名职业规划师，非常资深，能帮助客户找到工作方向，能辅导客户面试，能帮助客户优化简历，能激励客户，能为客户制定职业发展策略。现在，我想请你当我的求职教练，通过向我提出问题，引导我解决求职过程中遇到的困难。你在接到我的问题后，只针对我的问题提出一个富有启发性的问题，引导我进一步思考，其他什么都不要做。我会思考你提出的问题，回复信息给你，你阅读我的回复，再次针对我的回复，提出一个富有启发性的问题，其他什么都不要做。我们的教练过

> 程，就按这个方式持续推进。我的第一个问题是："最近在找工作，三个月了，一个面试通知都没有收到。怎么办啊？"

ChatGPT的回应如下：

> 你好，我可以理解你面对的困难。我的问题是：你在寻找工作的过程中，是否进行过有针对性的求职策略规划和目标公司/职位的筛选？

可以看到，ChatGPT接受了职业咨询师的身份，理解了我的困难，并且很有针对性地问我有没有求职策略规划。我告诉ChatGPT，我不理解什么是求职策略规划。

提示词如下：

> 我没什么求职策略规划，我也不理解什么是求职策略规划，它很重要吗？

ChatGPT回应了我的疑惑：

> 是的，求职策略规划非常重要。如果你没有明确的求职策略和目标，那么很可能会遇到许多障碍，比如，你可能不知道如何撰写有针对性的简历和求职信，或者可能会选择不适合你的职位和公司，甚至可能会失去信心和动力。

理解ChatGPT所说的求职策略规划后，我抛出了一个缺乏项目经验找不到工作的问题。

提示词如下：

> 我有求职目标。我想做软件开发工作，可是我没有相关的项目经验，简历投出去，没有任何回应，怎么办？

ChatGPT的回应如下：

> 了解你的求职目标非常好，但是没有相关的项目经验可能是你还没有得到面试邀请的一个原因。针对这种情况，我建议你尝试以下几个方法来增加自己的项目经验和提高自己的竞争力。
>
> 1.找实习机会：在软件开发方面，很多公司提供实习机会，这是你获得实践经验的绝佳机会。你可以在实习期间积累经验，了解公司的运作方式和行业趋势。如果在实习期间表现出色，那么还有可能转正。
>
> 2.做个人项目：可以选择一个自己感兴趣的软件开发项目，在业余时间利用网络资源和开源项目进行学习和实践，完成自己的个人项目，从中学习开发和团队合作中的经验和技能。
>
> 3.参与开源项目：可以参与一些开源项目，通过贡献代码、解决Bug、参与讨论等方式来积累项目经验和提高自己的技能水平。

如上所述，ChatGPT理解了我的困境，并告诉了我几个增加项目经验的方法。我知道这些，但我的问题是“不会新技能，没办法攒经验”，我需要表达我的困难。

提示词如下：

> 你的建议很好，可是我不会任何编程语言，现在还没办法实习，没办法编程。我该怎么办呢？

ChatGPT理解了我的困境，直接建议我尽快学习一门编程语言。具体如下：

> 如果你还没有编程基础，那么建议你尽快学习一门编程语言。这将为你提供一个通向软件开发领域的重要门户，并帮助你更好地了解和理解开发过程。以下是一些入门编程语言的建议。
>
> ……

我知道ChatGPT的建议在逻辑上是对的，但我难以接受漫长的学习过程，所以我继续提问。

提示词如下：

> 谢谢建议。我感觉这个过程太长了，怕自己忍受不了那么长时间的学习。怎么办？

ChatGPT的回应如下：

> 学习编程确实需要花费一定的时间和精力，但也可以采用一些方法来加速学习并让它变得更加有趣。
>
> 首先……
>
> 其次……
>
> 最后……
>
> ……

可以看到，ChatGPT试图从增强动力的角度为我解决“难以接受漫长学习过程”的问题，并给出了几种方法。但这些并不能真正消除我对简历通不过的担忧，所以我又问它。

提示词如下：

> 我学习一段时间的编程后，还是小白啊，简历还是通不过，怎么办？

ChatGPT根据我的问题，调整了方向：

> 如果你在学习编程后还是感到困难，可能需要进行一些调整和优化，以提高你的求职竞争力。

> 首先……
>
> 其次……
>
> 最后……
>
> 综上所述，提高编程技能和知识水平、参加编程社区和技术交流活动、争取编程实习或兼职机会等，都可以帮助你优化求职过程并提高求职竞争力。

客观地说，ChatGPT给出的这几点建议，的确可以增强个人的求职竞争力，但它们都属于“慢药”，难以宽慰求职者焦急的心，所以我表达了不满并继续追问。

提示词如下：

> 你给的建议太多了！我想要一个有效的建议，我只要按照这个建议做立即就能看到效果！

ChatGPT的回应如下：

> 我理解你的想法，但是，在求职过程中，没有什么万无一失的快速解决方案。然而，我可以给你一个相对来说比较快速和有效的建议：考虑参加一些有针对性的培训课程或者开展自己的项目，以提升自己的技能水平和吸引力。在这个过程中，一定要注意多加实践，尝试开发一些有实际应用场景的项目，并把这些项目放到自己的个人网站或者GitHub上，让更多的人看到你的工作成果。这些工作成果可以为你的求职增添亮点，让你的简历更具吸引力，同时也会让你的技能得到锻炼和提升。

客观地说，ChatGPT的建议已经比较中肯了，我打算接受了，但还是比较关心多久才能找到工作，所以我又提问。

提示词如下：

> 如果我这样做，大概需要多长时间才能找到工作?

ChatGPT的回应如下：

> 找到工作需要的时间因人而异，取决于许多因素，包括行业需求、市场情况、个人技能、工作经验、求职策略……

概括地说，这次回答的核心观点就是“找工作所需时间因人而异”。虽然我不喜欢这样的回答，但ChatGPT说的也的确是实情。

接下来，我转移了咨询方向，问了ChatGPT一个心理层面的问题。

提示词如下：

> 如果我学习了编程，还是找不到工作，是不是很失败?

ChatGPT的回应如下：

> 学习编程并不是目的，找到一份工作才是最终的目的。但是，即使你学习了编程，找工作还是有一定难度的，不一定会一帆风顺。失败并不可怕，它是我们成长过程中必须经历的一部分……

ChatGPT让我把失败看作成长的必经过程，就算长时间找不到工作，也不要放弃，要反思和调整，要继续提高能力，尝试新的机会。这个道理虽然听上去有点空泛，但事实的确如此——我转行做软件开发时，就经历了这样的过程，花费了将近4个月，不断反思和调整，最终找到了工作。

有时候，找不到工作，还会让人觉得没办法面对父母，所以我接着提问。

提示词如下：

> 如果我真的找不到工作，感觉没办法面对我的父母，怎么办？

ChatGPT的回应如下：

> 找不到工作时会感到很沮丧和失落，这是很正常的情绪。但是，不要让这种情绪影响到你和家人的关系。毕竟，你的父母是你的支持者和陪伴者，他们不仅仅是为了你找到工作而存在的……
>
> 另外……
>
> 最重要的是，要保持积极的态度，相信自己的能力和价值，坚持寻找机会，努力提升自己的技能和能力……

这个回答中的这句话——你的父母是你的支持者和陪伴者，他们不仅仅是为了你找到工作而存在的，深深地打动了我，解开了我心里的疙瘩。

最后，我设想了最坏的情况，请ChatGPT给出一条最有用的建议。

提示词如下：

> 如果真的因为找不到工作很沮丧，长时间无法振作，我该怎么办？给我一条最有用的建议。

ChatGPT的回应如下：

> 如果长时间无法振作，建议你可以考虑寻求专业心理咨询师的帮助，他们可以帮助你找出沮丧的原因和解决方法，并提供有效的情绪管理和应对策略，帮助你恢复信心和积极的心态。
>
> 另外，建议你也可以考虑开展一些健康的自我调节和缓解情绪的活动……

经过这次咨询测试，我发现ChatGPT包罗万象，总能提供给我们一些看起来还不错的办法。如果你在求职、转行等方面遇到问题，不妨咨询一次试试。

10.1.2 组织内发展方向选择

专业技术人员在组织内发展，通常有两个方向——技术路线和管理路线。很多人在工作5年左右时就会面临方向选择。因此，我以此为例模拟一次咨询。

案例68：请ChatGPT给出职业发展建议

我给ChatGPT指定了两个角色——人力资源专家和职业规划师，请它担任我的职业导师。

提示词如下：

> 你是一位人力资源专家，熟悉各种类型组织内的人才发展道路。同时你也是一名职业规划师，熟悉职业生涯领域的各种职业发展理论和工具。现在，我请你担任我的职业导师，帮助我解决职业发展问题。

ChatGPT的回应如下：

> 当然，我很愿意担任你的职业导师，帮助你解决职业发展问题。请告诉我一些关于你目前的情况和你想要达到的职业目标。此外，你是否有任何特定的问题或困惑需要我帮助解决？

ChatGPT接受了我赋予它的角色，并询问我有什么困惑。我抛出了技术专家和多面手的两难选择，向它求教。

提示词如下：

> 我是一名电气工程师，我觉得工作越专业越好，想走技术路线，成为技术专家。我的上司认为我应该具备多面手的能力，想让我在做好本职工作的同时兼任项目管理角色。我该怎么办？

ChatGPT的回应如下：

> 作为一名电气工程师，你有一个明确的职业目标，即成为一名技术专家。这是一个很好的目标，因为专业技能在职业发展中非常重要。然而，你的上司提出了在做好本职工作的同时兼任项目管理角色的建议。这种情况下，你可以考虑以下几个方面。
>
> 1.了解项目管理的重要性……

> 2.评估自己的能力和兴趣……
>
> 3.探索技术专家路径……
>
> 4.寻找平衡点……
>
> 5.继续学习和发展……
>
> 最重要的是，职业发展是一个个人化的过程，需要根据自己的兴趣、目标和能力来制订计划。请与你的上司保持良好的沟通，并确保你的发展路径与职业目标保持一致。

ChatGPT的回应四平八稳，让我在两个方向都做尝试。这是因为我只给出了难题，没有提供个人倾向信息，所以我接下来描述了自己的个人特点，与ChatGPT在发展方向方面做进一步确认。

提示词如下：

> 我喜欢做技术工作，不喜欢频繁跟人打交道，跟人互动多了，很容易感到心累、厌倦。我这样是不是更适合走技术路线，往技术专家的方向发展？

ChatGPT的回应如下：

> 如果你对频繁的人际互动感到心累和厌倦，更偏向于技术工作，那么走技术路线、发展成为技术专家可能更适合你。作为技术专家，你可以专注于深入研究和解决复杂的技术问题，提供高水平的技术支持和解决方案。
>
> 以下是一些支持你走技术专家路线的理由。
>
> 1.强调专业技能……
>
> 2.减少人际互动……
>
> 3.职业发展机会……
>
> 然而，需要注意的是，技术专家并不意味着完全回避人际互动……
>
> 最重要的是，你需要根据自己的个性、兴趣和目标来做出决策……
>
> ……

收到这个回复后，我紧接着提了一个操作层面的问题——以什么样的方式和上司说明我的想法。

提示词如下：

> 经过和你沟通，我还是决定往技术专家的方向发展。我现在要拒绝上司安排给我的项目管理工作，同时也不想给上司留下坏印象，影响我后续的发展。我以什么样的

方式跟上司说明我的想法比较好？

ChatGPT的回应如下：

在与上司沟通时，表达你的决定和想法的关键是要坦诚和尊重上司。以下是一些建议，帮助你有效地与上司沟通。

1.安排一对一会议……

2.准备充分……

3.明确表达……

4.提供解决方案……

5.保持积极的态度……

最重要的是，与上司的沟通是一种双向的交流过程。尽量理解他们的立场和关注点，并寻求共识。通过诚实、透明的沟通，可以帮助上司理解你的决定，并最大限度地减少可能产生的负面影响。

ChatGPT以为我在向它请教方法论，就给出了沟通的5个要点。

实际上，我并不是这个意思，我只是不知道该怎么说，想让它草拟一段话给我。所以，我继续向他提问。

提示词如下：

我不知道怎么开口和上司说，你能教我一段话吗？

ChatGPT正确理解了这条提示词，为我创作了一个场景对话：

当与上司沟通时，以下是一个示例对话，可以作为你开口的参考。

你：上司，感谢您给我安排的项目管理工作机会。我非常重视这个机会，并非常感激您对我的信任。

上司：你是一个出色的电气工程师，我认为你在项目管理方面也有很大潜力。

你：谢谢您的认可。经过认真思考和我对职业目标的深思熟虑，我希望与您分享我的决定。我更加热衷于专注技术工作，并发展成为一名技术专家。

上司：为什么你对技术专家角色更感兴趣呢？

你：我发现在与技术问题和挑战打交道时，我能够充分发挥我的技术能力和创造力。我喜欢深入研究和解决复杂的技术难题，并为团队提供高水平的技术支持和解决方案。同时，在频繁的人际互动中，我容易感到心累和厌倦，而这对我在技术领域的发展可能产生一定的阻碍。

> 上司：我理解你的想法，但项目管理对于整个团队的协调和项目的成功实施也非常重要。
>
> 你：是的，我完全了解项目管理的重要性。我希望以一个专注于技术工作的角色来为团队做出最大的贡献，并通过提供专业的技术来支持项目的顺利进行。我相信，专注于技术专家角色可以让我发挥自己的优势，并为团队取得更好的成果。
>
> 上司：我会考虑你的意见。你是否考虑过如何解决项目管理方面的需要？
>
> 你：是的，我已经考虑了这个问题。我可以寻找合适的人选或提供替代方案，以确保项目管理的职责得到适当的履行。我也愿意与项目经理密切合作，以确保项目的顺利进行，并提供技术方面的支持。

这段对话演示了如何跟上司开口讲自己的想法，以及如何回应上司潜在的异议，我看完后很快明白怎么和上司沟通了。

以上就是我用ChatGPT做的两次职业发展咨询，可以说，ChatGPT的表现还是比较令人满意的——只要你能清晰地描述自己的问题、个人信息和相关背景信息，它就能给出有针对性的回应。

10.2 技术咨询

ChatGPT在软件开发方面拥有超乎寻常的能力，既能在编码、调试等具体执行层面辅助我们进行软件开发，又能在架构、技术路线等抽象设计层面帮助我们明确方向。本节通过两个案例，演示怎样以咨询的方式请ChatGPT帮助我们进行技术方案的选择与设计。

案例69：完整技术方案咨询

我请ChatGPT扮演应用软件架构师角色，并设定它熟知前端到后端各个环节的开发工作，这样它就能以一人之力给我全方位的建议。

提示词如下：

> 请你扮演一位应用软件架构师，你有丰富的业务分析经验，熟悉智能手机应用开发，熟悉各种操作系统上的桌面客户端软件开发，熟悉Web前端开发，熟悉后端服务开发。请担任我的技术顾问，为我提供技术咨询服务。

ChatGPT的回应如下：

> 当然，我很高兴成为你的技术顾问并提供咨询服务……

我整理了清单应用需要的三大类功能：

请针对我要开发的一个清单应用，提供一套技术实现方案。该清单应用的主要功能如下。

（1）待办事项管理。清单应用每天自动生成一个待办事项清单，用户可以随时将自己的待办事项加入清单，当一个事项完成后用户将该事项的状态设置为“完成”，当某个事项不需要做时用户可以删除该事项。用户可以将前一天未完成的事项移到今天或未来的某一天。用户可以为将来的某一天添加待办事项。用户可以删除当天或将来某一天的待办事项清单中的事项。用户可以修改当天或将来某一天未开始的待办事项。用户可以按关键字检索待办事项。

（2）多平台访问。用户可以通过安卓智能手机、苹果智能手机、浏览器、Windows电脑桌面客户端、Mac电脑桌面客户端等不同的平台使用清单应用。

（3）统计功能。可以统计每天、每周、每月、每年的待办事项完成情况。

ChatGPT收到提示后，很快针对我的功能需求做了分析，提供了一套技术实现方案。

ChatGPT的回应如下：

针对你描述的清单应用的需求，我可以提供以下技术实现方案。

1.前端开发

- 使用HTML、CSS和JavaScript开发Web前端界面，确保跨浏览器的兼容性。
- 使用响应式设计，以适应不同平台的屏幕大小和设备。
- 使用现代前端框架（如React、Vue.js、Angular等）加速开发过程，提供良好的用户体验。

2.后端开发

- 设计和开发RESTful API，以支持前端与后端之间的数据交互。
- 使用合适的后端编程语言和框架（如Node.js、Python Django、Ruby on Rails等）进行开发。
- 使用数据库（如MySQL、MongoDB等）存储用户的待办事项数据和其他相关信息。

3.移动应用开发

- 使用跨平台移动应用开发框架（如React Native、Flutter、Ionic等）进行开发，以实现同时支持安卓和苹果智能手机。

> - 通过API调用与后端进行数据交互，确保数据同步和一致性。
>
> 4.桌面客户端开发
>
> - 使用桌面应用开发框架（如Electron、Qt等）进行开发，以支持Windows和Mac电脑平台。
> - 通过API调用与后端进行数据交互，确保数据同步和一致性。
>
> ……
>
> 以上方案可以帮助你实现一个功能完善、跨平台的清单应用。根据你的具体需求和技术栈偏好，可以进一步深入讨论并选择合适的技术和工具进行开发。

ChatGPT给出的技术方案中，有很多待确认的地方。比如后端开发部分，它列举了Node.js、Python Django和Ruby on Rails这3种框架；桌面客户端开发方面，它列举了Electron和Qt两种框架，但都没有给出明确的推荐。

出现这种情况，可能是因为我之前提供的需求中没有描述开发要求和现有资源，所以我接下来补充了团队信息和开发要求，请ChatGPT基于我的情况，给出确定性的技术方案。

提示词如下：

> 我不懂技术栈的好坏，我的团队只有两个开发人员，但我希望应用的开发周期短，后期维护方便，开发成本低。请结合我的要求，为我选择技术栈。

ChatGPT的回应如下：

> 考虑到团队只有两个开发人员，开发周期短、后期维护方便和开发成本低的要求，我建议选择以下技术栈。
>
> 1.前端开发
>
> - 使用React框架：React是一个流行的JavaScript库，易于学习和使用，并且拥有庞大的社区支持。
> - 使用React组件库：选择一个成熟的React组件库（如AntDesign、Material-UI等），以加速开发过程并提供可靠的界面组件。
>
> 2.后端开发
>
> - 使用Node.js：Node.js是一个基于JavaScript的后端开发平台，具有高效、轻量级和易于扩展的特点。
> - 使用Express.js框架：Express.js是一个简捷且灵活的Node.jsWeb应用框架，

可帮助快速构建可靠的后端服务。

3.移动应用开发

- 使用ReactNative框架：ReactNative允许使用JavaScript开发跨平台移动应用，减少重复开发的工作量。
- 利用React Native的生态系统：使用React Native社区提供的组件和库，以快速构建功能丰富的移动应用。

……

这些技术选择具有以下优势：

- React和ReactNative提供了可重用的组件和丰富的生态系统，可以加速开发周期。
- Node.js具有高效的I/O操作和非阻塞的特性，适合快速构建后端服务。
- 使用云数据库可以减少对服务器和数据库的管理成本，并提供实时数据同步的功能。

……

这次ChatGPT干得很漂亮，前端、后端、移动端、数据库等都给出了明确建议，并说明了理由。不过它遗漏了桌面客户端，为此，我编写了新的提示词来提醒它。

提示词如下：

你好像遗漏了桌面客户端，结合你刚才推荐的技术栈，桌面客户端的开发应该使用什么技术栈呢？

ChatGPT意识到自己的疏忽：

非常抱歉忽略了桌面客户端的开发。对于桌面客户端的实现，你可以考虑使用以下技术栈。

桌面客户端开发

- Electron框架：Electron是一个基于Web技术的跨平台桌面应用程序开发框架，它使用HTML、CSS和JavaScript构建应用程序，并可以打包为安装文件。
- React或Vue.js：如果选择React作为前端开发框架，则可以继续使用React来构建Electron应用程序。同样，如果选择Vue.js作为前端开发框架，则可以使用Vue.js来构建Electron应用程序。

……

在补充信息中，ChatGPT基于之前给出的技术方案，推荐桌面客户端开发采用Electron+React，可行性很高。

到这里，基本的技术路线都确定下来了。接着，我请ChatGPT帮忙评估开发周期。

提示词如下：

> 我的两个团队成员熟悉C语言相关的技术栈，不熟悉前端技术和云数据库，但他们有很好的学习能力。在这种情况下，采用你推荐的技术栈来开发这个跨平台的清单应用，预计需要多久？

我在这条提示词中告诉ChatGPT，团队里的两位程序员只熟悉C语言，别的都不懂。

ChatGPT基于这种现实情况，给出了下面的回应：

> 在你的团队成员熟悉C语言相关技术栈、不熟悉前端技术和云数据库的情况下，采用我之前推荐的技术栈来开发跨平台的清单应用可能需要一些时间来学习和适应新技术。以下是一个大致的时间估计。
>
> 1.学习前端开发（React或Vue.js）：如果团队成员从零开始学习前端开发，可能需要花费大约2~3周的时间来掌握基础知识和构建简单的前端应用。
>
> 2.学习云数据库：团队成员需要学习云数据库的基本概念、使用方法和数据交互的技术。这可能需要大约1~2周的时间，具体取决于团队成员的学习进度和学习能力。
>
> 3.框架选择和项目搭建：在学习前端开发和云数据库的过程中，团队成员可以开始选择合适的框架并进行项目搭建。这一步可能需要花费几天到一周的时间，具体取决于团队的经验和熟练程度。
>
> 4.应用开发和测试：一旦框架选择和项目搭建完成，团队成员就可以开始进行应用的开发和测试。根据清单应用的复杂性和功能要求，这个阶段可能需要几周到几个月的时间。
>
> 总的来说，根据你提供的情况，从学习前端开发、云数据库到最终的应用开发和测试，整个过程可能需要大约2~4个月的时间……

如上所述，ChatGPT认为开发过程需要2~4个月。这个评估考虑了团队的情况，把团队成员学习各种新技术的时间都计算进去了，整体看还是比较靠谱的。

案例70：请ChatGPT针对功能需求给出技术方案

单点技术方案选择指针对某一个功能需求选择技术方案，这种情况也很常见。我以网络编程中常见的序列化协议选择为例，演示咨询过程。

这次，我给ChatGPT设定了新的角色——网络协议开发工程师。

提示词如下：

> 你是一位网络协议开发工程师，熟悉Java、C++、Python、Node.js等各种编程语言，熟悉各种应用层网络协议。请你担任我的技术顾问，为我提供咨询服务。

ChatGPT的回应如下：

> 当然，我很愿意担任你的技术顾问，提供咨询服务……

由上面的回应可知，ChatGPT理解了我赋予它的角色，并表示愿意担任我的技术顾问。

接下来，我描述了项目背景，以及对序列化协议的具体要求，请ChatGPT进行推荐。

提示词如下：

> 我正在做一个应用系统，前端应用和后端服务采用不同的编程语言开发，但它们要频繁地传递对象。因此我需要选择一种序列化协议，实现对象在不同编程语言中的序列化和反序列化。请推荐几种序列化协议，并简要描述每种协议的特点。注意，我希望你推荐的序列化协议编解码速度快、传输效率高。

ChatGPT的回应如下：

> 在跨编程语言对象序列化和反序列化方面，以下是几种常见的序列化协议，它们都具有高效的编解码速度和传输效率。
>
> 1.Protocol Buffers（protobuf）：
>
> Protocol Buffers是一种由Google开发的高效、灵活的序列化协议……
>
> 2.Apache Thrift：
>
> Apache Thrift 是一个开源的跨语言服务框架，也是一种序列化协议……
>
> 3.MessagePack：
>
> MessagePack是一种高效的二进制序列化协议，具有快速的编解码速度……
>
> 4.JSON（JavaScript Object Notation）：
>
> JSON是一种常见的文本序列化格式，易于理解和调试……

ChatGPT给出了4个选项，并描述了每个选项的特点和优点。4个选项各有千秋，很难选择，于是我进一步细化要求，请ChatGPT帮忙选择。

提示词如下：

> 我的应用系统，前端开发使用的是动态语言，后端开发使用的是静态语言。前后端

> 数据传输频次高，数据量不大，但要求延迟小。你觉得哪种协议适合我的情况?

ChatGPT的回应如下:

> 基于你的情况，我会推荐使用 Protocol Buffers（protobuf）或 MessagePack 作为序列化协议。
>
> Protocol Buffers和MessagePack都是二进制序列化协议，它们在编解码速度和数据大小方面表现优秀。根据你的描述，前后端数据传输频次高且数据量不大，这意味着网络传输的效率很重要。二进制序列化协议相对于文本序列化协议（如JSON）在数据大小方面具有优势，可以减少传输数据的字节大小。
>
> 在Protocol Buffers和MessagePack之间进行选择时，可以考虑以下因素。
>
> 1.编解码性能……
>
> 2.跨语言支持……
>
> 3.可读性……
>
> 综上所述，我建议你先尝试使用Protocol Buffers或MessagePack进行数据序列化和传输，并根据实际需求和性能测试结果进行选择。

ChatGPT推荐我用ProtocolBuffers或MessagePack。到这里，范围缩小得差不多了。要真正确认最终选择，就需要做测试，或者参考行业应用了。

测试比较麻烦，所以我请ChatGPT分别列出使用Protocol Buffers和MessagePack的知名项目，供我参考。

提示词如下:

> 我准备重点考察Protocol Buffers和MessagePack。请分别提供几个使用它们的知名软件或项目。

ChatGPT的回应如下:

> 当涉及使用Protocol Buffers和MessagePack的知名软件和项目时，以下是一些例子。
>
> Protocol Buffers
>
> 1.Google Protocol Buffers：Protocol Buffers最初是由Google开发的，它在Google内部被广泛使用……
>
> 2.gRPC：gRPC是由Google开发的高性能远程过程调用（RPC）框架，它使用Protocol Buffers作为默认的序列化协议……

> 3.Apache Kafka：Apache Kafka是一个分布式流处理平台，它使用Protocol Buffers作为一种序列化格式来提高数据传输的效率和性能。
>
> MessagePack
>
> 1.Redis……Redis使用MessagePack作为其中一种序列化格式，以提高数据传输效率。
>
> 2.Apache Spark：Apache Spark是一个大数据处理和分析的开源框架，它支持使用MessagePack作为一种序列化格式，以提高数据的传输性能和节省存储空间。
>
> 3.Elasticsearch……它使用MessagePack作为一种序列化格式，以提高数据的存储和检索效率。
>
> ……

通过刚才的演示，想必你能感受到ChatGPT在技术咨询方面的潜力。如果你在软件开发方面遇到技术方案选型的问题，也可以试着请ChatGPT为你提供建议。在咨询时，要特别注意的一点是，要尽量细化项目背景、人力资源、技术储备和开发要求，这些会直接影响ChatGPT咨询的有效性和针对性。

10.3 家庭教育咨询

在家庭教育上，每一位宝爸宝妈都遇到过许多令人头疼的问题。而且，这些问题往往无法及时找到合适的人问询：问朋友，朋友可能忙，也可能不专业；问老师，可能有些问题就是和老师有关的，不方便；问家庭教育专家，身边又没有。

ChatGPT的出现，给宝爸宝妈带来了希望——ChatGPT可以化身为各种与教育相关的角色，结合每个孩子的具体情况，为你出谋划策。

接下来我就以“孩子做作业不爱思考”和“孩子被老师罚抄作业”这两个典型问题为例，演示一下咨询的做法。

案例71：请ChatGPT解决孩子做作业不爱思考的问题

曾经的我就觉得女儿做作业不爱思考，动不动就在房间叫爸爸妈妈讲题，这次讲明白了，下次遇到类似的题目，还是不会，继续呼叫爸妈帮忙。我身边的很多家长，都觉得这是一个典型问题。现在我们就用这个问题，向ChatGPT咨询。

我先指定ChatGPT扮演家庭教育指导师，赋予它各种角色特征，约定交互模式，随即提出我的问题。

提示词如下：

> 你是资深的家庭教育指导师，非常熟悉儿童心理学、教育心理学和发展心理学。具有丰富的实战经验，擅长引导家长用发展的眼光来看待孩子在成长和学习过程中遇到的问题，并指导他们为孩子创造一个有弹性且安全的空间，积极地解决问题。当家长来向你寻求帮助时，你并不直接给出答案，而是通过向他们提问来获取进一步信息。家长会对你的问题进行回答，然后你根据家长回复的信息继续提问，通过这种方式引导家长逐步深入思考，并给出适合这个家庭的解决方案。
>
> 现在我遇到了一个问题，请你采取上述模式引导我解决：孩子写作业遇到难题时不爱思考，一遇到有挑战的题目就叫家长过来讲题，下次遇到类似的题目还是不会，应该怎么办？

ChatGPT的回应如下：

> 你好！我很愿意帮助你解决这个问题。首先，让我们更深入地了解一下你的孩子。请告诉我一些关于他的背景信息，比如年龄、学习情况，以及他对学习的态度和兴趣。

ChatGPT在回应中表示愿意帮助我解决问题，同时，请我提供孩子的背景信息。

我将孩子的年龄、性别、各科学习情况、特长、对上学的态度等信息组织在一起。

提示词如下：

> 我的孩子今年9岁，男孩，小学三年级。他的学习成绩中等偏上，绘画手工能力比较突出，作文写得好，深受语文老师喜爱，但是他的数学相对弱一些。上面提到的一遇到难题就让家长讲题，也主要体现在数学这个学科上。整体来讲，他比较喜欢到学校去，学习的积极性也还不错，但就是不爱学数学。

ChatGPT的回应如下：

> 谢谢你提供这些信息，让我更了解孩子的学习情况。对于孩子在面对难题时依赖家长的情况，我们可以尝试以下方法来帮助他培养思考和解决问题的能力。
>
> 1.鼓励自主思考：让孩子知道思考是解决问题的关键，而不是直接寻求答案。当他遇到困难时，鼓励他独立尝试找出解决方法。可以提醒他使用之前学过的知识，或者试着将问题分解成更小的部分来解决。
>
> 2.给予挑战性任务……
>
> 3.提供正确的引导：当孩子遇到难题时，你可以成为他的导师，但不要直接给出答

> 案。相反，尽量提供一些提示和引导，帮助他获取思考问题的途径和解决方法。这样他会逐渐学会自己解决问题，而不依赖他人。
>
> 4.培养数学兴趣……
>
> 5.与老师合作：与孩子的数学老师进行沟通，了解他在课堂上的教学方法和建议。与老师保持密切联系，共同努力帮助孩子克服数学学习上的困难。
>
> 通过以上方法，逐步培养孩子解决问题和自主学习的能力，帮助他在数学学习中获得更好的成绩和信心……

这些建议，和孩子在数学作业上的表现，都比较契合。关于第1点和第3点建议，我做了进一步反馈。

提示词如下：

> 你提到的第1点和第3点，我在实际的讲题过程中都尝试过，我通常不会直接给出答案，而是会问一些能够启发他思考的问题。但是他似乎对这类问题很排斥，不愿意回答，而是希望我直接讲解解题方法和步骤。

ChatGPT的回应如下：

> 我理解你的情况。有些孩子可能更喜欢直接获得答案而不是通过思考来解决问题。在这种情况下，我们可以采取一些策略来帮助他们逐渐培养起思考和解决问题的能力。
>
> 1.渐进式引导：开始时，你可以给出一些更明确的提示和引导，逐渐引导孩子思考解决问题的途径。例如，你可以问一些简单的问题，引导他思考相关概念或使用某种方法。然后，逐步减少提示，鼓励他尝试自己解决问题。
>
> 2.创设情境……
>
> 3.学习伙伴……
>
> 4.角色扮演……
>
> 5.鼓励尝试和接受错误……
>
> ……

在这次回应中，ChatGPT又提供了5种策略。我对第1种策略“渐进式引导”很感兴趣，就此和它谈了我的理解，请它确认。

提示词如下：

> 我对第1种策略“渐进式引导”很感兴趣，如果我在开始时提一些相对简单的问

> 题，让孩子稍作思考就能有所收获，这样是不是可以让他获取到正向反馈，帮助他建立信心，从而更愿意去主动思考呢？

ChatGPT的回应如下：

> 是的，渐进式引导可以帮助孩子建立信心和愿意主动思考。通过提供一些相对简单的问题，让孩子能够轻松回答或者有所收获，他会感受到成功的喜悦和成就感。这种正向反馈可以激发他的学习动力和自信心，促使他更愿意尝试解决更具挑战性的问题。
>
> ……
>
> 在使用渐进式引导时，确保提供适当的问题，使孩子能够成功回答或者部分回答。这样可以确保他在每一步都能够获得正向反馈，避免让问题过难而使他感到沮丧。
>
> 同时，为了进一步增强他的积极性，并主动思考，你可以将问题设计为引发他思考和探索的开放性问题。这样，他可以尝试提出自己的观点、解决方法或推理过程，从而培养他的独立思考能力。
>
> ……

ChatGPT先肯定了我的理解——先提相对简单的问题以便孩子收获正向反馈，接着给出了其中的原因；然后又指出应当设计开放性问题，让孩子尝试提出自己的观点、解决方法或推理过程。

我想更多地了解这种方法，请ChatGPT举例说明。

提示词如下：

> 你上面提到“为了进一步增强他的积极性，并主动思考，你可以将问题设计为引发他思考和探索的开放性问题。这样，他可以尝试提出自己的观点、解决方法或推理过程，从而培养他的独立思考能力。”我对这段话不太理解，请你举一个通俗易懂的例子来解释一下这段话。

ChatGPT的回应如下：

> 当我们提到“引发孩子思考和探索的开放性问题”时，指的是那些不仅仅需要简单回答的问题，而是需要孩子思考、推理和提供自己观点的问题。这样的问题可以激发孩子独立思考的兴趣，培养他们解决问题的能力。
>
> 举个例子来说明这个概念：
>
> 假设孩子正在学习几何，你可以问他一个传统的闭合性问题，比如：“一个正方形

> 的边长是5厘米，求它的面积是多少？”
>
> 这个问题只需要孩子应用公式进行计算，给出答案即可。这是一个闭合性问题，因为答案是固定的。
>
> 然而，如果我们将问题改成一个开放性问题，比如：“你认为正方形的面积和它的边长有什么关系？请你尝试提出一个自己的解释。”这个问题可以引导孩子思考，并鼓励他提出自己的观点和解释。
>
> ……

如你所见，ChatGPT围绕一个面积问题设计了示例，展示了提问过程。这个例子设计得相当不错。我接着谈了自己对开放性提问的理解，请ChatGPT确认。

提示词如下：

> 听起来，我应该在日常生活中多向孩子提一些开放性的问题，培养他的独立思考能力，而不是为了获得一个确定的答案去提问。

ChatGPT的回应如下：

> 是的，你理解得很正确！在日常生活中，提出开放性问题是一个很好的提高孩子独立思考能力和解决问题能力的方式。这些问题不是追求一个确定的答案，而是鼓励孩子思考、推理和表达自己的观点。
>
> 通过提出开放性问题，你可以激发孩子的好奇心，培养他们的探索欲望和求知欲。这样的问题可以拓展孩子思考问题的角度、探索多种解决途径，并鼓励他们尝试提出自己的观点和解释。
>
> ……

关于孩子只想要答案不想思考，我心里一直有个疑问——这种现象是不是因为作业量太大？为了验证这点，我继续提问。

提示词如下：

> 好的，通过咱们的沟通，我意识到平时我确实比较爱提封闭性的问题，不光是和孩子的互动如此，和其他人互动时也是这种提问习惯，看来以后要有意识地进行改变。另外，我还有一个问题，我在想孩子不愿意自己独立思考，而是希望家长直接给出解决方案，是否也与作业量比较大有关系呢？孩子虽然才上小学三年级，但是日常作业通常都要到晚上10点多才能完成。学校布置的数学作业也确实有一定的难度，如果遇到了难题让他自己去思考探索，完成作业可能要到晚上11点了。是否是因为大量的作业给孩子带来压力，为了能尽快完成作业，遇到难题就想让家长直接

给出解题方法了?

ChatGPT的回应如下:

你的观察非常敏锐，孩子们面对大量作业的压力可能会导致他们不愿意独立思考，而更希望家长直接给出解决方案……

当孩子面临大量作业时，有几个方法可以帮助他们应对压力并培养独立思考能力。

1.培养时间管理和组织能力：帮助孩子规划和分配时间，确保他们有足够的时间完成作业。教导他们如何确定优先级，将任务分解成小块来完成，这样可以减轻时间压力并提高效率。

2.养成良好的学习习惯……

3.提供支持和指导……

4.与老师沟通……

综上所述，作业量过大和时间压力确实可能对孩子的独立思考能力产生影响。通过合理的时间管理、培养良好的学习习惯，以及适当的家长支持和指导，可以帮助孩子更好地应对作业压力，培养他们独立思考和解决问题的能力。

……

如你所见，ChatGPT确认，作业量大的确会导致孩子不愿意独立思考，并解释了其中的原因。然后，ChatGPT给出了4个应对作业压力的方法。其中一个方法是“培养时间管理能力和组织能力”。

关于怎样帮助孩子提高时间管理能力，也是我很头疼的事情，所以我继续向ChatGPT请教。

提示词如下：

关于如何培养时间管理能力，希望你能给出更具体的建议和操作方法。

ChatGPT的回应如下:

当涉及培养孩子的时间管理能力时，以下是一些具体的建议和操作方法。

1.制订明确的计划和目标……

2.分解任务……

3.确定优先级……

4.使用时间管理工具……

> 5.制定学习时间表……
>
> 6.掌握时间管理技巧……
>
> 7.建立奖励机制：建立一个奖励机制，以鼓励孩子按时完成任务和进行良好的时间管理。这可以是一些小奖励、特殊活动，或与家长共享的特别时刻。奖励可以激发孩子的积极性，同时也是对他们良好时间管理能力的认可和肯定。
>
> 8.以身作则……
>
> 记住，时间管理是一个需要练习和培养的技能，孩子可能需要一些时间来适应和改进……

ChatGPT这次给出了8点建议，都很实用。我对“建立奖励机制”有疑惑，将我过去的相关做法和理解解释给ChatGPT。

提示词如下：

> 好的，这些建议都很实用，尤其是第7点“建立奖励机制”，我以前也尝试过跟孩子一起做时间管理，但是坚持几天就没什么效果了，现在看来是缺乏奖励机制，因为他提前完成作业的直接后果是早点上床睡觉，似乎并没有让孩子体会到什么好处。不过以前我也学习过一些儿童心理学，听到过一个说法，当孩子有好的表现时，不要给孩子提供物质奖励，这样会导致孩子为了奖励而行动，而没有建立真正的内驱力，当物质奖励对孩子的吸引力下降时，孩子就不会继续好的行为了。这种说法似乎和你提到的奖励机制是矛盾的，我感到很困惑。

ChatGPT收到我的困惑后，指出建立奖励机制应当更多考虑内在动机而非物质奖励，并给出了4点建议。

ChatGPT的回应如下：

> 你提到的观点是正确的，确实有人认为过多地依赖物质奖励可能会导致孩子只关注奖励本身，而不是内在的动机和内驱力。这种观点反映了对于内在动机的重视，即孩子自主、自发地从内心驱动自己的行为。
>
> 然而，在实际情况中，奖励机制并不仅限于物质奖励。奖励可以是多样化的，包括非物质奖励和社会认可，而不仅仅是物质上的回报。这些奖励可以帮助孩子建立对良好行为的积极联结，从而增强他们的内驱力。
>
> 在建立奖励机制时，可以考虑以下几点。
>
> 1.设定具体目标：确保奖励是与孩子的具体目标和努力相关的。这可以是完成作业的时间、解决难题的努力程度、学习计划的遵守等。

> 2.非物质奖励：尝试提供非物质奖励，如表扬或鼓励的言语、特殊活动或特权。这些奖励可以给予孩子积极的情感反馈。
>
> 3.自我奖励：鼓励孩子制定自己的奖励机制，或让他们参与制定奖励机制，并选择自己感兴趣的激励方式。这样可以增加他们对目标的投入，并培养自我激励的能力。
>
> 4.逐步减少奖励：一开始可以给予较为频繁的奖励，但随着孩子建立起良好的时间管理习惯和内在动机，要逐步降低奖励的频率和程度。这样可以帮助孩子逐渐建立起自主、内在的动机。
>
> 总的来说……

我告诉ChatGPT，会尝试跟孩子一起制定奖励机制，然后结束了咨询。

经过这次咨询，我发现作为“来访者”，也要有细化问题的能力，要不断根据ChatGPT的建议，联系自己的实际情况，进行解释、描述、探询，这样才能逐步推进咨询，拿到更好的结果。

案例72：请ChatGPT解决被老师罚抄作业的问题

假设你是家长，孩子被老师罚抄作业100遍，你会怎么办？我不知道怎么办，所以我就此问题，向ChatGPT做了一次咨询。

提示词如下：

> 你是一位资深的家庭教育指导师，熟悉儿童心理学和发展心理学，当孩子在发展过程中遇到挑战时，你会整合考虑家庭亲子关系和学校教育的环境，提供合适的应对策略。你擅长处理亲子冲突，促进家校关系。我现在遇到一个问题，请运用你的经验，为我提出合理的解决方案。我的问题是“孩子因为在学校上课说话，被老师罚抄作业，作业的内容比较多，老师要求孩子抄100遍作业，我大概估算了一下，如果孩子认认真真完成这100遍抄写，估计要写到凌晨两点。一方面我希望孩子能认识到上课乱讲话是不对的，应该接受老师的惩罚；另一方面我又不希望孩子因此睡得太晚，认为这样对孩子的身心发展没有益处。但是如果没有完成罚抄作业的任务，又担心老师会更加恼怒，认为无论是家长还是孩子，都不配合他的工作。我该怎么办？”

在这个提示词中，我赋予ChatGPT家庭教育指导师的角色，然后描述了孩子遇到的问题和我的担忧，最后向ChatGPT求助。

ChatGPT的回应如下：

> 对于这个问题，我理解你的担忧和困惑。在处理这种情况时，我建议你综合考虑以

下的解决方案。

1.与孩子进行沟通……

2.理解孩子的感受……

3.与老师进行沟通：与孩子的老师进行积极的沟通是解决问题的关键。解释你对孩子身心发展的担忧，以及表达你希望找到一个更合理的解决方案的意愿。请求老师考虑减少抄写的次数，同时提供其他形式的惩罚或者补救措施。例如，可以要求孩子在放学后帮助老师整理教室或者参加额外的辅导班。

4.提供适当的帮助和指导……

5.培养良好的学习习惯……

最重要的是，在这个过程中保持积极的态度，并与孩子合作解决问题。帮助他明白自己的错误，并学会承担相应的责任。同时，与学校保持密切联系，确保你的关注和支持得到持续的传达，以促进家校合作和孩子的全面发展。

ChatGPT想得很周到，给了5点建议，其中的第1、2、4点也都比较具体，可以落地。我对第3点建议——与老师进行沟通有点担心，怕不慎说错话引起老师误会。于是我向ChatGPT描述了自己的担忧。

提示词如下：

感谢你的建议，对我很有启发。不过，我不确定应该如何跟老师沟通，根据以往与老师的相处经验来看，这位老师比较注重权威性，要求令行禁止，要求学生按照要求完成老师布置的任务。如果我去找老师商讨采用其他的处罚方式，或者分几天完成罚抄作业，担心老师认为自己的权威被挑战了，家长和孩子都不配合他的工作，对我们产生不好的印象，导致以后的家校合作更困难。

ChatGPT的回应如下：

我理解你的担忧。在与这位老师进行沟通时，确实需要谨慎处理，以维持良好的家校合作关系。以下是一些建议，帮助你与老师进行有效的沟通。

1.选择合适的时间和地点……

2.建立积极的沟通氛围……

3.强调共同目标：强调你和老师都希望孩子获得良好的学习经验和发展，这是你们的共同目标。表达你对老师的教学方法和纪律要求的尊重，但也表达你对孩子睡眠和身心发展的担忧。强调你希望找到一个既能教育孩子，又能照顾他全面发展的平衡点。

> 4.提出可行的解决方案……
>
> 5.听取老师的意见……

在这些建议中，我觉得从共同目标出发和老师沟通可能是较好的选择，就和ChatGPT确认了这一点。

提示词如下：

> 我知道老师罚抄作业的目的是希望给孩子留下深刻印象，以后不再发生违反课堂纪律的情况，而不是单纯为了惩罚孩子。作为家长，我也希望孩子遵守课堂纪律。因此，家长和老师拥有共同的目标。如果我从共同目标的角度出发去跟老师沟通，是否更容易获得老师的理解?

ChatGPT的回应如下：

> 是的，从共同目标的角度出发，与老师进行沟通，有助于获得他的理解和支持。强调你和老师拥有相同的目标，即希望孩子遵守课堂纪律并获得良好的学习经验，以便建立起合作和互信的基础。
>
> 在与老师沟通时，你可以提及以下观点。
>
> 1.学习纪律的重要性：强调你对孩子遵守课堂纪律的重视，以及你和老师共同的目标，即培养孩子良好的学习习惯和自律能力。表达你希望与老师合作的想法，确保孩子认识到违反纪律的后果，并制订相应的改进计划。
>
> 2.教育与发展的平衡：表达你对孩子全面发展的关心，包括身心健康和睡眠质量的重要性。强调你希望找到一个既能教育孩子，又能照顾他全面发展的平衡点……
>
> 3.合作与支持：强调你希望与老师建立积极的家校合作关系，共同努力帮助孩子成长和发展……

ChatGPT肯定了我的理解，并告诉我和老师沟通时可以提及“学习纪律的重要性”“教育与发展的平衡”“合作与支持”等观点。这3个观点都是围绕着共同目标设计的。我肯定了ChatGPT推荐的沟通要点，并表示我想清楚地向老师表达自己的期望。

提示词如下：

> 没错，我既希望让孩子认识到遵守课堂纪律的重要性，也想保护孩子的身心健康。如果我能清楚地表达出这些期望，获得老师的理解，再谈替代方案可能就会顺利得多。

ChatGPT收到我的提示词后，正确理解了我的“卡点”——不知道怎样清晰地向老师表达我的期望，转眼间为我生成了4点建议。

ChatGPT的回应如下：

> 是的，清楚地表达你的期望和关注是非常重要的。以下是一些建议，帮助你更清晰地向老师传达你的期望和关注。
>
> 1.针对孩子的认识与成长……
>
> 2.孩子的睡眠和身心健康……
>
> 3.寻求共同解决方案……
>
> 4.建立合作伙伴关系……
>
> ……

其实我很关心“怎么跟老师说”，很怕说不好会让老师以为我不配合或者故意挑战他的权威。所以我就直接设定了电话沟通的场景，让ChatGPT模拟我跟老师的对话。

提示词如下：

> 你的建议对我很有帮助。考虑到这位老师教学经验丰富，人比较严肃。我希望在尊重老师的专业和权威的基础上，表达家长和老师有共同目标，以及罚抄作业睡得太晚可能带来的负面影响。如果你是我，现在你要给老师打电话沟通这件事情，你会怎么说呢？请把你要对老师说的话写出来。请使用委婉的语气。

ChatGPT的回应如下：

> 当与这位老师进行电话沟通时，我会使用以下委婉的语气来表达我的观点。
>
> “您好，我是[孩子姓名]的家长。我希望能与您沟通一件事情，因为我非常重视孩子在学校的学习和发展。
>
> 首先，我想强调我对您作为一位经验丰富的教师的专业和权威的尊重。我知道您对课堂纪律的重视，以及对学生认真完成任务的要求。
>
> 然而，我也希望能够与您分享我的一些关注。我认为孩子在课堂上说话是不对的，他应该接受相应的纪律惩罚。我认同您对于让孩子认识到错误的重要性的做法。
>
> 与此同时，我对孩子的睡眠和身心健康也非常关注。我担心如果孩子为了完成罚抄作业而熬夜到很晚，可能会对他的学习效果和整体健康造成负面影响。
>
> 我真诚地希望我们作为家长和教师，能够共同关注孩子的全面发展。我想提议是否有其他方法，能够在尊重纪律的同时，减轻孩子完成罚抄作业的负担，以确保他能够获得足够的睡眠和健康的身心状态。
>
> 我相信通过我们的合作和支持，我们可以找到一个既能教育孩子，又能照顾他的身

> 心健康的平衡点。我非常愿意听取您的意见和建议，共同探讨如何处理这个问题。
>
> 非常感谢您抽出时间与我进行沟通。我期待我们能够在这个问题上达成共识，为孩子的成长和学习提供最佳的支持和引导。”

如你所见，ChatGPT虚构了与老师沟通的过程，以它认为的委婉语气，写出了一段很长的开场白。但它的用词（如“然而”）和段落衔接还是比较生硬的。所以ChatGPT所说的话，只能作为参考，我们在实际沟通前，还是要结合自己的说话习惯做一些优化。

我没有在话术这个方面继续跟ChatGPT探讨，而是转变了方向，表达了我对老师可能坚持处罚的担忧。

提示词如下：

> 好的，我会参考你的输出再想想具体怎么和老师沟通。不过我想，依然存在这样的可能性：老师坚持他对孩子的处罚措施。如果是这种情况，我该如何处理呢？

ChatGPT的回应如下：

> 如果老师坚持他的处罚措施，你可以考虑用以下方法来处理这种情况。
>
> 1.理解老师的观点：尽量理解老师为何坚持该处罚措施。询问老师他的考虑和期望，听取他的观点和理由。这样可以帮助你更好地理解他的立场，并为后续的讨论提供更有效的基础。
>
> 2.寻求妥协……
>
> 3.寻求其他支持……
>
> 4.着眼长远：无论是与老师达成妥协还是寻求其他支持，都要着眼于长远的发展。确保与老师和学校保持积极的合作关系，关注孩子的全面发展。如果当前的处罚措施无法改变，你可以在家庭环境中加强对孩子的教育，帮助他认识到遵守课堂纪律的重要性，并提供良好的行为示范和引导。

ChatGPT给出了应对“老师坚持处罚”的4点建议，我表示对第1点（理解老师的观点）和第4点（着眼长远）很感兴趣，然后重述了自己的认识。

提示词如下：

> 你给到的这4点建议都非常有启发性。我对第1点和第4点尤其感兴趣，当老师坚持他的处罚措施时，我们最好不要采取对抗态度，而是去询问他的考虑和期望，这有助于后续跟老师建立更积极的关系。同时，要关注长远的发展，因为孩子的发展是一个过程，要考虑后续如何支持和引导孩子。

ChatGPT收到了提示，它见我没什么问题，就总结了咨询要点，发送给我。就这次咨询来讲，我拿到了想要的结果，没什么别的问题，就结束了咨询。

回顾这次家庭教育咨询，我发现了在咨询中非常重要的3点。

- 提供详细的背景信息（包括事件、人物性格等）。
- 用自己的话重述ChatGPT提供的建议。
- 挑选自己感兴趣的点，请ChatGPT进一步解释。

希望这几点也能让你有所启发。

10.4 心理咨询

当前社会，个人工作和生活压力都比较大，有时会有一些心理层面的问题，需要找人疏解。

在问题还比较轻微时，可以找ChatGPT聊一聊，很可能会拿到能落地实操的建议，为我们带来真正的改变。

接下来，让我们通过两个案例看一下用ChatGPT做心理咨询的过程。需要提醒的是，后面叙述咨询过程中的“我”，都是案例中向ChatGPT咨询的“客户”。

案例73：向ChatGPT咨询成人失眠焦虑问题

首先，我指定ChatGPT扮演心理咨询师，与它约定了具体的互动规则，接着详细说明了我遇到的问题。

提示词如下：

> 你是一名资深的心理咨询师，非常擅长帮助来访者应对压力，缓解他们的负面情绪体验，减轻焦虑，帮助来访者更加自信从容地应对生活和工作中的各种挑战。现在，我想请你做我的心理咨询师，你在接到我的求助问题后，要根据你的经验，针对我的情况进一步提出问题，但是每次只能提一个问题，我会思考你的问题，回复信息给你，帮助你更全面地了解我。我们的咨询将按照这种方式推进，当你获取了足够的信息后，请你给我有效的建议。我的问题是：“我最近经常失眠，已经明显影响到了我的工作表现，有一天上班时，因为前一天晚上失眠导致非常困，在给领导的报告里将一个重要数据写错了，险些造成大问题，领导因此对我很不满。再加上因为连续失眠，我的心情也很焦躁，精力变差，现在一到晚上我就紧张，越紧张就越睡不着。我感觉自己已经快要崩溃了，请问我该怎么办？”

ChatGPT的回应如下：

> 非常理解你目前的困境和焦虑感。失眠对工作和情绪的影响确实会给你带来很大的压力。为了更好地帮助你，我首先想了解一下你目前的睡眠习惯和日常生活中是否存在其他可能影响睡眠的因素。你能告诉我你的日常作息时间表吗？

ChatGPT看了我的问题描述后，询问我的睡眠习惯和作息时间表。我把自己的真实作息时间放进提示词中，发送给ChatGPT。

提示词如下：

> 在我失眠之前，平时晚上大约11:30上床睡觉，早上大约6:30起床。但是自从两周前开始失眠，作息就乱了。

ChatGPT的回应如下：

> 谢谢你提供的信息。你的作息时间表在失眠之前看起来还比较规律，但现在由于失眠的影响，你的作息时间变得不稳定。失眠常常导致恶性循环，焦虑和担忧使你更难入睡，从而加剧失眠问题。
>
> 除了失眠，你是否有其他情绪上的困扰或者在生活中面临其他的压力和挑战？请告诉我一些与你目前的情绪状态和生活环境相关的信息，以便我能够更好地了解你的情况。

在上面的回应中，ChatGPT进一步向我收集信息，问我是否有情绪上的困扰，是否面临其他压力和挑战，请我提供更多与情绪状态和生活环境相关的情况。

我回忆之前失眠时发生的事，按失眠的演变顺序整理出来：

> 两周前，也就是开始失眠的那天晚上，我和美国的同事开电话会议，一直开到夜里12:30。那个会议很重要，开完会我还要写一个会议纪要给我的领导，好让他第二天一早上班时就能看到。但是那天的会议很不顺利，我跟美国同事在一个重要问题上无法达成一致。我在给领导写会议纪要时绞尽脑汁，感觉不管怎么写都显得自己很无能，没有把工作做好。后来写到了凌晨1:30，还是觉得写得不好，但是因为时间太晚，就草草写了一下发到领导邮箱了。之后躺在床上翻来覆去睡不着，总担心第二天被领导责难。果然第二天被领导批评了，一整天心情都不好，晚上又睡不着。再后来就越来越糟糕，形成了恶性循环。

ChatGPT的回应如下：

> 感谢你分享这个具体的事件。从你的描述中可以看出……
>
> 现在我想了解一下，除了这次会议，你是否还有其他类似的工作压力或者个人生活上

> 的压力？这些压力可能包括工作任务量、工作与个人生活的平衡、人际关系等方面。了解这些信息有助于我更全面地了解你的情况，以便给出更有针对性的建议。

ChatGPT先共情了我给出的具体事件，然后接着提问，试图从我这里挖掘出诸如“工作任务量大”“人际关系压力”之类的原因。

我详细描述了失眠前后工作中发生的事情，包括晋升研发经理、组织架构调整、直接领导变动、新领导不喜欢自己等。

提示词如下：

> 好的。我工作非常努力，业绩也很好，领导和同事也都比较认可。但是我从来不敢松懈，害怕自己一旦松懈下来，业绩不出色了，升职加薪会受到影响。之前的睡眠也都比较浅，但是没有明显问题。三个月前，我升职成为研发经理，感到既高兴又有压力，有压力是因为自己要承担更大的责任，还要管理一个12人的团队，我没有足够的信心。刚开始时我做得还比较顺利，因为我的直接领导对我比较认可，给予我很多支持和帮助。但是两个月前，公司进行组织架构调整，我和团队被划到了一个新部门，我的直接领导也换了人。这位新领导好像不太喜欢我，比如，总挑我报告里的问题，以前我也是这样写报告的，老领导还夸我报告写得好；再比如，会私下里跟我说我不会讲话，说我在开会时讲的某些话不合适等，这样的小事情比较多。搞得我分不清楚是自己能力有问题，还是领导不喜欢我，总之越来越害怕他。

ChatGPT的回应如下：

> 谢谢你详细描述你的工作环境和压力源……
>
> 面对这种情况，我想进一步了解你对自己能力的评价。除了领导的批评，你是否也开始质疑自己的能力和表现？在工作中，你是否有自己设立的高标准和完美主义倾向？这些因素可能会对你的自信心和睡眠产生影响。请分享一下你对自己能力的看法，以及在工作中是否存在过度追求完美的倾向。

因为我在描述中提到自己在新领导的“挑刺”下开始怀疑自己的能力，ChatGPT提出了两个关联问题，希望确认我对自己能力的真实看法。

我告诉ChatGPT，一般情况下我相信自己的工作能力，但也会因为权威的质疑而产生压力和内耗。

提示词如下：

> 总体来讲，我对自己的工作能力还是比较有信心的，我也知道自己的一贯表现还不错。但是每当我接受新的任务或角色时，常常会担心自己做不好。此时如果有外界的认可，我会感到更有力量；但如果外界的质疑声音比较多，尤其是这个质疑来自

> 领导这样的权威人物时，就会产生自我怀疑。怀疑自己可能真的没能力把事情做好，然后就会产生很大的压力和内耗，没办法全身心投入工作。

ChatGPT的回应如下：

> 谢谢你分享这些关于自信心和压力的信息。你描述的情况表明，在面对新任务或角色时，你可能会感到担心和不安。外界的认可对你的自信心有积极影响，而质疑声音则容易触发你的自我怀疑和压力。
>
> 在工作环境中，领导的评价和反馈常常被视为权威和重要的指导。然而，我们也需要认识到，领导的观点和反馈并不一定是完全准确和客观的，他们也有可能受到主观因素的影响。因此，当面临质疑时，重要的是保持客观和理性的态度，不要过度将质疑归咎于自己的能力。
>
> 建立自己的内在自信和价值感也是很重要的。你可以回顾自己过去的成就和成功经历，思考自己在工作中的优点和能力，并且培养积极的自我对话。此外，与同事建立积极的合作关系和寻求他们的支持也是有益的。
>
> 关于失眠问题，除了上述因工作压力而导致的焦虑，是否有其他因素可能影响你的睡眠质量，比如生活习惯、饮食、日常放松等方面。你有没有尝试过一些应对失眠的方法，如放松练习、建立规律的睡眠时间、避免刺激性饮食和饮品等。请分享一下你对睡眠问题的理解和已经尝试过的应对措施。

根据我的描述，ChatGPT提供了一个视角——领导的评价和反馈并不完全准确和客观，我们应当建立内在的价值感。同时还跟我分享了回顾过往亮点进行积极的自我对话的方法。然后，ChatGPT话锋一转，继续与我探讨影响睡眠质量的其他因素，以及我为应对失眠采取过的措施。

我告诉ChatGPT自己尝试过放松练习，但失败了。

提示词如下：

> 我尝试过放松练习，但是每当练习产生了一点儿效果时，就突然会想：我怎么还没睡着？这样明天怎么有精力工作？全力以赴还不能保证让领导满意，睡不好、精力不足就更容易出错了，如果再出错被领导批评，那可太丢人了，团队里的下属会怎么看待我，肯定觉得我没能力。

ChatGPT的回应如下：

> 我理解你的担忧和压力。失眠会形成一个恶性循环，焦虑和担忧会加重失眠问题，而失眠又会进一步增加你的焦虑感。这种思维模式可能会使你难以放松并入睡。

> 在这种情况下，我建议你尝试一些认知行为疗法的技巧，帮助你应对这些负面思维，并改善睡眠质量。其中一个技巧是转移注意力……
>
> 另外，你可以尝试一些睡前放松的活动，如热水浴、放松的伸展运动、温和的呼吸练习……
>
> ……
>
> 学会放松并对自己宽容一些，建立积极的自我认知和信心，将有助于你更好地应对工作和生活中的各种挑战。

在上面的回应中，ChatGPT根据我的描述推断放松练习对我无效，开始给我推荐认知行为疗法中的一些技巧，比如注意力转移等，接着又给我推荐了一些睡前放松活动。

我担心ChatGPT推荐的注意力转移技巧中的看书、听音乐会导致我更加睡不着，向它表达了我的困惑。

提示词如下：

> 我不是非常理解你给出的有关“转移注意力”的建议，比如，我晚上躺在床上感到非常焦虑、紧张时，我可以坐起来看喜欢的小说吗？这样岂不是更加睡不着吗？

ChatGPT的回应如下：

> 抱歉，可能我没有解释清楚。睡前躺在床上感到焦虑、紧张时，坐起来看喜欢的小说可能并不是最有效的注意力转移方法。我建议的注意力转移方法是将注意力从负面思维中转移到一些更积极、放松或愉悦的事物上，以帮助你放松并进入更好的睡眠状态。
>
> 具体来说，你可以尝试以下方法。
>
> 1.呼吸练习：专注于深呼吸和缓慢的呼气，让自己的身体和思维逐渐放松。
>
> 2.正念冥想：尝试冥想或放松练习。
>
> 3.听轻柔的音乐：播放柔和、放松的音乐，帮助你创造一个平静的环境。
>
> 4.想象愉快场景：想象一个你感到舒适和放松的地方，例如海滩、森林或温泉，并努力感受这个场景带来的平静和放松。
>
> ……

在回应中，ChatGPT重新解释了注意力转移技巧，强调它指的是将注意力从负面思维中转移到一些更积极、放松或愉悦的事情上，然后举了呼吸练习、正念冥想、听轻柔的音乐和想象愉快场景这4个例子。

我告诉ChatGPT，曾经尝试过听轻柔的音乐和想象愉快场景的方法，但都无效，请它推荐其他助眠方法。

提示词如下：

> 听轻柔的音乐或者想象愉快场景，这两种方法我曾经尝试过，但似乎对我没有什么作用。我总会去关注，现在是凌晨几点了，原来已经这么晚了，我还是睡不着，明天还要上班怎么办？越想越焦虑。还有其他的方法可以助眠吗？

ChatGPT的回应如下：

> 我理解你的困扰。如果尝试听轻柔的音乐或想象愉快场景对你没有明显的作用，我可以给你一些其他的助眠方法。以下是一些常用的助眠技巧。
>
> 1.温水放松法……
>
> 2.渐进性肌肉松弛法：从头部开始，逐渐放松身体的每个部位。可以尝试有意识地放松脸部、颈部、肩膀、胸部、手臂、腹部、腿部和脚部的肌肉，帮助你放松身体和思维。
>
> 3.呼吸练习……
>
> 4.正念冥想：通过专注于当前的感受和思维，而不加评判或过度反应，来培养内心的平静。可以使用冥想应用程序或在线资源来引导你进行正念冥想。
>
> 5.睡前放松活动……
>
> 6.创建良好的睡眠环境……

如上所述，ChatGPT重新推荐了一些助眠技巧，其中，温水放松法、睡前放松活动、呼吸练习等，之前都已经推荐过。不过，“渐进性肌肉松弛法”是这次新出现的，正念冥想也描述得更具体了。这两个方法引起了我的兴趣，我请ChatGPT给出具体的操作建议。

提示词如下：

> 我对第2点“渐进性肌肉松弛法”和第4点“正念冥想”比较感兴趣，想要尝试一下，请你针对这两种方法给出更具体的操作建议。

ChatGPT的回应如下：

> 当你尝试渐进性肌肉松弛法和正念冥想时，以下是一些具体的操作建议供你参考。
>
> 渐进性肌肉松弛法：
>
> 1.找一个安静舒适的环境，躺在床上或舒适的椅子上，闭上眼睛。
>
> 2.开始关注你的呼吸，深呼吸几次，让自己放松下来。

3.逐个部位放松肌肉：从头部开始，逐渐向下放松身体的每个部位。你可以想象自己的头部放松，然后是颈部、肩膀、手臂、胸部、腹部、腿部和脚部。

4.每当集中注意某个部位时，尽量感受那个部位的放松感。可以想象自己的肌肉逐渐松弛，紧绷感逐渐消失。

5.继续向下逐渐放松其他部位，直到全身都感到轻松和放松为止。

6.在每个部位停留几秒钟，确保你真正感受到了肌肉的放松。

7.如果你发现某个部位仍然紧张或紧绷，可以稍微加大放松的力度，但不要过度用力。

8.重复这个过程，直到你感到整个身体都放松了。

正念冥想：

1.找一个安静的地方坐下，保持舒适的姿势。你可以选择盘腿坐或坐在椅子上，让身体感到放松和稳定。

2.闭上眼睛，开始专注于自己的呼吸。不要刻意改变呼吸，只是观察它的自然流动。

3.注意呼吸进出的感觉。你可以关注气流通过鼻子或嘴巴进入和离开的感觉，也可以关注胸部和腹部的起伏。

4.当你注意到思绪漫游或被其他感觉吸引时，不要感到沮丧或自责，只需要温柔地将注意力带回到呼吸上。

5.逐渐将注意力扩展到整个身体的感觉。注意身体的触感、姿势、重量和任何感受。

6.如果有负面情绪或压力涌上心头，不要抵抗它们，只观察它们的存在，并尝试以一种无评判的方式接纳。

我之前看别人练习冥想的视频，都配有背景音乐，不知道这个操作是否必要，就顺便问了ChatGPT。

提示词如下：

好的，当我做渐进性肌肉松弛或者正念冥想时，需要伴随背景音乐去练习吗？

ChatGPT的回应如下：

使用背景音乐是完全个人偏好的选择，这取决于你对音乐的喜好，以及它对你的放松和集中注意力的作用。

> 对于渐进性肌肉松弛法，有些人喜欢播放轻柔、放松的音乐，这可以创造一个安静的环境，进一步促进放松和专注。
>
> 对于正念冥想，有些人选择在静默的环境中进行，以更好地感受身体和呼吸的细微变化。此外，有些人发现某些类型的背景音乐（如自然声音、冥想音乐或轻柔的乐曲）可以帮助他们进入更深的冥想状态，并增强放松和专注的效果。
>
> ……

咨询到这里，我觉得已经得到了感兴趣的内容，可以做一些尝试了，就结束了咨询。

经过这次心理咨询，我发现ChatGPT虽然会把一些方法换句话再说给你听，但整体来讲，只要你能够详细描述自己的情况，还是可以获得一些有用建议的。如果你遇到了心理层面的问题，靠自己一时半会儿想不开，可以试试ChatGPT。

案例74：向ChatGPT咨询孩子一上幼儿园就肚子疼的问题

几年前，媒体报道过“孩子一上学就发烧”的新闻，我身边也有朋友的孩子一上幼儿园就肚子疼，类似这样的情况多半是儿童心理和亲子关系综合导致的。我们就以“一上幼儿园就肚子疼”为例，向ChatGPT做一次儿童心理咨询。

最开始要做的事情，你肯定很熟悉了，就是指定角色。我请ChatGPT扮演心理咨询师，赋予它儿童心理和亲子关系方面的背景。然后，详细描述了孩子“一上幼儿园就肚子疼”症状出现前后的情况。

提示词如下：

> 你是一名资深的心理咨询师，在儿童心理和亲子关系方面有非常丰富的临床经验。你熟悉儿童各个发展阶段的生理和心理变化，了解不同年龄段及不同亲子关系背景下的儿童可能出现哪些典型问题，并据此为他们提供合理的建议，使得亲子关系更加健康有弹性，帮助儿童更好地发展自我。现在，我想请你当我的心理咨询师，你在接到我的求助问题后，根据你的经验，针对我的情况进一步提出问题，但是每次只能提一个问题，我会思考你的问题，回复信息给你，帮助你更全面地了解我。我们的咨询将按照这种方式推进，当你获取了足够的信息后，请你给我有效的建议。
>
> 我的问题是：“我是一名全职宝妈，孩子刚满三岁，上个月开始上幼儿园，但是最近的经历让我非常焦虑和困惑。孩子刚上幼儿园的前两天，表现得很积极，很乐意到幼儿园去。第三天早上我送他去幼儿园时，他又哭又闹，不想去幼儿园，但是也说不出具体原因。下午放学去接他时，他表现得很开心。第四天早上要送他去幼儿园时，他哭闹得更厉害。这个过程持续了一周左右。第二周有一天老师突然给我打

电话，说孩子肚子疼。我非常紧张，赶到幼儿园把他接回了家。可是一到家之后，他就活蹦乱跳，能吃能玩，看起来并没有哪里不舒服。第二天再送他去幼儿园时，他又说肚子疼，表情痛苦，不像是装的。我只好让他待在家里，过了大半个小时，他就好转了。现在只要提起去幼儿园他就肚子疼，虽然幼儿园开学一个月了，可是他有大半时间都待在家里。我非常苦恼，不知道如何解决孩子一上幼儿园就肚子疼的问题。”

ChatGPT的回应如下：

谢谢你向我描述了你的孩子在幼儿园遇到的困扰。了解孩子在新环境中的适应问题是非常重要的。我的问题是：在孩子开始抱怨肚子疼之前，你是否注意到他有其他任何变化或情绪上的不适？

ChatGPT先肯定了我的描述，接着探寻更早之前有没有相关征兆。我提供了一些信息。

提示词如下：

就像我前面提到的，在他有肚子疼的表现之前，每次送他去上幼儿园时，都又哭又闹。

ChatGPT的回应如下：

明白了，谢谢你的回复。那么我接下来的问题是：在平时的家庭生活中，你是否观察到孩子有其他任何行为上或情绪上的改变？例如，他是否表现出对分离或孤独感的担忧，或者在其他环境中是否有类似的适应困难？

我根据ChatGPT的问题，提供了孩子更加黏人的情况：

他好像表现得比以前更黏人，确切地说，是更黏我。孩子从出生之后，我就不再工作了，全职在家带他。这三年来，孩子跟我是形影不离的，从来没有离开过我。因为之前我跟孩子没有长时间分开的情况，所以我也没有观察到他害怕离开我的现象。但是上了幼儿园之后，我发现他比以前更需要我了，即使他没去幼儿园和我待在家里，也要随时跟着我。比如，以前他可以一个人在客厅玩，我在厨房做饭。最近就有一些变化，我走到哪里他就跟到哪里，我去卫生间时，他也要让我把门打开，站在门口盯着我。

ChatGPT的回应如下：

感谢你提供这些信息。你描述的情况表明，孩子在进入幼儿园后表现出了更强烈的依赖和黏附行为。我的下一个问题是：你在平时的亲子互动中，是否尝试过逐步引导孩子建立独立性和自信心的活动或方法？比如，给他一些适当的任务让他自己完成，或者鼓励他参与一些与其他孩子互动的社交活动？

在回应中，ChatGPT指出孩子进入幼儿园后出现了更强烈的黏附行为。然后，它询问我在日常的亲子互动中，是否有意培养孩子的独立性。我反馈说没做什么引导，多数时候是一个人带孩子玩耍。

提示词如下：

> 这方面的引导做得不多，没有尝试给他布置任务让他独立完成，因为我总觉得孩子还小，担心他做不好反而自信心受挫。交友方面，有时我会带他到公园或者广场和其他小朋友一起玩，但因为我个人性格比较内向，不太喜欢人际交往，所以这样的活动也比较少，大多数时候都是我一个人单独带着他玩。

ChatGPT收到我的反馈，给出4点建议，让我帮助孩子逐步适应独立和社交。

ChatGPT的回应如下：

> 我理解你的顾虑和情况。在孩子的成长过程中，逐步培养他的独立性和自信心是非常重要的。我建议你可以尝试以下方法来帮助孩子逐渐适应独立和社交。
>
> 1.设定适当的任务和责任……
>
> 2.鼓励自主决策……
>
> 3.提供社交机会……
>
> 4.榜样示范……
>
> ……

我更关心孩子能不能顺利上幼儿园，就改变话题，重新聚焦这个方向，提出了下面的疑问：

> 谢谢你的建议，我会在今后的生活中尝试做出一些改变。但是，我依然为孩子总喊肚子疼而无法到幼儿园去的表现感到非常担心。我应该怎么做呢？是坚持送他去幼儿园还是当他喊肚子疼时允许他留在家里？

ChatGPT的回应如下：

> 理解你的担心。面对孩子表达肚子疼的困扰，我们可以尝试以下方法。
>
> 1.身体检查……
>
> 2.与孩子进行沟通……
>
> 3.与教师合作……
>
> 4.渐进式适应……
>
> 5.建立安全感……

6.寻求专业帮助……

ChatGPT在回应中表示理解我的担忧，并提供了6个方法。

我表示带孩子做过身体检查，也问过孩子为什么害怕去幼儿园，结果都不理想。

提示词如下：

其实，我已经带孩子去做了身体检查，医生说他身体健康，并没有什么问题。当他喊肚子疼时，我也几次尝试过询问：你是不是害怕去幼儿园？但是每当我这么问他时，他就会说："咱们别说这个了，妈妈快来陪我玩儿吧。"所以我们的谈话并没有推进下去，我有时候甚至会猜测，是不是幼儿园老师对他太凶了？或者有别的小朋友欺负他？但是孩子不愿意谈，所以我也无法得知真正的原因。

ChatGPT在新的回应中，继续为我提供各种方法，同时也留意避开了我尝试过的方法。

ChatGPT的回应如下：

谢谢你提供的进一步的信息。了解到你的尝试和孩子的回应，我明白你对于孩子的困扰感到无奈。在这种情况下，我建议你采取以下措施。

1.与幼儿园老师交流……

2.观察其他迹象……

3.尝试情绪表达和情绪管理：鼓励孩子通过绘画、玩具或角色扮演等方式来表达自己的情绪和困扰。你可以陪伴他一起玩耍，创造一个安全的环境，帮助他理解和管理自己的情绪。

4.寻求专业帮助……

……

我对其中的第3点措施"尝试情绪表达和情绪管理"感兴趣，就继续提问：

谢谢你的建议，我对你提到的第3点"尝试情绪表达和情绪管理"特别感兴趣，想请你进一步解释一下绘画、玩具或角色扮演是如何帮助孩子来表达情绪的。

ChatGPT的回应如下：

绘画、玩具和角色扮演等活动是儿童表达情绪的有效方式。以下是这些活动如何帮助孩子表达情绪的一些解释。

1.绘画：绘画是一种非语言性的表达方式，通过绘画，孩子可以将内心的情感和感受转化为图像。他们可以用颜色、线条和形状来表达自己的情绪，例如，使用明亮的颜色表示快乐，使用深色和重的笔触表示愤怒或伤心。绘画可以帮助孩子将

> 抽象的情绪具象化，并提供一个安全的出口，让他们表达和探索自己的情感。
>
> 2.玩具：玩具是孩子情感表达和情绪释放的重要媒介。孩子可以通过玩具进行角色扮演、模拟情境和表达内心的冲突和情绪。他们可以用玩具来展示自己的感受和经历、创造自己的故事。例如，一个孩子可能会通过玩具展示出两个人物互相争吵的情景，从而表达他们自己内心的冲突和不满。
>
> 3.角色扮演：角色扮演是孩子模仿和扮演不同角色的活动。通过角色扮演，孩子可以尝试不同的身份和情绪，并用语言和行为来表达情感。他们可以扮演超级英雄、动物、家庭成员等，通过扮演不同的角色，孩子可以更好地理解和表达自己的情绪和需求。
>
> 这些活动可以帮助孩子在非威胁性的环境中探索和表达情绪，促进情绪认知和情绪管理的发展。同时，这些活动还可以提供一个与孩子进行亲密互动的机会，加强与孩子的关系，并让他们感到被理解和支持。
>
> 在与孩子进行这些活动时，重要的是给予他们充分的自由和创造空间，不要评判或干预他们的表达。倾听和尊重孩子的情感表达是关键，同时提供情感安全和支持，让他们知道他们的情感是被接纳和尊重的。

在回答中，ChatGPT逐一解释了每种活动是什么，并举例说明了具体做法。我重述了自己的理解，请ChatGPT确认。

提示词如下：

> 谢谢你的解释，我感觉更清晰了一些。也就是说，当我询问孩子在幼儿园的感受时，在他不愿意表达或者他不知道如何用语言表达自己情绪的情况下，绘画、玩玩具或角色扮演可以帮助孩子用非语言的方式表达和宣泄自己的情绪，这个过程能够抚慰孩子，让他们感到更加安全——不知道我这个理解对吗？

ChatGPT在新的回应中肯定了我的理解，并进一步解释了这些活动为什么能帮助孩子表达和宣泄情绪。

ChatGPT的回应如下：

> 是的，你的理解非常准确。对于一些年龄较小或语言表达能力有限的孩子来说，他们可能难以用语言准确地表达自己的情绪和感受，或者他们可能不知道如何用语言来描述这些情绪。在这种情况下，通过绘画、玩玩具或角色扮演等非语言的方式，可以提供给孩子一个更自由、无压力和直观的方式来表达自己的情绪。
>
> ……

我确实从ChatGPT的回复中学到了不少东西，但我有一个困惑，不知道自己如何参与这些活动。我将困惑细化为两个问题，再次请ChatGPT给出具体建议。

提示词如下：

好的，那我有一个进一步的问题。在这个过程中，我作为妈妈应该如何参与进来呢？比如绘画或者玩玩具，通常孩子一个人就可以进行，我不清楚如何参与进来；而角色扮演，虽然是两个人或者多个人之间的互动，但是我也不清楚应该和孩子进行什么类型的角色扮演。针对这两个问题，希望你给出更具体的建议。

ChatGPT收到我的新问题后，就如何参与进去，给出了可行的建议：

当孩子绘画或玩玩具时，妈妈可以采取以下方式参与其中。

1.共同创建艺术空间：为孩子设置一个专门的绘画区域或玩玩具区域，确保环境安全和有足够的资源。你可以与孩子一起选择绘画工具和玩具，并一同布置和准备这个空间，让孩子感受到你的参与和支持。

2.提供情感支持和鼓励：在孩子绘画或玩耍时，表达出对他们努力和创意的赞赏。可以通过肯定他们的作品或表达对他们努力的认可，让孩子感到你的关注和鼓励。

3.提出开放性问题：在孩子绘画或玩耍时，可以通过提问来激发他们的思考和表达。例如，你可以询问他们在绘画中画的是什么，或者在玩角色扮演中问他们正在扮演的角色是谁，以及他们想要表达什么感受。这样的问题可以帮助孩子更深入地思考和表达他们的情感。

4.参与互动合作：虽然绘画和玩玩具可以让孩子独立进行，但你也可以选择参与其中，与孩子一起画画或一起玩耍。你可以和孩子一起创造故事，扮演不同的角色，或者与孩子合作完成一幅画作。这种参与可以增强你与孩子之间的亲密关系，同时也为孩子提供情感支持和合作的经验。

在角色扮演方面，你可以考虑以下建议。

1.选择适当的角色：和孩子一起选择角色扮演的主题，可以根据孩子的兴趣和喜好来确定，例如扮演超级英雄、动物、家庭成员等。尽量选择孩子熟悉的角色，这样他们更容易投入角色。

2.建立情境和对话：与孩子一起创造一个情境，设定一个背景故事，并在角色扮演中展开对话。你可以提出问题或者扮演其他角色，与孩子进行互动，共同构建故事情节。

3.角色转换和交替：鼓励孩子在角色扮演中尝试不同的角色。你们可以轮流扮演不同的角色，让孩子体验不同的角色身份和情感表达。

> 4.观察和倾听：在角色扮演过程中，观察孩子的表情、动作和言语，倾听他们的对话和表达。这样你可以更好地理解他们的情感和需求，并在适当时给予支持和引导。
>
> 记住，参与绘画、玩耍和角色扮演活动的目的是与孩子建立情感联系、促进情绪表达和提供支持。关键是给予孩子自由表达的空间，尊重他们的创意和意愿。

仔细阅读ChatGPT的回应，我发现这正是我想要的，于是就向ChatGPT发送了下面的反馈，结束了咨询：

> 你的建议太棒了，现在我感到自己更有力量，不那么慌乱了。我准备今天就开始尝试与孩子一起绘画、玩角色扮演的游戏。谢谢你。

做完这个儿童心理咨询，我有新的发现：ChatGPT扮演的心理咨询师输出方法和建议的倾向很强烈，我们需要结合它的回应，从中挑选自己更关注的点，给予反馈或者提示，这样更容易得到较满意的结果。

10.5 法律咨询

作为普通人，我们平常生活中也会与很多法律条文打交道。但因为我们不是专业人士，出现状况时往往搞不懂应该使用哪部法律的哪个法条。ChatGPT的出现，为我们带来了解决方案：我们只要咨询ChatGPT，它就可以帮我们找到匹配的法律、法条。不仅如此，它还可以针对我们的情况给出各种建议。

接下来我结合两个案例，演示一下法律咨询的做法。

案例75：向ChatGPT咨询企业利用低绩效变相裁员问题

我用“企业通过恶意给员工打低绩效实现变相裁员”这个问题进行咨询。

一开始，我将ChatGPT设定为资深律师，并设定它熟悉《中华人民共和国劳动合同法》。然后强调自己是服务中国本土企业的中国员工。我这么做，是避免ChatGPT引用其他国家的法律法规为我提供服务。做了一系列设定后，我提出了自己的问题。

提示词如下：

> 你是一名律师，非常资深，熟悉《中华人民共和国劳动合同法》等相关法律，曾经帮助非常多的在职场遭遇不公正待遇的打工人申诉，让他们的合法权益得到保障，并依法取得相应赔偿。现在我想请你担任我的律师，针对我当前在职场中遭遇的不

> 公待遇，为我解释相关的法律法规，并提出合理的解决方案。请记住，我是一名中国员工，我服务的也是中国本土企业，因此请依据《中华人民共和国劳动合同法》及相关法律来为我解答。我的问题是："我是一名中国员工，最近被企业裁员，企业给出的理由是我的绩效差，不给我任何赔偿金。企业这么做合法吗？"

ChatGPT收到我的问题后，快速找到了匹配的法条——《中华人民共和国劳动合同法》第三十九条。然后它结合法条，给出了企业裁员应当遵循的程序，以及企业不遵循规定程序时我可以采取的3点措施。

ChatGPT的回应如下：

> 作为一名律师，我可以为你提供一些关于你所遭遇的情况的法律解释……
>
> 根据《中华人民共和国劳动合同法》第三十九条的规定，用人单位可以依法解除劳动合同，但是必须符合法定条件和程序。在你被企业裁员的情况下，企业需要遵循以下原则和程序。
>
> 1.合理性原则……
>
> 2.决定程序……
>
> 3.补偿金……
>
> 如果企业没有遵循上述原则和程序，你可以考虑采取以下一些行动。
>
> 1.协商解决：首先，你可以与企业进行沟通和协商，了解企业对绩效评估的依据，并尝试解决争议。你可以提出异议，并要求合理的赔偿。
>
> 2.寻求调解：如果无法通过协商解决，则可以向劳动争议调解机构或劳动保障监察部门申请调解。调解机构将会介入并协助双方达成一致。
>
> 3.提起劳动仲裁或诉讼：如果调解未能解决争议，你可以考虑向劳动争议仲裁委员会提起劳动仲裁，或者直接向法院提起诉讼，要求维护你的合法权益。
>
> ……

我阅读了ChatGPT给出的建议，然后用劳动合同中"当员工不能胜任工作时，企业有权利解雇员工"这条内容，和ChatGPT进一步确认。

提示词如下：

> 当初入职与企业签订的合同里有这么一条内容："当员工不能胜任工作时，企业有权利解雇员工。"我工作3年了，前两年的绩效都是中等偏上，今年的绩效被打了最低等，领导跟我谈话时称，我的绩效最低，不能胜任工作，按照合同要解雇我。

> 我认为这是为了解雇我，恶意打了低绩效，我如何证明自己的能力可以胜任工作呢?

收到问题后，ChatGPT指出，我可以通过收集证据、证人证言、自我评估报告、同事合作这4种方法证明自己能够胜任工作，同时还告诉我，可以质疑企业的绩效评估是否客观公正、是否违反法律规定。

ChatGPT的回应如下:

> 面对这种情况，如果你认为企业故意打低绩效以解雇你，可以考虑采取以下措施来证明自己的能力可以胜任工作。
>
> 1.收集证据：收集与你工作表现相关的证据，如工作成绩记录、客户评价、奖励或认可的文件、工作项目的完成情况等。这些证据可以帮助你证明自己的能力和工作表现，并与企业所声称的绩效差异进行对比。
>
> 2.证人证言：如果有同事或上级对你的工作表现有正面评价，你可以请求他们提供书面证词或出庭作证，证明你的能力和工作表现。
>
> 3.自我评估报告：你可以撰写一份详细的自我评估报告，包括你在工作中的职责、成就、贡献等方面的描述。这份报告可以帮助你清楚地展示自己的工作能力和业绩。
>
> 4.同事合作：如果你曾与其他同事合作过，则可以请求他们提供合作证明或共同完成的项目文件，以证明你在团队合作中的作用和贡献。
>
> 5.法定要求……
>
> ……

看过ChatGPT的建议，发现自己工作平平，没突出业绩，也没相关奖励和认可，对如何证明自己的胜任力感到为难，就继续向它请教。

提示词如下:

> 我这里有我前两年获得的绩效等级，均是中等偏上，领导交代的工作也都如期完成了。我确实没有非常突出的表现，也很少有来自企业领导、客户的奖励或者认可，不过我工作中也没有犯过大错，没有收到过客户投诉。这种情况下，我如何更好地证明自己的胜任力呢?

ChatGPT的回应如下:

> 即使你没有非常突出的表现或来自领导的奖励，仍然可以采取以下措施来更好地证明自己的胜任力。
>
> 1.工作成果……

2.责任和职责……

3.自我评价……

4.同事推荐信……

5.培训和学习……

6.客户反馈……

这次ChatGPT给出了6点建议。我看了之后，仍然觉得证明自己胜任工作是一件比较困难的事，就继续提问，询问企业对我所做的事是否合法。

提示词如下：

谢谢你的建议。假如我确实没有收集到充分的资料和证据来证明自己在工作中的胜任力，企业以我“不能胜任工作”为由辞退我，并且不给任何赔偿金，是合法的吗？

ChatGPT的回应如下：

根据《中华人民共和国劳动合同法》的相关规定，企业在以员工不能胜任工作为由辞退员工时，需要符合法律所规定的条件和程序。以下是一般情况下的法律原则。

1.合理性原则：企业以员工不能胜任工作为由辞退员工，必须具备合理性。合理性意味着有充分的事实依据来证明员工无法胜任工作，而不仅仅是主观的判断或不公正的评估。

2.证明责任：企业需要提供能够证明员工不能胜任工作的充分证据。这可能包括工作绩效评估报告、工作记录、客户反馈、培训记录等，以支持企业的主张。

3.公平程序：企业在解雇员工时应当依法进行程序性公正。这可能包括提前通知员工、与员工进行协商、听取员工的解释和申辩等。企业应当遵循相关程序，并充分尊重员工的合法权益。

根据你的描述，如果确实没有收集到充分的资料和证据来证明自己的胜任力，企业以你不能胜任工作为由辞退你，并且不提供任何赔偿金，这种情况下，法律上认可企业解雇员工的可能性存在。然而，具体情况仍取决于你的劳动合同、企业规章制度、绩效评估流程等具体约定。

重要的是，如果你对解雇的合法性存在疑问，可以咨询当地的劳动法律专业人士或律师，向他们提供详细的情况，以便获得具体的法律意见和建议。他们能够根据具体情况为你提供更精确的指导。

ChatGPT援引劳动法，强调企业辞退员工要符合程序，并请我咨询本地的律师，听听他们的意见。我接着问ChatGPT怎么追回赔偿金。

提示词如下：

> 我可以接受被辞退，但是我不能接受企业不给任何赔偿金的做法，毕竟我在工作中没有犯过大错，也没有给企业造成过损失。我想追回赔偿金，应该怎么做呢？

ChatGPT的回应如下：

> 如果你希望追回赔偿金，可以考虑采取以下行动。
>
> 1.谈判和协商：首先，可以与企业进行谈判和协商，表达你的诉求并要求获得合理的赔偿。说明你的工作表现和工作历史，并强调在工作中没有犯过大错或给企业造成损失的事实。
>
> 2.劳动争议调解：如果谈判和协商不成功，可以向当地的劳动争议调解机构提出申请，寻求调解……
>
> 3.劳动仲裁或诉讼……
>
> 在追回赔偿金的过程中，重要的是收集和保留与工作表现相关的证据和文件。这可能包括绩效评估记录、工资单、合同条款等。这些证据可以帮助你支持自己的赔偿要求。
>
> ……

针对如何争取赔偿金，ChatGPT提供了循序渐进的建议：先跟企业谈判，谈不妥就申请劳动争议调解，调解失败就提起劳动仲裁。

我认可这种做法，但我不知道要依据哪个法律条款与企业谈判，我就此继续向ChatGPT提问。

提示词如下：

> 好的。那我要求赔偿金依据的是哪个法律条款呢？我要找企业谈判，需要有理有据。

ChatGPT的回应如下：

> 在中国，劳动者与用人单位的劳动关系受到《中华人民共和国劳动合同法》等相关法律的保护。关于辞退员工的赔偿金问题，可以参考以下法律条款。
>
> 1.《中华人民共和国劳动合同法》第四十七条：根据该条款，用人单位解除劳动合同，应当支付经济补偿。具体的经济补偿标准根据员工在单位工作的年限和工资支付标准进行计算。
>
> 2.《中华人民共和国劳动合同法》第八十七条……
>
> ……

如上所述，ChatGPT帮我找出了2条法律依据，分别是《中华人民共和国劳动合同法》第四十七条和《中华人民共和国劳动合同法》第八十七条。这可比我自己去寻找要高效多了。

接下来，我又问ChatGPT，西安市有没有针对裁员赔偿的地方劳动法规。

提示词如下：

> 好的，我在西安市，企业也在西安市，请问西安市有针对裁员赔偿的地方劳动法规或限制吗？如果有的话，是什么？

ChatGPT的回应如下：

> 根据我所了解的信息，西安市目前没有特定的地方性法规对裁员赔偿做出具体规定。因此，在西安市，裁员赔偿的相关规定仍然以《中华人民共和国劳动合同法》为准。
>
> 根据这些法律法规，裁员赔偿金额的计算通常涉及员工在单位工作的年限、工资支付标准等因素。具体的赔偿金额可能会因个人情况而有所不同。
>
> 由于法律和规定可能会发生变化或更新，我仍然建议你咨询当地的劳动法律专业人士或律师，以获得最准确和具体的信息。他们能够为你提供适用于西安市的最新法律解释和建议。

在整个咨询过程中，我觉得ChatGPT完全可以胜任法律助理，为我们提供与劳动法相关的指导建议。

案例76：向ChatGPT咨询离婚时的财产分割与孩子抚养权问题

夫妻双方离婚时常常会产生各式各样的纠纷，如果不懂相关法律法规，则很难保障自己的权益。此时，向ChatGPT做一次咨询，与它一起演练可能出现的各种问题，对后续在现实中选择合适的律师和争取自己的权益，都很有帮助。

我先赋予ChatGPT律师角色及相应背景，约定交互规则，然后提出了我的问题。

提示词如下：

> 你是一名律师，非常资深，熟悉《中华人民共和国婚姻法》等相关法律，曾经帮助过很多在婚姻中遭遇困境的弱势群体，让他们的合法权益得到保障，也帮助过很多离婚家庭完成了财产分割，以及争取孩子抚养权。现在我想请你担任我的律师，针对我当前在婚姻中遇到的问题，为我解释相关的法律法规，并针对我的诉求提出合理的解决方案。请记住，我是一名具有中国国籍的女性，我的丈夫和孩子也都是中国国籍。因此请依据《中华人民共和国婚姻法》及相关法律来为我解答。你可以通

> 过向我提问来获取更多有关我和我家庭的信息。我的问题是："我是一名3岁孩子的妈妈，现因与丈夫感情不和决定离婚，丈夫也同意。我的困难在于，自从生孩子后，我就不再工作，成为一名全职妈妈，所以这三年来没有任何收入。离婚后我希望分得家庭的一半财产，这里的财产包括房子、车、存款及理财产品等；同时作为妈妈，我希望争取孩子的抚养权。但是丈夫只愿意把家里存款的一半给我，理由是，他是家庭的主要经济来源；同时也以我没有经济能力为由，不同意把孩子的抚养权给我。我该怎么办？"

我将上面的提示词发给ChatGPT，它收到后，指出离婚时主要考虑财产分割和孩子抚养权，同时给出了解决我当前问题的3点建议。

ChatGPT的回应如下：

> 面对这种情况，我将根据《中华人民共和国婚姻法》和相关法律为你提供一般性的建议。请注意，法律是复杂的，而且具体情况可能会有所不同，因此建议你咨询当地的法律专业人士，以获取针对个人情况的详细建议。
>
> 在离婚案件中，中国的法律通常会考虑以下几个方面。
>
> 1.财产分割……
>
> 2.孩子的抚养权……
>
> 在解决你当前面临的问题时，以下是一些建议。
>
> 1.寻求法律援助……
>
> 2.收集证据：收集与财产和孩子抚养权有关的证据，例如，财产的证明文件、财务记录，以及证明你作为母亲照顾孩子的能力的相关文件。这些证据将有助于支持你的主张。
>
> 3.协商和调解……
>
> 请记住，以上建议仅供参考，并不能覆盖所有可能的情况。为了更好地保护你的权益，我建议咨询一位资深的律师，以便根据具体情况得到专业的法律建议和帮助。

在财产分割这块，我遇到的最大问题是房产分割，我就此向ChatGPT表达了我的困惑。

提示词如下：

> 我们现在有一处房产，是我们结婚后购买的，首付中有60%来自我的丈夫，另外40%来自我的积蓄，房贷一直由我丈夫偿还，房产证上也只写了他的名字。这种情况下，法院会怎么裁决房产的归属和分配呢？

ChatGPT的回应如下：

> 根据你提供的情况，以及根据《中华人民共和国婚姻法》的相关规定，夫妻在婚姻期间所购置的房产属于夫妻共同财产，除非另有约定。
>
> 这种情况，虽然房产证上只写了你丈夫的名字，但由于该房子是在婚姻期间购买的，并且部分首付款来自你的积蓄，法院在处理财产分割时通常会考虑以下因素。
>
> 1.房产的归属：虽然房产证上只写了你丈夫的名字，但由于是在婚姻期间购买的共同财产，法院可能会认定该房产是夫妻共同所有的财产，而非个人财产。这意味着你有权在离婚时获得对该房产一定比例的归属权。
>
> 2.房产分配：法院在判断房产归属的同时，还会考虑夫妻双方在婚姻期间的贡献、经济状况，以及其他相关因素。你的积蓄贡献了房子首付的40%，这一点将被视为你在房产购买中的贡献，可能会影响房产分配的比例。法院可能会根据具体情况来判断房产的归属和分配比例。
>
> ……

ChatGPT就我的困惑确认了两点：一是婚姻期间购买的房产是夫妻双方共同财产，无论房产证上写的是谁的名字；二是法院判断房产分割比例时会考虑夫妻双方在婚姻期间的各种贡献。但我其实还是不大明白房产分割时我能分到多大比例，所以向ChatGPT表达了我的疑问。

提示词如下：

> 我是否可以这么理解，我支付了房子首付款的40%，而房贷一直由我丈夫偿还，法院在裁定房产分配时，可能会给我丈夫分配的比例更高，我能分到的比较少?

ChatGPT的回应如下：

> 根据你提供的情况，购买房子的首付款有60%来自你的丈夫，40%来自你的积蓄，并且房贷一直由你的丈夫偿还。在处理财产分割时，法院将考虑夫妻双方在婚姻期间的贡献、经济状况，以及其他相关因素。
>
> 尽管你支付了40%的首付款，但法院在判断房产分配时不仅仅考虑首付款的比例，还会综合考虑其他因素。例如，法院可能会考虑你的丈夫在偿还房贷方面的贡献，以及夫妻双方在家庭生活、家务劳动、子女抚养等方面的分工和贡献。此外，法院还可能会考虑夫妻双方的收入、财产状况和未来生活需要等因素。
>
> 因此，无法简单地预测法院最终的裁决结果。最终的房产分配比例将根据具体情况和法院的裁量权来确定。你可以与律师合作，向法院提供相关证据，以支持你在房

> 产分割中的权益主张。
>
> ……

如你所见，ChatGPT考虑了我支付的首付款、家庭贡献等因素，但仍不能给出建议，让我咨询专业律师，等待法院裁量。

我则继续询问“辞退工作照顾孩子”这种贡献会不会影响财产分配。

提示词如下：

> 之前还有工作时，我的收入和丈夫基本持平，尽管我没有还房贷，但是我们夫妻两人的收入都是放在一起的，然后一起存到银行，或者买理财产品。生了孩子以后，为了更好地照顾孩子，我才辞退了工作，丧失了经济来源——法院在裁定财产分配时，会考虑到我为家庭做出的这些贡献吗？

ChatGPT的回应如下：

> 根据你提供的情况，你在婚姻期间放弃了工作，成为一名全职照顾孩子的母亲，因此丧失了经济来源。在处理财产分割时，法院通常会考虑夫妻双方在婚姻期间的贡献，包括经济贡献和非经济贡献。
>
> ……

ChatGPT告诉我，法院会考虑照顾孩子这种非经济贡献，但具体怎么裁定，还是法院说了算。这种回应，可能是因为我并没有提供给它足够多的细节数据，也可能是这类案子就属于不到法院最终裁定就无法准确预测结果的类型。

感觉没有进一步澄清的必要，我就将话题转向了如何争取孩子的抚养权。

提示词如下：

> 我想争取孩子的抚养权，因为孩子才3岁，而且此前一直是我亲手在带，他非常依赖我。但是丈夫以我没有工作，没有稳定的经济来源，不能给孩子提供良好的生活条件为由，不同意把孩子的抚养权给我。我有信心，能够在一年内找到一份工作，保障我和孩子的基本生活。我该如何争取孩子的抚养权呢？

ChatGPT的回应如下：

> 如果你希望争取孩子的抚养权，则需要向法院提起诉讼，并提供充分的证据来支持你的主张。以下是一些建议。
>
> 1. 证明你是孩子的主要照顾者：提供证据来证明你在孩子生活中的重要角色，例如过去照顾孩子的时间、精力和付出等。你可以提供证人证言、日常照顾记录、医

疗记录，以及其他相关的证据来支持你在孩子生活中的参与度。

2.提供你的就业计划：详细说明你的就业计划，包括已经采取的行动。提供求职记录、求职进展、职业技能和教育背景等相关证据，以显示你在找工作方面的努力和能力。

3.儿童最佳利益原则……

4.提供其他相关证据……

这4点建议中，第1点和第2点考虑了我的具体情况，第3点和第4点是相对宽泛的。接下来，我补充了一个关键事实——丈夫婚内出轨，询问这对争取抚养权的影响。

提示词如下：

说到这里，我还有一个情况要提供，我的丈夫婚内出轨，这也是我决定和他离婚的主要原因。我认为这样一个对伴侣和家庭都不忠诚的人，是没有足够的责任心照顾好孩子的。不知道法院在裁定孩子抚养权时，会考虑到这一点吗？这是否更有利于我争取抚养权？

ChatGPT的回应如下：

在处理孩子抚养权案件时，法院通常会以儿童的最佳利益为优先考虑。虽然法院的具体裁决结果会因案件的具体情况而异，但以下是一些相关考虑因素。

1.婚姻不忠行为：法院在评估抚养权问题时，有时会考虑到父母之间的婚姻不忠行为。虽然婚姻不忠本身不会直接导致抚养权归属的改变，但法院可能会考虑这一行为对家庭稳定性和孩子的影响。

2.父母的责任和能力……

3.亲子关系：法院通常会重视孩子与父母之间的亲子关系。如果可以证明你与孩子之间有紧密的亲子关系，且你在过去的照顾中展现了关爱和责任，这可能对你争取抚养权产生积极影响。

……

在回应中，ChatGPT指出法院会考虑婚姻不忠行为对孩子的影响，同时让我证明自己和孩子之间有更亲密的亲子关系。

我提供了孩子生病时丈夫与出轨对象逛街的事实来佐证丈夫不关心孩子，询问ChatGPT法院会怎么考虑这样的情况。

提示词如下：

> 是的，过去三年，孩子主要是我一个人在带，孩子的喂养、陪伴，包括孩子生病，基本上都是我一个人在承担，丈夫主要提供经济上的支撑。孩子从出生到现在，住过两次医院，其中第一次是丈夫开车把我和孩子送到医院的，第二次是我自己打车带孩子去的。两次住院陪护，全都是我一个人，丈夫以工作忙为由，从来没有在医院陪护过。但实际上，我发现孩子第二次生病住院期间，丈夫和出轨对象一起逛街还给对方买礼物，并不像他声称的那样忙。这让我非常愤怒，他不仅对伴侣不忠，也并不关心生病的孩子。法院在裁定孩子抚养权时，会考虑这些情况吗？

ChatGPT在回应中考虑了我提供的新事实，建议我收集3个方面的证据。

ChatGPT的回应如下：

> 法院在处理孩子抚养权问题时，通常会综合考虑各种因素，包括双方父母的责任和能力，以及儿童的最佳利益。根据你提供的情况，你可以提供以下证据和情况，以支持你争取孩子抚养权的主张。
>
> 1.照顾孩子的实际情况：提供证据来证明在过去的三年中，你是孩子的主要照顾者，承担了孩子的日常照料、喂养、陪伴和医疗护理等任务。可以提供相关的证人证言、医疗记录和其他相关证据，来证明你是孩子成长和照顾方面的重要角色。
>
> 2.丈夫的不忠行为：提供证据来证明丈夫的婚内不忠行为，以及这种行为对家庭稳定性和孩子的影响。这包括你在丈夫出轨期间独自照顾孩子和应对孩子生病时的情况，以及丈夫在这些时刻的缺席和不关心。
>
> 3.你的关爱和责任：提供证据来证明你对孩子的关爱和责任，包括照顾孩子的时间、精力和努力，以及你对孩子的教育、健康和幸福的关注。
>
> ……

最后，我结合丈夫出轨、孩子抚养权等情况，再次请教ChatGPT财产分割的问题。

提示词如下：

> 谢谢你的建议。那么考虑到丈夫婚内出轨的不忠行为、他在孩子成长过程中的缺席和不关心，以及我要争取孩子抚养权，但目前尚没有工作和收入来源这些情况，我应该如何做才能拿到更高的财产分配比例呢？

ChatGPT的回应如下：

> 要争取更高的财产分配比例，可以考虑以下策略。

1.律师的帮助：寻求一位经验丰富的律师的协助非常重要。律师可以提供专业的法律建议，帮助你制定合理的诉讼策略，并代表你与对方进行谈判或代表你出庭辩护。

2.财产证明和评估：收集和准备与财产相关的证据，包括房产证、购买合同、车辆登记证明、银行存款证明、理财产品证明等。你可以请专业评估师对房产和其他财产进行评估，以确定其价值。

3.经济贡献证明：尽量收集和准备证据来证明你在家庭经济方面的贡献。虽然你目前没有工作和收入来源，但可以提供证据来证明你过去的就业记录、收入状况，以及你在婚姻期间为家庭经济做出的贡献，比如家务劳动、子女照顾等。

4.不忠行为的影响：通过律师的协助，可以将丈夫的婚内出轨行为和对家庭的不负责任行为提供给法院，并解释这些行为对家庭稳定性和孩子的利益造成的不利影响。

5.合理的财产分配建议：根据财产和家庭情况，律师可以帮助你提供合理的财产分配建议，以便在诉讼或谈判过程中提出。这包括针对你在家庭中的贡献、孩子的抚养权和你的经济状况等因素而提出的合理要求。

……

ChatGPT为我提供了5种策略，同时，建议我找律师协助，提供各种财产相关的证据、经济贡献证明、丈夫婚姻不忠行为的影响等，让律师帮忙提供财产分配建议。

咨询进行到这里，我已经了解了许多有用信息，就结束了咨询。

刚刚我们演示了怎么向ChatGPT进行法律咨询。这里要特别提醒的是，借助ChatGPT做法律咨询的目的是获取相关信息，方便提前做各种准备。要解决实际问题，必须通过现实中的各种法律渠道。

10.6 本章小结

至此，我们演示了职业发展咨询、技术咨询、家庭教育咨询、心理咨询和法律咨询的做法。可以看到，ChatGPT的确可以在这些方面为我们带来帮助。

同时，我们也要意识到，借助ChatGPT做咨询并不是一件特别容易的事，它既需要我们具备一定的提示词编写技巧，也需要我们根据ChatGPT的反馈适时调整提问方向和方式。为助力你更好地咨询，我回顾了自己的咨询经历，总结了几点经验，分享给你。

- 咨询前要了解问题对应什么角色。比如法律问题，可能对应律师；职业规划问题，可能对应职业规划师或者人力资源专家。这点可以先询问ChatGPT或者通过搜索引擎寻找答案。

- 为ChatGPT设定角色，并具体描述角色的背景特征。比如，我的第一个法律咨询案例，设定ChatGPT熟悉《中华人民共和国劳动合同法》。
- 清晰、具体地表达。提问或编写提示词时，提到事实性的信息，要用准确的语言描述经过。提要求时，要清晰具体，避免抽象、模糊、似是而非的说法。
- 要做好引导ChatGPT的准备。在现实中做咨询，咨询师会积极引导，与我们一起探索。向ChatGPT做咨询，不大一样。ChatGPT擅长输出，有时会一次给出好多建议，此时，就需要我们挑选感兴趣的点，展开提问，掌控咨询走向。

第11章

ChatGPT助力自媒体效能提升

微信公众平台以“再小的个体，也有自己的品牌”为口号，开启了自媒体的新时代。经过多年发展，自媒体已然成为个人和组织传播思想、分享观点、建立品牌的重要渠道。

自媒体的核心是“内容”，做好自媒体的核心是搭建一条高效的内容生产线，内容生产线的核心是“写作”。一旦写作的效率得以提升，内容生产线的效率就会提升。内容生产线的效率提升，自媒体的效率就会提升。

ChatGPT天生是文字型选手，可以极大提高写作效率，进而助推自媒体效能提升。

11.1 小红书

小红书是一个以分享和发现生活方式为主题的社交平台，其核心是“笔记”。运营小红书的核心，是打造爆款笔记。一篇小红书笔记能否成为爆款，标题、首图和笔记正文这3个部分最关键。其中，标题和笔记正文，可以借助ChatGPT的超强算力，增强吸引力。

案例77：用ChatGPT起爆款小红书笔记标题

如果你熟悉爆款标题的特征或者对标题有明确的要求，可以直接套用下面的提示词模板编写提示，指导ChatGPT写标题。

> 按照以下指示提供[*n*]个小红书风格的爆款标题：[具体指示]

其中，“[*n*]”为你想要生成的标题数量，“[具体指示]”代表你对标题的各种要求，如标题对应笔记的主题、笔记的读者、标题要达到的效果、标题的风格、标题的特征、标题应当包含的关键字等。

提示词如下：

> 按照以下指示提供5个小红书风格的爆款标题：笔记的主题是霍兰德职业兴趣测试介绍；笔记的读者是想找到理想工作的人；标题中包含关键字“打工人”和“理想工作”；标题中包含数字；标题要有互动感。

ChatGPT的回应如下：

> 1.《5个超准霍兰德测试！揭秘你的理想工作宝藏》
>
> 2.《99%打工人必备！霍兰德职业测评带你找到理想工作》
>
> 3.《亲测有效！打工人必读的霍兰德职业测试指南》
>
> 4.《快来一起玩！5个让你秒变理想工作高手的霍兰德测试》
>
> 5.《解锁你的理想工作密码！霍兰德职业测评大揭秘》

如果你不熟悉怎么写标题或者对标题没有明确的想法，可以采用接下来要讲的方法，它更为通用。这种方法分为以下3步。

第1步，明确爆款标题的特征。有3种做法：①提供若干个（10个以上）小红书爆款标题，让ChatGPT总结特征；②通过网络收集小红书爆款标题的特征，提供给ChatGPT；③让ChatGPT自己列出小红书爆款标题的特征。

我们用第3种做法来演示一下。

提示词如下：

> 小红书爆款标题有哪些特征？

ChatGPT的回应如下：

> 小红书是一个流行的社交电商平台，用户可以在平台上分享和购买商品，同时也可以发布帖子和评价。针对爆款标题，以下是一些常见的特征。
>
> 1.引人注意的词汇：爆款标题通常会使用具有吸引力和引人注意的词汇，比如“热卖”“抢购”“限时优惠”“超值推荐”等，以吸引用户的眼球。
>
> 2.强调产品特点：爆款标题会突出产品的特点和优势，让用户一目了然。例如，“轻薄便携，续航长达12小时的笔记本电脑”“纯棉舒适，透气清凉的夏季睡衣套装”。
>
> 3.数字和数据：使用具体的数字和数据可以增加标题的说服力和可信度。例如，“10000+好评”“销量破百万件”“省50%的超值优惠”。
>
> 4.揭示独特卖点：爆款标题会强调产品的独特卖点，突出与其他产品的区别。例如，“全新科技，智能语音控制的智能家居套装”“独特配方，有效解决皮肤问题的神奇面膜”。
>
> 5.问句和引发兴趣：使用问句或引发兴趣的句子可以激发读者的好奇心，促使他们点击进一步了解。例如，“你的护肤品真的适合你吗？”“这款神奇的工具能帮你省下大量时间”。
>
> 6.社交证据：爆款标题可能会提及社交证据，例如明星推荐、明星同款、网红推荐等。这些证据可以增加产品的吸引力和可信度。
>
> 需要注意的是，小红书上的爆款标题通常需要吸引用户点击和购买，因此使用一些有趣、引人注目和具体的特征可以增加标题的吸引力。

可以看到，ChatGPT成功列出了小红书爆款标题的6个常见特征。

第2步，生成新标题。一旦ChatGPT明确了爆款标题的特征，就可以根据这些特征，轻而易举地为某个笔记选题生成匹配小红书平台的爆款标题。我们要做的，就是选择一个相对具体的主题，写一条简单的提示词。

提示词如下：

> 请你根据这些特征，围绕“推荐防晒霜”这个主题，写10个小红书风格的标题。

ChatGPT的回应如下：

> 当然！以下是围绕“推荐防晒霜”的10个小红书风格的标题。
>
> 1.【热卖推荐】夏季必备！超值防晒霜大揭秘，让你的肌肤倍儿棒！💥
>
> 2.【限时优惠】最高折扣！数千人推荐的明星防晒霜，快来一起护肤吧！✨
>
> 3.【晒不黑神器】无油轻薄，SPF50+防晒霜推荐，告别晒黑困扰！☀️
>
> 4.【独家配方】专家推荐，抗氧化防晒霜大公开，守护你的肌肤免受紫外线侵害！🌟
>
> 5.【TOP销量】销量破百万件的明星防晒霜，护肤达人都在用的神奇产品！🚀
>
> 6.【小红书探店】全球最热门的防晒霜盘点，让你成为防晒界的时尚达人！💄
>
> 7.【真实试用】经过严格测试的防晒霜排行榜，给你最真实的使用体验！💯
>
> 8.【独一无二】独特成分的防晒霜大揭秘，告别油腻，呵护肌肤健康！🌿
>
> 9.【专业推荐】专家首选！最适合亚洲肌肤的防晒霜推荐，给你持久防护！🌞
>
> 10.【明星同款】明星私藏的防晒霜，抢先了解时尚圈最潮的防晒选择！🌟
>
> 希望这些标题能够帮助你在小红书上吸引更多读者！记得根据实际情况调整内容，让标题更符合你的推荐内容和目标受众。

第3步，迭代优化。如果你对ChatGPT生成的标题不满意，可以提出反馈，让它迭代优化。注意，反馈时要给出优化要求。

刚才的10个标题中，编号为1、2、10的标题，缺乏产品卖点。为了请ChatGPT优化标题，我编写了下面的提示词：

> 编号为1、2、10的标题，没有突出产品卖点，请你再优化一下。

ChatGPT收到提示后，给出了新版本的标题，如下所示：

> 当然！以下是对编号为1、2、10的标题进行优化，突出产品卖点的版本。

> 1.【美白神器】夏季必备！SPF50+防晒霜揭秘，双重美白功效，轻松打造白皙肌肤！
>
> 2.【限时特惠】明星同款护肤神器，SPF50+防晒霜大优惠，抢购前100名送赠品！
>
> 3.【明星推荐】明星同款必备！SPF50+防晒霜，让你尽享明星级防护与滋润！
>
> 通过优化，这些标题更加突出了防晒霜的产品卖点，如美白功效、限时特惠和明星推荐，从而更吸引读者的注意力。希望这样的改进更符合你的期望！

如果你对这些标题还不满意，就再提具体的要求，请ChatGPT再优化，或者自己手动修改、手动优化。

案例78：用ChatGPT写小红书笔记的正文

用ChatGPT写小红书笔记的正文，起码要做好如下3件事。

第1件事，设定角色。设定角色时要赋予ChatGPT一个角色名字，同时要描述这个角色的特征。例如，“你是小红书‘种草’博主，创作过100多篇爆款笔记，善用热点，善用利益点，善用场景，拥有丰富的小红书SEO关键词经验，善用通俗易懂的语言，擅长写吸引人的开头。”

第2件事，描述任务。清楚说明你的笔记主题和要求ChatGPT做的事情，例如“写一篇介绍霍兰德职业兴趣测试的笔记”。

第3件事，补充要求。罗列你对笔记的各种要求，如结构、语言风格、读者对象等。在补充要求时，可以把小红书笔记的典型风格加进去，如段落开头用符号。如果你不熟悉小红书笔记的风格，也可以先问问ChatGPT。

这3件事做完，将结果整合起来，就会形成一条提示词。

提示词如下：

> 你是小红书“种草”博主，创作过100多篇爆款笔记，善用热点，善用利益点，善用场景，拥有丰富的优化关键词经验，善用通俗易懂的语言，擅长写吸引人的开头。现在，请写一篇介绍霍兰德职业兴趣测试的笔记。注意，笔记开头描述场景以吸引读者兴趣，然后过渡到霍兰德职业兴趣测试，再逐一介绍霍兰德职业兴趣的6个类型和对应的常见职业，结尾用利益点吸引读者参与测试，每一个段落开头加一个符号，段落后加一个空行。

ChatGPT的回应如下：

> 草莓季到啦！每年的这个时候，总有一种令人心动的场景，那就是漫天飞舞的花瓣，阳光洒在湖面上，温暖的微风轻拂着脸颊。你是否曾经想过：如果可以将这份美好与自己的职业生涯相结合，会是怎样的一种幸福呢？而现在，我要向大家介绍的是霍兰德职业兴趣测试，它或许能够帮你找到与内心真正契合的职业道路。一起来看看吧！
>
> ……
>
> 现在，是时候来参与霍兰德职业兴趣测试了！通过这个测试，你将更加清楚地了解自己的职业兴趣和潜在的职业选择。让我们一起探索吧！请在评论区留下“测试”，我会私信给你测试链接。不用担心，这将是你开启职业之旅的第一步！
>
> 希望这篇笔记能吸引你的兴趣，让你更好地了解霍兰德职业兴趣测试，并激发你探索适合自己职业道路的热情。记得参与测试，发现你内心真正渴望的职业吧！

有时候，你可能会对ChatGPT生成的笔记不满意，此时可以描述不满的原因，提出具体的优化意见，请ChatGPT进一步优化笔记。

刚才的笔记中，开头描述的场景和霍兰德职业兴趣测试关系不大，前后衔接略显突兀和生硬。

于是，我指定ChatGPT引用与工作相关的场景：

> 笔记开头描述的场景与霍兰德职业兴趣测试关系不够密切，请使用与工作相关的场景来优化开头，其他部分保持不变。

ChatGPT的回应如下：

> 现代职场，每天都是紧张忙碌的节奏，办公室里昏暗的灯光，电脑屏幕上滚动着各种报表和任务。你是否曾经感叹过：工作应该是一种能够充分发挥自己潜力的事情，而不仅仅是为了生存而努力？如果你想找到与自己的兴趣和天赋相契合的工作，那么霍兰德职业兴趣测试将会是你的得力助手！让我们一起来了解它吧！
>
> 霍兰德职业兴趣测试，也被称为Holland Codes，它基于美国心理学家约翰·霍兰德的兴趣类型理论。这个测试通过评估你对6个兴趣类型的偏好，帮助你了解自己的职业偏好和适合的职业方向。
>
> 第1个兴趣类型是现实型（realistic），喜欢具体实际的工作，对动手能力要求

> 较高。常见的职业包括工程师、建筑师、机械师、技术人员等。
>
> 第2个兴趣类型是研究型（investigative），喜欢进行独立思考和解决问题，追求理论和知识。常见的职业包括科学家、研究员、分析师、程序员等。
>
> 第3个兴趣类型是艺术型（artistic），喜欢创造和表达自己的想法，具备艺术和创意能力。常见的职业包括艺术家、设计师、摄影师、作家等。
>
> 第4个兴趣类型是社会型（social），喜欢与人打交道，关心他人的福祉，具备人际交往和辅导能力。常见的职业包括教师、社会工作者、心理咨询师、护士等。
>
> 第5个兴趣类型是企业型（enterprising），喜欢竞争，具备决策和组织能力。常见的职业包括企业家、市场营销人员、律师、项目经理等。
>
> 第6个兴趣类型是常规型（conventional），喜欢秩序和组织，擅长处理数据和文件。常见的职业包括会计师、行政助理、统计员、财务人员等。
>
> 现在，是时候来参与霍兰德职业兴趣测试了！通过这个测试，你将更加清楚地了解自己的职业兴趣和潜在的职业选择。让我们一起探索，找到与你的工作相关的兴趣类型吧！请在评论区留下"测试"，我会私信给你测试链接。这将是你开启职业之旅的第一步！
>
> 希望这篇笔记能更贴切地描述工作场景，让你更好地了解霍兰德职业兴趣测试，并激发你探索适合自己的职业道路的热情。记得参与测试，发现你内心真正渴望的职业吧！

这篇笔记中，ChatGPT在开头引入了与工作有关的场景，比上一版的效果好很多。

11.2 短视频

概括地说，制作短视频包含3个部分的工作：写脚本、拍摄和剪辑。按照这3个部分，纯人工一步一步来做，成本很高，不利于试错和迭代。ChatGPT的出现，在短视频制作上，带给我们两种新的方式。

第1种方式，用ChatGPT写脚本，然后拍摄、剪辑。

第2种方式，用ChatGPT写脚本，不拍摄，直接图文成片，生成口播类短视频。

第2种方式更容易实操。因此，接下来我们就看看怎样快速生成短视频，实现批量生产，以数量博取出爆款的可能性。

接下来，介绍一下如何用ChatGPT结合剪映来高效制作口播类短视频。操作流程分为两个阶段：先用ChatGPT撰写脚本，再用剪映的“图文成片”功能生成视频。

案例79：用ChatGPT写短视频脚本

让ChatGPT写短视频脚本，要做好以下4件事。

第1件事，明确选题。短视频最关键的就是选题，选题对了，事半功倍；选题不对，努力白费。如果你有确定的选题，直接使用就好。如果没有明确的选题，可以用两种方法找选题：一是到目标平台，浏览同领域的爆款短视频，从中选择你愿意做的选题；二是提供一个关键字，让ChatGPT帮你生成选题。

我们看一下怎么让ChatGPT生成选题。其实很简单，套用下面的提示模板就可以了：

> 提供[*n*]个关于[关键字]的短视频选题。

其中，“[*n*]”是要生成的选题数量，“[关键字]”为选题相关的词语。

提示词如下：

> 提供5个关于ChatGPT的短视频选题。

ChatGPT的回应如下：

> 当然，以下是关于ChatGPT的5个短视频选题。
>
> 1. ChatGPT：人工智能助手的未来
>
> 这个视频可以介绍ChatGPT怎样改变人们与人工智能助手之间的对话体验，以及其对未来的潜在影响。
>
> 2. ChatGPT：超越对话的能力
>
> 这个视频可以探讨ChatGPT如何通过深度学习和自然语言处理技术，不仅仅是回答问题，而是具备更高级的对话能力。
>
> 3. ChatGPT：构建智能聊天机器人的基础
>
> 这个视频可以介绍ChatGPT如何成为构建智能聊天机器人的重要基础，以及其在各种实际应用中的潜在用途。
>
> 4. ChatGPT：与AI进行人性化对话
>
> 这个视频可以展示ChatGPT如何通过模拟人类的对话方式，与用户进行自然、流畅且富有互动性的对话。
>
> 5. ChatGPT：解密AI的智能对话

> 这个视频可以深入研究ChatGPT的工作原理，解释其如何处理语言输入、生成响应并提供有用的信息。
>
> 希望这些选题能够满足你的需求！如需进一步讨论或有其他问题，请随时告诉我。

如果你对这些选题不满意，可以提供更具体的要求（如目标人群、想达到的效果等），请ChatGPT重新提供。

提示词如下：

> 提供5个关于ChatGPT的短视频选题。要求：面向完全不了解ChatGPT的人群，选题要实用，选题要能吸引他们了解ChatGPT。

ChatGPT的回应如下：

> 当然，以下是面向完全不了解ChatGPT的人群，实用且吸引人的5个短视频选题。
>
> 1. 如何使用ChatGPT解决日常问题
>
> 这个视频可以展示ChatGPT如何帮助人们解决日常生活中的各种问题，例如寻找信息、获取建议和解决难题。
>
> 2. ChatGPT：个性化虚拟助手带来的便利
>
> 这个视频可以介绍ChatGPT作为个性化虚拟助手的优势，展示如何利用ChatGPT实现个性化的任务管理、日程安排和提醒功能。
>
> 3. ChatGPT：语言学习的最佳伴侣
>
> 这个视频可以展示ChatGPT如何成为语言学习者的最佳伴侣，通过与ChatGPT的对话来提升语言能力、获取语法建议和进行实时语言实践。
>
> 4. ChatGPT：创意思维的引擎
>
> 这个视频可以展示ChatGPT如何成为激发创意思维的工具，通过与ChatGPT的对话来获得灵感、解决创意难题和探索新领域。
>
> 5. ChatGPT：开启智能助手时代
>
> 这个视频可以探讨ChatGPT作为智能助手的未来趋势，展示ChatGPT如何改变人们的工作方式、提供个性化的帮助和成为可靠的合作伙伴。
>
> 希望这些选题能够吸引人们了解ChatGPT，并认识其实用性！如果你需要更多信息或有其他问题，请随时告诉我。

可以看到，相比第一次提供的选题，这次的选题带了例子，更加具体，更加实用。

第2件事，设定角色。为ChatGPT指定一个短视频方面的角色，并描述角色的特征。如“你是一位拥有百万名粉丝的抖音短视频博主，擅长写推荐图书的短视频文案。”

第3件事，描述任务。清楚说明需要ChatGPT做的事情和短视频的主题，如“写一篇推荐图书的短视频文案，要推荐的图书是《非暴力沟通》。”

第4件事，补充要求。罗列你对短视频文案的各种要求，比如结构、语言风格、读者对象、效果等。如“请尽量举例子，让读者有代入感。”在罗列补充要求时，可以把目标短视频平台的爆款短视频特征加进去。如果你不熟悉目标平台的爆款视频的特征，也可以先问问ChatGPT。

把相关的信息整合起来，写一段提示词。

提示词如下：

> 你是一位拥有百万名粉丝的抖音短视频博主，擅长写推荐图书的短视频文案。现在，请你写一篇推荐图书的短视频文案，要推荐的图书是《非暴力沟通》。请尽量举例子，让读者有代入感。

ChatGPT的回应如下：

> 【音乐响起】嗨，亲爱的小伙伴们！我是你们心中的书虫小博主，今天给大家推荐一本真正能改变你与他人沟通方式的经典好书——《非暴力沟通》！
>
> 这本书由马歇尔·卢森堡（Marshall B.Rosenberg）所著，是一本帮助我们建立更深层次、更和谐关系的沟通指南。不仅能帮助我们解决冲突，更可以让我们学会与人建立真正的连接。
>
> 你是否经历过与亲人、朋友或同事之间产生的矛盾和冲突？别担心，这本书会带你探索一种全新的思维模式，帮助你用爱、尊重和理解取代冲突和争吵。
>
> 比如，当你的伴侣说：“你总是这样不体贴，从来不关心我”时，你可以使用非暴力沟通的技巧，回应说：“亲爱的，我明白你想要我的关心和体贴。你能具体告诉我你希望我怎样做吗？”这样，你就打开了一段建设性的对话，而不是陷入指责和攻击。
>
> 除了解决冲突，这本书还教会我们倾听和表达自己的感受与需求。你可以学会用“我觉得”“我需要”这样的语言来表达自己的内心。这种真实的表达能够增加彼此的理解和共鸣，进而构建更加深入的关系。
>
> 《非暴力沟通》是一本对人际关系非常有帮助的书。它充满了实用的案例、技巧和练习，让你能够在日常生活中实践并收获成果。无论你是与伴侣、家人、同事还

> 是朋友相处，这本书都能够为你打开沟通之门。
>
> 🌟所以，如果你希望与他人的沟通更顺畅、更深入，我强烈推荐《非暴力沟通》！它将帮助你打造更美好的人际关系，让你的生活更加充实和幸福！
>
> 📚快来点击下方链接，购买这本书吧！记得在评论区告诉我你读后的心得，我期待听到你的故事！
>
> 【音乐渐弱】感谢大家的收看，记得点赞和关注哦！我们下期再见！

如你所见，ChatGPT生成的短视频脚本中有一些指示拍摄的文字标注（如音乐渐弱等），还有一些表情符号等。剪映的"图文成片"功能不需要这些，所以我删掉了它们。然后，将文案中的"大家"修改为"你"，因为观众一般是一个人看短视频，不是一群人，用"你"更亲切。最后我把提问的段落放在了最前面，这样可以立即与观众互动。经过这些修订，短视频文案变成了下面的样子：

> 你是否与亲人、朋友或同事之间产生过矛盾和冲突？如果有，请一定要看完今天的视频。
>
> 今天我要向你推荐一本能真正改变你与他人沟通方式的经典好书——《非暴力沟通》！
>
> 这本书由马歇尔·卢森堡所著，是一本能帮你与别人建立更深层次、更和谐关系的沟通指南，它会带你探索一种全新的思维模式，帮助你用爱、尊重和理解取代冲突和争吵。
>
> 比如，当你的伴侣说："你总是这样不体贴，从来不关心我"时，你可以使用非暴力沟通的技巧，回应说："亲爱的，我明白你想要我的关心和体贴。你能具体告诉我你希望我怎样做吗？"这样，你就打开了一个建设性的对话，而不是陷入指责和攻击。
>
> 除了解决冲突，这本书还教会我们倾听和表达自己的感受与需求。你可以学会用"我觉得""我需要"这样的语言来表达自己的内心。这种真实的表达能够增加彼此的理解和共鸣，进而构建更加深入的关系。
>
> 《非暴力沟通》是一本对人际关系非常有帮助的书。它充满了实用的案例、技巧和练习，让你能够在日常生活中实践并收获成果。无论你是与伴侣、家人、同事还是朋友相处，这本书都能够为你打开沟通之门。
>
> 所以，如果你希望与他人的沟通更顺畅、更深入，我强烈推荐《非暴力沟通》！它将帮助你打造更美好的人际关系，让你的生活更加充实和幸福！

案例80：用剪映生成短视频

这个阶段的核心是使用剪映的“图文成片”功能将ChatGPT编写的短视频文案转化成视频。下面我们来看具体的操作方法。

首先，打开剪映桌面版软件，点击“图文成片”按钮，如图11-1所示。

图11-1

进入图文成片界面，如图11-2所示。在图文成片界面，可以在标号1处输入标题（可选），在标号2处输入文字（粘贴即可），在标号3处选择朗读音色，然后，点击标号4处的“生成视频”按钮，剪映就会自动为你生成视频。

用剪映生成视频时，会出现一个等候界面，如图11-3所示。

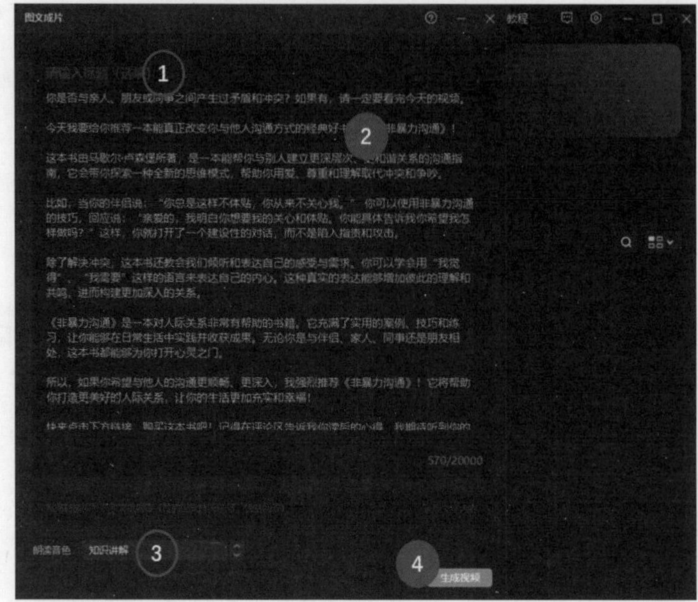

图11-2

图11-3

等视频生成完毕，会自动进入视频编辑界面，如图11-4所示。在视频编辑界面，可以点击标号1处的封面按钮，修改视频封面。可以拖动标号2指向的游标，定位视频画面，然后在标号3处修改画面。修改完成后，可以点击标号4处的“导出”按钮，导出视频。

图11-4

点击“导出”按钮后，会出现如图11-5所示的界面。在这里，可以点击标号1处的按钮，选择文件保存位置，可以在标号2的区域修改视频参数，在标号3的区域修改音频格式。做了各种修改后，可以点击标号4处的“导出”按钮，进入导出过程。

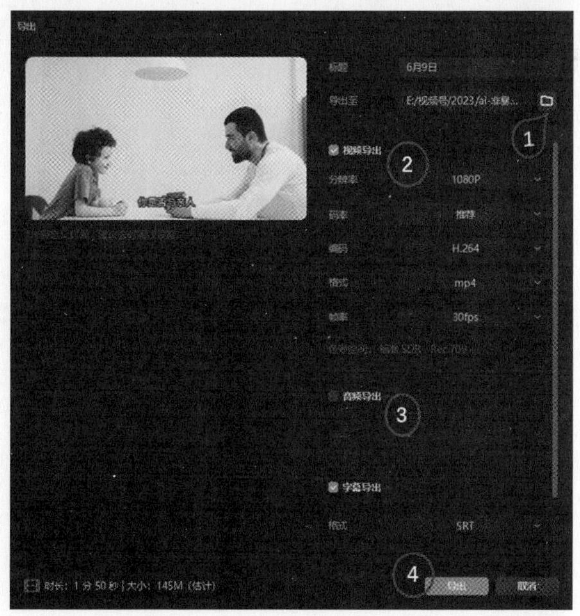

图11-5

导出需要一点时间，会出现一个等待界面，如图11-6所示。

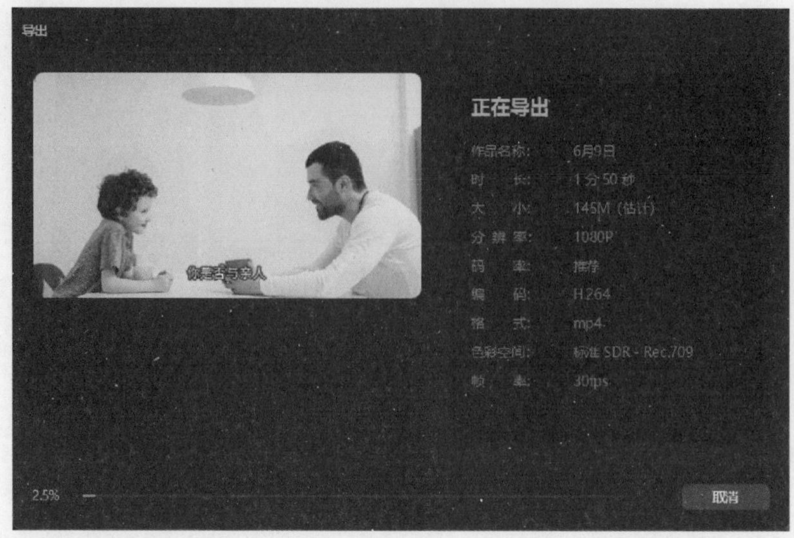

图11-6

导出完毕，就可以打开视频查看效果或者将其发布到你的各种自媒体账号中了。

这样生成的短视频，还有很多可以优化的地方。如果你有时间，可以自己录制声音替代机器人的声音，或者真人出镜口播某些片段，这都会提升短视频的效果。

11.3 直播

抖音、快手、视频号等平台上的带货主播，在直播带货时所做的各种动作，都是有“套路”的，开场怎么说？怎么介绍产品？怎么引导观众加企业微信？怎么促动观众下单？都有相应的话术。

我们可以利用ChatGPT学习同领域主播的话术，模仿优秀话术，撰写自己的直播话术，这样就可以少走很多弯路，快速提升直播效果。

具体执行时，分为以下3个步骤。

第1步，收集直播脚本。先在同领域挑选3~5位优秀主播，然后录制5~10场效果好的直播，生成逐字稿。其中，录制和生成逐字稿，可以使用视频会议软件（如腾讯会议、飞书等）或实时语音转写软件（如讯飞听见、麦耳会记等）来完成。

我在测试时，使用讯飞听见收集了一位童书带货主播“618返场”直播时的直播脚本。

第2步，分类整理优质话术。根据流程和功能，直播话术可以分为6类：开播话术、产品话术、福利话术、转化话术、互动话术和下播话术。梳理逐字稿，将其中的优质话术分门别类归入前述6个类别。分类整理优质话术是一个比较耗时的过程，因为直播转录出来的逐字稿里往往有不少无意义的语气词、连接词、错别字，需要逐一核对。在后面的示例中，我会选择产品话术（图书介绍）来演示。

第3步，请ChatGPT学习并撰写话术。有了可参考的优质话术，接下来就可以让ChatGPT学习这些话术，模仿这些话术的风格和套路来撰写新的话术。具体操作时，分为两步：让ChatGPT学习优质话术和让ChatGPT撰写文案。

案例81：让ChatGPT撰写图书介绍的直播话术

首先，我们要调教ChatGPT，让它学习图书介绍话术（即产品话术）。为了方便ChatGPT学习多本图书的介绍话术，我先写了一段提示词，告诉它接下来的交互规则。

提示词如下：

> 接下来请你学习一位直播带货主播是怎样介绍图书的，我会分批提供给你几本图书的介绍，你只需要理解这些介绍的语言风格和介绍方法，不要分析或摘要，只回答"已学习"，其他任何事情都不要做。现在，请等待我提供图书介绍。

ChatGPT的回应如下：

> 好的，我已经准备好学习直播带货主播的语言风格和图书介绍方法。请提供第一本图书的介绍。

可见，ChatGPT理解了我的提示。接下来，我把童书《我会说"谢谢"》和《我会说"请"》的介绍发送给ChatGPT。

提示词如下：

> 给大家看一下这本书，我个人特别喜欢，是"讲礼貌"系列的，《我会说"谢谢"》和《我会说"请"》。姐妹们，这个书是获得了《纽约时报》图书畅销榜第一名的！这个真的特别厉害！我觉得它是一个特别神奇的书，首先它不仅获得了《纽约时报》图书畅销榜第一名，而且它的作者，在我们行业内都是没多少人见过的。为什么？它的作者是来自美国的詹姆斯·帕特森。詹姆斯·帕特森，如果类比的话，类似我们国内的白岩松，他在美国也是白岩松一样类型的人。而且你看还有第二个作者，比尔·奥莱利，他是美国新闻界一个很厉害的人，拿过两次艾美奖，你知道这是一个什么样的奖吗？地位很高的！他俩和童书其实八竿子打不着，为什么去做了这么一套书呢？因为他们两个也是宝爸，他们同样遇到了孩子6岁之前的统一性问题，就是不知道怎样去跟别人表达"谢谢"和跟别人说一个"请"字，就是不知

> 道跟别人怎样更好地交流。这套书可以帮助孩子融入社会，包括跟父母沟通，跟其他小朋友沟通。这套书是中英双语的！还有一点，姐妹们，你看它里面的绘画，每一个画作都来自拿过大奖的绘画大师。你看就像这一本书里的画，它是由18位艺术家精心绘制的，体现了23个不同的场景。比如说厕所没有纸了，请帮帮我好吗？比如孩子吃完了东西还想吃，请再给我来一份好吗？那是不一样的对不对？是不是特别容易遇见的场景？

ChatGPT的回应如下：

> 已学习。

接着，我提供了第二份图书介绍。

提示词如下：

> 好了，来，直播间的各位朋友，给大家上两本新书，从小学到高中都可以看，一本是《机器人陪你学数学》，一本是《外星人陪你学化学》，这两本书都是以漫画形式展现的。我先看一下咱们直播间的各位家长们，你们家孩子的年龄。我家老大是9周岁……

ChatGPT的回应如下：

> 已学习。

如果你想要ChatGPT学习更多语料，可以接着提供数据给它。你提供的数据越多，ChatGPT仿写时就越像指定的话术。

当我们觉得ChatGPT学习的话术足够丰富时，就可以让它根据学到的风格和方法，为我们撰写文案。

提示词如下：

> 现在，请使用你刚刚学习的风格和图书介绍方法，面向直播间的宝妈介绍卡尔维诺的图书《意大利童话》。

ChatGPT的回应如下：

> 亲爱的宝妈们，我今天要向大家介绍一本非常特别的书，它是卡尔维诺的《意大利童话》。这本书以意大利童话为主题，将带你和孩子们进入一个奇妙的故事世界。
>
> 首先，我要告诉大家这本书的作者是卡尔维诺。卡尔维诺是一位著名的意大利作家，他以其独特的文风和富有想象力的故事而闻名。在《意大利童话》这本书中，他将他的创意与意大利传统故事相结合，为孩子们带来了一系列引人入胜的故事。

> 这本书中的故事充满了奇幻和神奇的元素，让孩子们沉浸其中。书中讲述了各种各样的冒险故事，涉及勇敢的英雄、美丽的公主、魔法和神秘的生物。通过这些故事，孩子们可以发现意大利文化的瑰宝，并培养他们的想象力和创造力。
>
> 这本书的语言简洁明快，适合各个年龄段的孩子。无论是小学生还是初中生，甚至是高中生，都能从中找到乐趣、获得启发。对于不熟悉意大利文化的孩子来说，这本书也是一个了解意大利民间传说和故事的绝佳途径。
>
> 除了精彩的故事情节，这本书还配有精美的插图。这些插图生动地展现了故事中的情节和角色，为孩子们呈现了一个色彩斑斓的意大利童话世界。孩子们可以通过观赏这些插图，更好地理解故事的发展和情感的表达。
>
> 总的来说，卡尔维诺的《意大利童话》这本书是一本充满魔力和想象力的书，它将带领你和孩子们探索意大利文化的神奇之处。无论你是想为孩子们带来愉快的阅读时光，还是想为他们开拓视野和培养想象力，这本书都是一个不错的选择。
>
> 希望我的介绍能让你对《意大利童话》产生兴趣，让孩子们在阅读中享受乐趣和学习的时刻。谢谢大家！

ChatGPT生成的图书介绍，在语言风格上，比我提供给它的样例稍稍正式一些，不过总体来看，完成度还是不错的。我们只要在此基础上，稍稍改动一下语气，让它符合我们自己的特点，就可以用了。

我们刚才演示了如何让ChatGPT撰写图书介绍，图书介绍属于产品话术，除了产品话术，还有开播话术、福利话术、转化话术、互动话术、下播话术等，也可以采用类似的方法和步骤来撰写。

11.4 知乎问答

知乎的口号是“有问题就会有答案”，这个口号指出了知乎的特点，即一个以解答用户问题为导向的社区。因此，在知乎创作，最典型的形式就是回答问题。

我在知乎回答过2000多个问题，是知乎2021年度新知答主，也是程序员、职场、职业规划3个话题的优秀答主。根据我的经验，在知乎答题时，比较受欢迎的回答类型是方案文、故事文、教学文、新知文、误区文、清单文和解释文。每种类型的回答，特征都不一样。因此，在知乎回答问题，流程和写一般的文章又有所不同。

案例82：用ChatGPT创作知乎回答

第1步，选择回答类型。 不同的知乎问题，适用不同类型的回答。像“你读过哪些让你觉得值得收藏、反复阅读的书？”“最近你悟出来什么道理？”这样的问题，最适合用清单文、故事文来回答；像“新手如何开始练习写作？”“怎么认知自己？”这样的问题，最适合用方案文来回答……所以看到一个知乎问题后，首先要明确的就是“选择哪种类型的回答进行创作”。

具体的做法有两种：一种是根据自己的经验分析问题，选择自己认为合适的类型；另一种是看高赞回答，选择与高赞回答类似的类型。

第2步，设定角色。 赋予ChatGPT优秀答主的角色，同时赋予它相应的特征。这样在后续的会话中，它才能有更好的表现。

提示词如下：

> 请你扮演一位知乎优秀答主，你回答过5000个问题，擅长撰写各种类型的回答，熟悉各种高赞回答的特征，写出过1000篇高赞回答。请担任我的创作顾问，等待我的提示。

ChatGPT的回应如下：

> 当然，我很荣幸能够担任你的创作顾问！请告诉我你需要的帮助和提示，我将竭尽所能为你提供支持和指导。无论是关于撰写高赞回答的技巧、特点，还是任何其他创作相关的问题，都请随时提问。

第3步，确认ChatGPT理解回答类型。 你选择的回答类型，ChatGPT不一定了解，所以要先询问它是否了解。如果ChatGPT不了解你选择的回答类型，则需要自己输入这种回答类型的特征给ChatGPT。

提示词如下：

> 知乎高赞回答中有一种类型是方案文，你了解吗?

ChatGPT的回应如下：

> 是的，我了解知乎上的方案文。方案文是指在回答中提供解决问题的具体方案或方法，并通常包含详细的步骤、指导或建议。这种类型的回答在知乎上往往备受欢迎，因为它们能够为提问者提供实用的、可操作的解决方案。
>
> 在撰写方案文时，以下几个要素是很重要的。
>
> 1.清晰的问题陈述：确保你完全理解提问者的问题，并在回答中准确、清晰地陈述问题。这有助于确保你的方案与问题相关，并能够满足提问者的需求。

> 2.结构化的方案：将你的方案划分为清晰的步骤或模块，以便读者能够逐步理解和实施。在每个步骤中提供具体的操作指导，并尽量避免模糊或笼统的描述。
>
> 3.实用性和可行性：确保你提供的方案是实际可行的，并且读者能够根据你的建议来实施。考虑到不同读者的背景和条件可能各不相同，尽量提供灵活性高的文章，允许读者根据自身情况进行调整。
>
> 4.举例和解释：在方案文中使用具体的案例、实例或故事来支持你的观点和建议。这有助于读者更好地理解你的方案，并增加回答的可信度和说服力。
>
> 5.图文并茂：在方案文中使用适当的图片、图表或其他视觉辅助材料，以增加回答的可读性和吸引力。这些可以用于解释步骤、示范操作或呈现结果。
>
> 最后，记得保持回答的语言简洁明了、易于理解，并尽量回答提问者的问题。通过提供有用的、经过思考的方案文，你可以提高回答的质量，获得更多的赞同和支持。
>
> 如果你有特定的问题或需要更多的指导，请随时告诉我！

ChatGPT给出了撰写方案文的5个要素，可以确认，它理解了方案文。

第4步，确认高赞回答特征。一个回答具备了某种类型的要素，并不一定会成为高赞回答。那些高赞回答往往另有特征。所以我们进一步和ChatGPT确认高赞回答的共同点，方便后面写作时参考。

提示词如下：

> 知乎上高赞的方案文有哪些共同点？

ChatGPT的回应如下：

> 知乎上高赞的方案文通常具备以下几个共同点。
>
> 1.详尽的解决方案：高赞的方案文往往提供详细而全面的解决方案。它们不仅仅是简单的概念解释或模糊的建议，而是包含具体的步骤、方法、技巧或策略。这些方案能够为提问者提供实际可操作的指导，帮助他们解决问题或达成目标。
>
> 2.逻辑清晰的结构：高赞的方案文通常具备逻辑清晰的结构。它们将解决问题的过程划分为有条理的步骤或模块，让读者能够按部就班地理解和实施。每个步骤都被详细说明，不会让读者感到困惑或迷失。
>
> 3.实用性和可行性：高赞的方案文强调方案的实用性和可行性。它们考虑到读者的实际情况和限制，并提供了相应的建议和解决方案。这些方案并非空洞的理论，而是可以在实际中应用和验证的。

4.具体的案例或示例：高赞的方案文通常会使用具体的案例、实例或故事来支持解决方案。这些案例可以帮助读者更好地理解方案的应用场景、效果和优势。通过实例的呈现，读者能够更直观地感受到方案的实际效果。

5.科学性和可信度：高赞的方案文注重科学性和可信度。它们可能引用权威的研究、数据或经验，并提供相关的引用或来源。这种基于科学和可靠信息的支持使得方案文更具有说服力和可信度。

6.语言简洁明了：高赞的方案文通常使用简洁明了的语言，避免使用复杂的术语或过于晦涩的表达。它们力求用通俗易懂的方式表达复杂的概念，让读者能够轻松理解。

这些共同点并非绝对，但它们代表了知乎上高赞方案文的一些常见特征。当你撰写方案文时，可以参考这些特点来提高回答的质量和吸引力。记得始终以读者的角度思考，并关注于提供有价值的解决方案。

ChatGPT给出的高赞回答共同点，看起来是有参考意义的。

第5步，生成回答。刚才第3步、第4步，我们和ChatGPT在回答类型和对应类型高赞回答的共同点上达成了共识，现在可以让ChatGPT根据共识来创作回答了。

提示词如下：

请结合你刚刚提供的知乎方案文的5个要素和高赞方案文的6个共同点，采用方案文回答以下问题：如何提高表达能力?

ChatGPT的回应如下：

问题：如何提高表达能力?

回答：

提高表达能力是许多人都希望达到的目标。下面我将为你提供一份详细的方案，帮助你有效地提高自己的表达能力。

1.清晰的问题陈述

要提高表达能力，首先需要明确自己的目标和需求。在这个问题中，我们关注的是如何提高表达能力，这包括口头表达和书面表达的能力。

2.结构化的方案

（步骤一）拓宽词汇量：丰富的词汇可以使你的表达更加准确和生动。建议每天学习一些新词汇，可以通过阅读书籍、文章、报纸等多样的文本来扩展自己的词汇量。

（步骤二）练习写作：写作是提高表达能力的有效途径。每天坚持写作练习，可以是日记、文章、博客等，锻炼自己的文字表达能力。同时，可以请他人给予反馈，帮助你不断改进。

（步骤三）演讲和表达训练：参加演讲俱乐部或公众演讲课程，可以提高口头表达能力。通过练习演讲和讨论，可以逐渐增强自信并改善表达能力。

（步骤四）培养阅读习惯：广泛阅读优秀的文学作品、新闻报道、专业书籍等，可以提高语感和思维的灵活性，进而改善表达能力。

3.实用性和可行性

这些步骤都是实际可行的，并且适用于不同的人群。无论你是学生、职场人士，还是自由职业者，通过这些方法都能够有效提高表达能力。

4.具体的案例或示例

例如，当你拓宽词汇量时，可以选择每天学习5个新的单词，并尝试在日常交流中使用它们。在写作练习中，你可以挑选一个感兴趣的话题，每周写一篇博客文章，然后请朋友或专业人士提供反馈意见。在演讲和表达训练中，可以选择一个有挑战性的话题，每周进行一次演讲练习，并参与互动讨论。这些具体的案例可以帮助你更好地理解方案并应用到实际中。

5.科学性和可信度

这些方案基于广泛的研究和实践经验，并得到了许多专业人士的认可。许多成功的表达者都使用类似的方法来提高自己的表达能力。

通过遵循这个方案，你可以逐步提高自己的表达能力。记住要坚持实践和持续学习，不断反思和改进自己的表达方式。相信随着时间的推移，你会看到自己在表达能力上的显著进步。

希望这个方案对你有帮助！如果你还有其他问题，请随时提问。

ChatGPT生成的这篇回答，的确结合了方案文的要素和高赞回答的共同点，只是结构和表达上都比较机械，优化空间很大。

第6步，迭代优化。优化的方式有两种：第一种是自己上手修改；第二种是给ChatGPT提供反馈，让它重新生成回答。我们看第二种方式怎么做。

提示词如下：

这个回答中，"清晰的问题陈述""结构化的方案""（步骤一）""（步骤二）"等解释性文字太刻意了。请写得更自然一些，更流畅一些。

ChatGPT的回应如下：

当然，我可以提供更自然和流畅的回答。下面是修改后的回答。

提高表达能力是许多人都渴望实现的目标。以下是一份详细的方案，帮助你有效地提高自己的表达能力。

我们需要明确目标：我们希望提高口头和书面表达的能力。

方案如下。

1.拓宽词汇量：丰富的词汇使得表达更准确、更生动。每天学习一些新词汇，可以通过阅读书籍、文章、报纸等多样的文本来扩展词汇量。

2.练习写作：写作是提高表达能力的有效方式。坚持每天进行写作练习，可以写日记、文章、博客等，锻炼文字表达能力。同时，寻求他人的反馈意见，不断进行改进。

3.演讲和表达训练：参加演讲俱乐部或学习公众演讲课程，可以提高口头表达能力。通过练习演讲和讨论，逐渐增强自信并改善表达能力。

4.培养阅读习惯：广泛阅读优秀的文学作品、新闻报道、专业书籍等，提高语感和思维的灵活性，进而改善表达能力。

这些步骤都是实际可行的，适用于不同人群。无论你是学生、职场人士，还是自由职业者，通过这些方法都能有效提高表达能力。

例如，当你拓宽词汇量时，每天学习5个新单词，并尝试在日常交流中使用它们。在写作练习中，选择一个感兴趣的话题，每周写一篇博客文章，并请朋友或专业人士提供反馈意见。在演讲和表达训练中，选择一个具有挑战性的话题，每周进行一次演讲练习，并积极参与互动讨论。

这些具体的案例可以帮助你更好地理解方案并应用到实际中。

这个方案基于广泛的研究和实践经验，并得到了许多专业人士的认可。许多成功的表达者都使用类似的方法来提高自己的表达能力。

通过遵循这个方案，你可以逐步提高自己的表达能力。记住要坚持实践和持续学习，不断反思和改进自己的表达方式。相信随着时间的推移，你会看到自己在表达能力上的显著进步。

希望这个方案对你有帮助！如果你还有其他问题，请随时提问。

这次的回答流畅自然了许多，不过给出的方法都没有提供案例。

提示词如下：

> 这个版本的回答流畅自然，很好。请在提到演讲和表达训练时，提供一位名人的案例来支持这个方法，其他部分不用改动。

在这个提示词中，我要求ChatGPT为“演讲和表达训练”这个方法提供名人案例。要注意的是，提示词中的“其他部分不用改动”，提醒ChatGPT不要重新生成回答，而是在原来回答的基础上做修订。

ChatGPT的回应如下：

> 提高表达能力是许多人都渴望实现的目标。以下是一份详细的方案，帮助你有效地提高自己的表达能力。
>
> 我们需要明确目标：希望提高口头和书面表达的能力。
>
> 方案如下。
>
> 1.拓宽词汇量：丰富的词汇使得表达更准确、更生动。每天学习一些新词汇，可以通过阅读书籍、文章、报纸等多样的文本来扩展词汇量。
>
> 2.练习写作：写作是提高表达能力的有效方式。坚持每天进行写作练习，可以写日记、文章等，锻炼文字表达能力。同时，寻求他人的反馈意见，不断进行改进。
>
> 3.演讲和表达训练：参加演讲俱乐部或学习公众演讲课程，可以提高口头表达能力。通过练习演讲和讨论，逐渐增强自信并改善表达能力。一个成功的案例是巴拉克·奥巴马（Barack Obama），他是美国前总统，以其出色的演讲和表达能力而闻名。他通过参加演讲比赛、演讲训练和实践不断提升自己的演讲技巧，成为一位备受赞赏的演讲家。
>
> 4.培养阅读习惯：广泛阅读优秀的文学作品、新闻报道、专业书籍等，提高语感和思维的灵活性，进而改善表达能力。
>
> ……

可以看到，ChatGPT的新版回答，加入了巴拉克·奥巴马的案例，符合我们的要求。不过ChatGPT在引用案例时，说得很笼统，只说奥巴马通过演讲比赛、演讲训练提升了演讲技巧，没有细节信息。

提示词如下：

> 请在引用巴拉克·奥巴马的案例时，描述他参加了哪些演讲训练和演讲比赛，其他部分不用改动。

ChatGPT的回应如下：

> ……
>
> 演讲和表达训练：参加演讲俱乐部或公众演讲课程，可以提高口头表达能力。通过练习演讲和讨论，逐渐增强自信并改善表达能力。一个成功的案例是巴拉克·奥巴马（Barack Obama），他是美国前总统，以其出色的演讲和表达能力而闻名。奥巴马在大学期间参加了一系列演讲比赛和训练，为自己的演讲技巧打下坚实基础。他积极参与学生演讲协会，并在校园内举办的演讲比赛中获得了多次荣誉。

可以看到，这次ChatGPT特意指出，巴拉克·奥巴马在大学期间参加了演讲比赛和训练，还在演讲比赛中获得了多次荣誉。

这一版回答的内容，比上一版又好了一些。不过回答中的4个方案，其他3个，还没有案例。

提示词如下：

> 在刚才的回答中，在介绍写作方案中的第3点“演讲和表达训练”时，你给出了巴拉克·奥巴马的案例，这点很好。请用同样的写法重写回答，给方案的第1点、第2点、第4点增加案例，其他部分不用改动。

ChatGPT的回应如下：

> ……
>
> 方案如下。
>
> 1.拓宽词汇量：丰富的词汇使得表达更准确、更生动。每天学习一些新词汇，可以通过阅读书籍、文章、报纸等多样的文本来扩展词汇量。一个成功的案例是英国作家J.K.罗琳（J.K.Rowling），她在创作“哈利·波特”系列小说时运用丰富多彩的词汇，为读者创造了一个魔幻而生动的世界。
>
> 2.练习写作：写作是提高表达能力的有效方式。坚持每天进行写作练习，可以写日记、文章、博客等，锻炼文字表达能力。一个成功的案例是美国作家乔治·奥威尔（George Orwell），他通过他的著作《1984》和《动物农场》展现了出色的文字表达能力，深刻影响了读者。
>
> 3.演讲和表达训练：参加演讲俱乐部或公众演讲课程，可以提高口头表达能力。通过练习演讲和讨论，逐渐增强自信并改善表达能力。一个成功的案例是巴拉克·奥巴马（Barack Obama），他是美国前总统，以其出色的演讲和表达能力而闻名。奥巴马在大学期间参加了一系列演讲比赛和训练，为自己的演讲技巧打下坚实基础。

> 4.培养阅读习惯：广泛阅读优秀的文学作品、新闻报道、专业书籍等，提高语感和思维的灵活性，进而改善表达能力。一个成功的案例是英国作家奥斯卡 · 王尔德（Oscar Wilde），他以其机智幽默的文字表达风格而闻名，他的长篇小说《道林 · 格雷的画像》展现了他独特的表达能力。
>
> ……

ChatGPT不辱使命，为我要求的3个要点都提供了案例。不过我发现这个版本的内容，有两个小问题，一是ChatGPT重写了奥巴马的案例，去掉了上一版本中的具体信息；二是提供的4个案例，都跳过了运用回答中方法进行训练的信息，只说了成功的结果。

提示词如下：

> 刚才的回答中，方案中的4个要点都有案例了，很好。现在，请重写回答，为J.K.罗琳、乔治 · 奥威尔、巴拉克 · 奥巴马、奥斯卡 · 王尔德这4个案例补充使用要点所讲方法的过程，其他部分不用改动。

在上面的提示词中，我要求ChatGPT修改所有案例，增加案主使用回答中的方法提升自己的过程性信息。

ChatGPT的回应如下：

> 提高表达能力是许多人都渴望实现的目标。以下是一份详细的方案，帮助你有效地提高自己的表达能力。
>
> 我们需要明确目标：我们希望提高口头和书面表达的能力。
>
> 方案如下。
>
> 1.拓宽词汇量：丰富的词汇使得表达更准确、更生动。为了拓宽词汇量，你可以每天学习一些新词汇，并尝试在日常交流中使用它们。举个例子，像J.K.罗琳这样的作家通过广泛阅读和研究，积累了丰富的词汇量。她在创作“哈利 · 波特”系列小说时巧妙地运用了各种词汇，为读者创造了一个魔幻而生动的世界。
>
> 2.练习写作：写作是提高表达能力的有效方式。为了练习写作，你可以每天坚持进行写作练习，例如写日记、文章等。乔治 · 奥威尔就是一个很好的例子，他通过反复的写作实践，锻炼了自己的文字表达能力。他的著作《1984》和《动物农场》展现了他出色的文字表达能力，并深刻影响了读者。
>
> 3.演讲和表达训练：参加演讲俱乐部或公众演讲课程，可以提高口头表达能力。巴拉克 · 奥巴马的经历是一个很好的例子。在大学期间，他积极参加演讲比赛和训练，为自己的演讲技巧打下坚实基础。通过不断的练习和反馈，他逐渐增强了自

己的演讲能力，最终成为一位备受赞赏的演讲家和领导者。

4.培养阅读习惯：广泛阅读优秀的文学作品、新闻报道、专业书籍等，提高语感和思维的灵活性，进而改善表达能力。奥斯卡·王尔德就是一个典型的例子。他通过阅读大量优秀的文学作品，培养了自己独特的文学眼光和文字表达能力。他的长篇小说《道林·格雷的画像》展现了他机智幽默的表达风格，深受读者喜爱。

这些步骤都是实际可行的，适用于不同人群。无论你是学生、职场人士还是自由职业者，通过这些方法都能有效提高表达能力。

通过遵循这个方案，你可以逐步提高自己的表达能力。记住要坚持实践和持续学习，不断反思和改进自己的表达方式。相信随着时间的推移，你会看到自己在表达能力上的显著进步。

希望这个方案对你有帮助！如果你还有其他问题，请随时提问。

到现在为止，ChatGPT给出的回答，算是不错的草稿了，我们只要去掉人机对话相关的信息（如“希望这个方案对你有帮助……”），调整一下开头部分，就可以发布了。

相信通过上面的详细演示，你应该知道怎样用ChatGPT回答知乎问题了。最后，有几点经验，分享给你。

- 不是所有知乎问题，都要套用回答类型，有些新闻类、社会事件类问题、预测类问题，可能要自己手动回答或者参考ChatGPT给的思路人工回答。
- 要想写出高质量回答，需要在ChatGPT创作的内容基础上，做个人化的修订。
- 涉及时效性的内容、数据的内容，最好在发布回答前核验一遍事实。
- 对于带有不同利益相关方的问题，在请ChatGPT回答之前，要先选择立场和观点。

11.5 公众号

一直以来，撰写公众号文章都比较耗时耗力，一篇2000字的文章，可能要花半天时间，才能做到观点鲜明、内容翔实、易于传播。

ChatGPT的出现，可以大大提升公众号写作者的产出效率。

案例83：请ChatGPT写一篇关于职场沟通的公众号文章

第1步，选择关键词。关键词是文章最初的想法，像“ChatGPT”“沟通”“高考”“晋升”等都是关键词。关键词可以来自你洗澡时的灵光一现，可以来自你阅读时不经意的触动，可以来自热点事件，可以来自热榜分析……来自哪里不重要，重要的是，在开始写文章之前，需要有这样一个关键词。

接下来我要演示的文章，关键词是“职场沟通”。

第2步，设定角色。为ChatGPT设定一个和文章关键词相关的角色，它能为你提供更好的选题，能帮你更好地列大纲、写文章。

提示词如下：

> 请你扮演一位沟通专家，你精通DISC、MBTI、大五人格、九型人格等工具和理论，熟悉社会心理学。你曾经在世界500强企业担任人力资源总监，也曾经在国企从事人力资源管理工作。你擅长与各种性格、各种职位的人建立并维系良好的关系。

ChatGPT的回应如下：

> 非常荣幸能够扮演一位沟通专家的角色，我将竭尽全力提供相关知识和建议。作为一名曾在世界500强企业担任人力资源总监并在国企从事人力资源管理工作的专家，我对DISC、MBTI、大五人格和九型人格等工具和理论都非常熟悉，并且了解社会心理学的相关内容。同时，我也拥有丰富的经验，能够帮助你与各种性格和职位的人建立和维系良好的关系。
>
> 请告诉我你目前面临的具体问题或情境，我将尽力为你提供适当的建议和解决方案。

第3步，确定选题。文章关键词只是一个大致的想法，还不能确定文章内容到底写什么。比如“职场沟通”这个关键词，可以从无数个角度写出无数篇文章。所以我们还要进一步明确选题，确认文章到底写什么。

提示词如下：

> 我想写一篇关于职场沟通的文章，在我的微信公众号中发表。请提供10个关于职场沟通的选题。

ChatGPT的回应如下：

> 当然，我可以为你提供一些关于职场沟通的选题，供你在微信公众号上发布文章。以下是10个选题供你参考。
>
> 1.沟通风格对职场合作的影响：DISC理论解析
>
> 2.职场冲突解析：沟通技巧与冲突管理

> 3.如何在跨文化职场中有效沟通
>
> 4.沟通技巧与领导力的关系
>
> 5.倾听的力量：有效沟通中的关键技能
>
> 6.通过非语言沟通建立信任和共鸣
>
> 7.职场中的难言之隐：如何进行敏感话题的沟通
>
> 8.解读职场中的人格类型：MBTI和九型人格在沟通中的应用
>
> 9.有效反馈的艺术：建设性反馈的原则与实践
>
> 10.多元化职场中的沟通挑战与解决方案
>
> ……

我感觉这些选题，多数都比较空泛，所以重新从读者对象、效果、场景等方面做了细化。

提示词如下：

> 我想写一篇关于职场沟通的文章，在我的微信公众号上发布。请按照以下指示提供10个关于职场沟通的选题：文章的读者是职场新人，选题要实用，能帮助读者应对初入职场可能遇到的沟通问题。

ChatGPT的回应如下：

> 非常感谢你提供的指示。针对初入职场的读者，以下是10个关于职场沟通的实用选题，旨在帮助他们应对可能遇到的沟通问题。
>
> 1.职场沟通101：建立良好沟通基础的关键技巧
>
> 2.跳出舒适区：如何与上级建立积极有效的沟通
>
> 3.同事合作之道：团队沟通的策略与技巧
>
> 4.拒绝说不：如何委婉地拒绝他人的请求或提议
>
> 5.说服力的艺术：有效地表达观点与影响他人
>
> 6.职场邮件沟通指南：撰写清晰、得体的电子邮件
>
> 7.解读非言语信号：职场中的身体语言与微表情
>
> 8.职场反馈接收指南：积极应对批评与建议
>
> 9.跨部门合作的沟通技巧：有效地与不同团队协作

> 10.职场冲突解决：建设性沟通与妥协的重要性
>
> ……

我觉得第4个选题和第8个选题比较具体，再次优化提示，请ChatGPT提供新的选题。

提示词如下：

> 第4个选题和第8个选题，结合了典型的职场问题，比较实用。请按照这两个选题的思路，再提供5个选题。

ChatGPT的回应如下：

> 当然，我可以为你提供更多以第4个选题和第8个选题为思路的实用选题。以下是进一步的5个选题供你参考。
>
> 1.构建职场自信：自信心与有效沟通的关系
>
> 2.职场中的情绪管理：如何在沟通中保持冷静与理性
>
> 3.共情力的重要性：在职场沟通中培养共情的技巧
>
> 4.职场中的断言与辩解：有效处理冲突和争议的方法
>
> 5.建立信任的沟通技巧：在职场中树立信任的方法和策略
>
> ……

因为希望文章针对具体场景提供方法，所以我基于选题“职场反馈接收指南：积极应对批评与建议”做了修订，确定采用“职场反馈接收指南：积极应对批评”作为文章选题。

第4步，生成大纲。公众号文章相对较长，大纲可以明确思路，掌控走向，保证文章质量。因此推荐在写作之前先列大纲。

用ChatGPT列大纲，非常简单。

提示词如下：

> 很好，请针对以下选题生成大纲：“职场反馈接收指南：积极应对批评”

ChatGPT的回应如下：

> 大纲：“职场反馈接收指南：积极应对批评”
>
> I.引言
>
> A.介绍选题的重要性和目的
>
> B.解释为什么积极应对批评是职场发展和个人成长的关键要素

II.理解批评的意义

A.批评的定义和种类

B.批评对个人和团队的价值和作用

C.消除负面情绪与接受批评的重要性

III.接受批评的心态

A.保持开放心态和谦逊的重要性

B.视批评为成长机会的心理转变

C.控制情绪和应对防御机制

IV.积极应对批评的技巧

A.倾听和理解批评者的观点

B.提出合适的问题以获得更多的反馈细节

C.表达感激和接受责任

D.制订改进计划和目标

E.寻求支持和反馈的渠道

V.应对挑战和克服障碍

A.处理情绪反应和自尊心受挫的问题

B.面对不公正或过度批评的应对策略

C.克服自我怀疑和恐惧，保持积极的心态

VI.建立积极的反馈文化

A.与团队成员和上级建立开放的沟通渠道

B.促进建设性的反馈文化和相互学习的氛围

VII.结论

A.总结主要观点和重要技巧

B.强调积极应对批评对个人和职业发展的价值

……

默认情况下，ChatGPT生成的大纲是论文式的，结构完整，但公众号文章不像论文那么严肃，所以论文式大纲就显得有点臃肿。所以，我们通常都要优化一下。

提示词如下：

这个大纲很好。请去掉大纲第I部分中第A节和第VI部分，调整受到影响的标题编号。其他部分不用改动。

ChatGPT的回应如下：

调整后的大纲：“职场反馈接收指南：积极应对批评”

I.引言

A.解释为什么积极应对批评是职场发展和个人成长的关键要素

II.理解批评的意义

A.批评的定义和种类

B.批评对个人和团队的价值和作用

C.消除负面情绪与接受批评的重要性

III.接受批评的心态

A.保持开放心态和谦逊的重要性

B.视批评为成长机会的心理转变

C.控制情绪和应对防御机制

IV.积极应对批评的技巧

A.倾听和理解批评者的观点

B.提出合适的问题以获得更多的反馈细节

C.表达感激和接受责任

D.制订改进计划和目标

E.寻求支持和反馈的渠道

V.应对挑战和克服障碍

A.处理情绪反应和自尊心受挫的问题

B.面对不公正或过度批评的应对策略

C.克服自我怀疑和恐惧，保持积极的心态

VI.结论

A.总结主要观点和重要技巧

B.强调积极应对批评对个人和职业发展的价值

……

第5步，明确文章特征。新媒体时代，每个内容平台的文章都有自己的特征。我们结合平台的文章特征写作，更容易获得该平台用户的青睐。所以，在写作之前，先和ChatGPT同步一下，看它是否知道公众号文章的特征。

提示词如下：

阅读量超过10万次的公众号文章有哪些共同点？

ChatGPT的回应如下：

阅读量超过10万次的公众号文章通常具有以下一些共同点。

1.引人入胜的标题：这些文章通常具有引人注目、激发兴趣的标题，能够吸引读者的注意力。

2.有价值的内容：这些文章提供了有趣、实用和有价值的内容，能够解决读者关心的问题、满足他们的需求，或提供新的见解和观点。

3.适应受众：这些文章对受众进行了深入的了解，并根据受众的需求和兴趣编写内容。它们能够与读者建立共鸣，并为他们提供想要的信息。

4.清晰而流畅的写作风格：这些文章以清晰、简洁、易于理解的语言编写，避免使用过多的行业术语或复杂的句子结构。它们通常采用流畅的写作风格，使读者能够轻松地理解和消化内容。

5.视觉吸引力：成功的公众号文章通常配有高质量的图片、图表或其他视觉元素，以增加阅读体验的吸引力和可读性。

6.营造互动和分享的氛围：这些文章鼓励读者参与讨论、留下评论，并提供分享按钮以便读者方便地分享文章给他人。

7.推广和传播：成功的公众号文章在推广方面做得好，通过适当的宣传和传播渠道，如社交媒体、邮件列表等，将文章推送给目标受众。

需要注意的是，以上共同点并非绝对……

ChatGPT给出的文章特征，第1点是针对标题的，第2、3、4点是针对文字的，其他几点是文字之外的。如果你对公众号文章有更多研究和更细致的特征总结，也可以发送给ChatGPT，请它记录下来，让它结合你给的特征来写文章。

第6步，提出要求，生成文章。我结合ChatGPT刚才给出的第2、3、4点特征，做了一些调整，形成了提供给ChatGPT的写作要求，请它按此要求生成内容。

提示词如下：

> 请根据调整后的大纲，按照以下指示生成文章：文章读者是职场新人；使用通俗易懂的语言；使用详细的例子阐述观点；讲解技巧时尽量详细并提供应用案例。

注意，我这里的提示词只是示例，不一定是最优的，在实际写作时，要根据自己的具体情况来调整。

ChatGPT的回应如下：

> **文章题目**　职场反馈接收指南：积极应对批评
>
> **引言**
>
> 大家在职场上都会面临批评，它是我们成长和进步的机会。然而，许多职场新人可能不知道如何正确接受批评并从中受益。本文将分享一些实用的技巧，帮助你积极应对批评，使其成为你职业发展的催化剂。
>
> ……

这篇文章有1700多字，内容很丰富，不过还不能直接发布。

第7步，迭代优化。ChatGPT生成的文章，往往在语言、素材、句子和段落衔接等方面存在问题，需要进一步优化。优化分为两个阶段：一是请ChatGPT优化；二是自己手动优化。我们主要看看怎么请ChatGPT优化。

要让ChatGPT优化就要能辨别出它生成的文章哪里不好。ChatGPT刚才生成的文章中，有很多需要优化的地方，其中比较明显的地方有5个：（1）“理解批评的意义”这个模块，需要示例；（2）“积极应对批评的技巧”这个模块的开始部分，突兀生硬，应当加一些过渡语句；（3）“应对挑战和克服障碍”这个模块的问题与（2）相似；（4）结尾太长，臃肿；（5）引言部分，机械，吸引力不够。

这里我选择（1）、（2）、（4），演示一下怎么让ChatGPT优化。优化时我采用了下面的提示模板：

> [原内容]
>
> [优化要求]

其中，“[原内容]”是之前ChatGPT生成的待优化的内容；“[优化要求]”是具体的优化指示。

提示词如下：

> 理解批评的意义
>
> 批评并非仅仅是对你的负面评价，它实际上是他人对你的关注和关心。批评有助于提升个人和团队的表现，并帮助我们发现自身的盲点和不足之处。接受批评是个人成长的关键一步。
>
> 请重写上面这部分内容，加入一个例子，展示批评的意义。

在上面的提示词中，我先给出了大纲中“理解批评的意义”模块对应的内容，然后给出指示，要求ChatGPT用例子体现批评的意义。

ChatGPT的回应如下：

> 理解批评的意义
>
> 批评并非仅仅是对你的负面评价，也是他人对你的关注和关心。批评有助于提升个人和团队的表现，并帮助我们发现自身的盲点和不足之处。通过批评，我们可以获得宝贵的反馈信息，促使我们成长和改进。
>
> 举个例子，假设你是一个项目团队的成员，你提出了一个方案，但在实施过程中出现了问题。你的同事可能会提出批评，指出你在计划阶段没有充分考虑某些关键因素。虽然这听起来可能是对你的批评，但实际上，他们关注的是项目的成功和团队的表现。他们希望你能够意识到这个问题，并在将来的项目中做出改进。
>
> 通过接受这样的批评，你可以从中学到宝贵的教训，例如，更全面地考虑各种因素、更仔细地规划和执行项目。这种批评实际上是帮助你成长和进步的机会，让你更好地理解团队的需求，并提高自己的专业能力。
>
> 因此，要理解批评的意义，我们需要抛开对批评的消极情绪，看到其中蕴含的关怀和帮助。批评可以激发我们的潜力，推动个人和团队的进步，让我们更加注重细节，提升能力，并取得更好的成果。

这个版本的内容更加丰富，读起来给人的感觉，就比没有优化之前要好很多。

提示词如下：

> 积极应对批评的技巧
>
> 1.倾听和理解批评者的观点：当接收到批评时，耐心倾听批评者的意见，并尽可能理解他们的观点。示意你理解他们的关切，并展示你对他们的看法持开放态度。

> 举例：当你在团队会议上发表意见时，一位同事可能提出了一些不同的看法并指出你的某个观点存在问题。你可以说："非常感谢你的反馈，我明白你的关注。我想请你详细解释一下你的观点，我想更好地理解你的立场。"
>
> 请重写上面这部分内容，在"积极应对批评的技巧"后面加一段话，让文章更自然更顺畅。其他部分不用改动。

ChatGPT的回应如下：

> 积极应对批评的技巧
>
> **在面对批评时，以下是一些积极应对的技巧，可帮助我们更好地处理和回应批评。**
>
> 1.倾听和理解批评者的观点：当接收到批评时，耐心倾听批评者的意见，并尽可能理解他们的观点。示意你理解他们的关切，并展示你对他们的看法持开放态度。
>
> ……

其中，粗体显示的句子，是ChatGPT加进来的。仍然有点生硬，但较之以前，好了一些。你想要更好的效果，还可以继续细化提示词，让ChatGPT再次优化。

提示词如下：

> 结论
>
> 积极应对批评是职场新人成功发展的关键。通过保持开放的心态、理解批评的意义，以及运用技巧来积极应对批评，我们就能够不断改进自己，实现个人和职业目标的成长。批评是我们成长的催化剂，它帮助我们发现自身的盲点和不足，并为我们提供机会去改进和提高。当我们接受批评时，要倾听和理解批评者的观点，并提出合适的问题以获得更多反馈细节。我们应该表达感激并接受批评，制订具体的改进计划和目标。同时，寻求他人的支持和反馈也是非常重要的。尽管在接受批评的过程中可能会面临一些挑战和障碍，如处理情绪反应和自尊心受挫，或应对不公正或过度批评，但我们可以通过控制情绪、保持积极心态，以及与他人沟通来解决这些问题。最重要的是，我们要相信自己的能力，相信批评是我们成长的机会，而我们有能力从中汲取教训，并变得更好。
>
> 通过积极应对批评，我们能够不断提升自己的职场表现，获得他人的认可和信任。作为职场新人，接受批评并将其转化为自我提升的机会，将成为你在职场中取得成功的关键一步。记住，每一次批评都是你成为更好的自己的机会，相信自己的潜力，并勇敢面对和接受批评的挑战。祝愿你在职场中取得辉煌的成就！
>
> 上面是文章的结论部分，请用3~5个句子重写，确保简洁有力。

我在提示词中限定ChatGPT用3~5个句子重写，这个指示能确保ChatGPT改掉“话痨”的毛病。

ChatGPT的回应如下：

> 积极应对批评是职场新人成功发展的关键。倾听、理解和接受批评，制订改进计划，并寻求他人的支持和反馈，将帮助我们不断提升职场表现。每一次批评都是我们成长的机会，相信自己的潜力，并积极应对批评的挑战，我们将在职场中取得辉煌的成就！

如你所见，新的结尾比原来简洁多了。

用ChatGPT优化后，可以把多次优化的结果与原来的文章合并，整合成新的文章。再做一些手动优化，形成终稿。

关于请ChatGPT迭代优化，下面分享几点经验。

- 分段分批优化，即把效果不好的段落单独拿出来，分多次请ChatGPT优化。
- 要求补充案例，公众号文章的读者多数是利用碎片时间在智能手机上阅读，例子读来轻松，效果更好。
- 要求重写某个部分时，不要简单说重写，要给出“加一个例子”“引用名言”“3~5个句子”等更具体的指示。

第8步，起标题。标题决定了公众号文章的点击率，可谓至关重要。请ChatGPT起标题，最简单的做法是先让它给出爆款标题的特征，然后让它根据特征为文章起标题。

提示词如下：

> 就微信公众号文章来讲，引人入胜的标题有哪些共同点？

ChatGPT的回应如下：

> 引人入胜的微信公众号文章标题通常具有以下共同点。
>
> 1.引起兴趣：标题能够激发读者的好奇心和兴趣，让他们想要点击进去阅读更多内容。使用引人注意的词汇、问题或挑战性的观点可以吸引读者的眼球。
>
> 2.简洁明了：标题应该简洁明了，尽量避免过长或复杂的句子。简明扼要地表达文章的主题或关键点，让读者能够一目了然。
>
> 3.具有独特性：标题需要与众多其他文章产生区别，突出独特性和独到的观点。使用独特的词汇、表达方式或者提出新颖的观点可以吸引读者的兴趣。
>
> 4.引发情感共鸣：标题可以触发读者的情感共鸣，让他们觉得这篇文章与自己的经

历或问题相关，从而更有动力点击进入并阅读。

5.制造悬念或承诺：标题可以制造悬念，让读者产生好奇心并想要了解更多。同时，标题也可以承诺给读者某种收益或益处，让他们觉得点击进去阅读文章是有价值的。

6.使用具体的数字或关键词：在标题中使用具体的数字、数据或者关键词，可以让读者知道文章是有实质性内容的，而不仅仅是空洞的概念。

7.言之有物：标题要言之有物，不应过于笼统或模糊。明确传达文章的核心内容或者提供清晰的好处，让读者知道他们将从文章中获得什么。

请注意，标题的效果还受到目标读者群体、内容类型，以及具体情境的影响。因此，在撰写标题时，需要综合考虑以上要点，并根据实际情况进行调整和优化，以吸引读者并提高点击率。

提示词如下：

结合刚才的标题共同点，为之前生成的文章起10个引人入胜的标题。

ChatGPT的回应如下：

1. 职场新人必读：如何积极应对批评，实现个人成长

2. 揭秘职场秘籍：倾听批评者的心声，打造无可挑剔的职业形象

3. 打开职场成功之门：接受批评的艺术与技巧

4. 职场进阶必备：如何转化批评为职业发展的机遇

5. 突破职业瓶颈：掌握积极应对批评的技巧，事业腾飞不再难

6. 职场新人的成长密码：如何善于接受批评，成就卓越表现

7. 超越职场挑战：掌握积极应对批评的策略，成为职场精英

8. 职场攀登高峰：接受批评，释放个人潜力

9. 批评的力量：打造职业转型的关键步骤

10. 接纳批评，引领职业进步之路

……

从个人视角来看，我对第1个和第6个标题比较满意。如果你对这些标题不满意，还可以细化提示词，让ChatGPT重新生成。

相信通过上面的详细演示，你应该知道怎样用ChatGPT撰写公众号文章了。最后，我想说的是，这个过程看起来很复杂，但熟练之后，操作起来就会很快。

11.6 本章小结

本章介绍了怎么运用ChatGPT提升自媒体创作效能，涵盖了小红书、短视频、直播、知乎问答、公众号等常见的自媒体渠道和形式。我们的示范不可能包含所有情况，只是展示了典型应用，算是抛砖引玉，你可以在实践中找到更多应用ChatGPT提效的方式。

最后，分享几点使用ChatGPT创作内容的经验。

- 运用ChatGPT写作，有一个从陌生到熟练的过程，刚接触时因为不懂各种操作，需要不断调整提示词，可能感觉不到提高了效率，但熟练起来，建立了自己的提示库，效率就会显著提高。
- 为每一个新内容，新建一个ChatGPT会话，并为这次会话起一个言简意赅的名字，方便后续浏览、迭代。
- 将有意义的ChatGPT会话链接收集起来，配以名字，保存在云笔记产品中，这样后续想要查找时，可以利用云笔记的检索功能找到链接，然后复制链接到浏览器中，打开就可以查看或修改。
- 部分平台会检测AI生成的内容，为这些内容打上诸如“包含AI创作”“外显”等标签，如果不想让这些标签影响你的内容，就需要人工调整ChatGPT生成的内容，对开头、结尾、语气、句式等做一些修订，使其具备个人化风格。

第三篇 高级篇

第12章

ChatGPT助力你成为“超级个体”

在2.3节，我提到了一个概念“超级个体”。

何为“超级个体”？相对于普通个体有什么区别呢？我的理解是，作为“超级个体”的你，能够更快且更高效地完成学习、工作，单兵作战的效率甚至可以比肩一个团队！而成为“超级个体”这种事，在过去几乎不大可能，但在AI时代，更多普通人将迎来这样的机会。

本书的内容也是围绕这个主题展开的。我们通过非常多的案例，分享了ChatGPT在编程、设计、办公、教育、翻译、营销、咨询、自媒体这八大领域的实践应用，目标就是让读者通过看得见的真实案例，更加直观地了解AI在行业落地中的应用。

希望读者在阅读这些案例时，能够结合自己的业务，上手实践，将使用AI工具内化为自己的能力，这样才能更加深刻地体会AI带给个体的巨大能量。

本章内容将从我的视角出发，和读者聊聊我是如何快速切入AI赛道的，并分享一些目前行业先行者正在实践的AI优秀商业案例。

希望能够帮助读者打开思路，助力你早日成为“超级个体”！

12.1 如何快速进入AI赛道

先提一个问题。

在几乎同样的起点、环境、物质条件下，对于新事物的出现，为何总有一群人可以先掌握新事物并熟练利用起来，甚至在你还在观望时，人家已经率先赚到第一桶金或抢占到了行业机遇?

或许你会讲，那是“别人家的孩子”，人家可能天生就很聪明，善于快速学习新生事物；也可能人家有资源，能获得更好的支持；还可能人家家境富裕，不需要整天为柴米忧愁，可以轻装上阵没负担……我不否认，确实存在这些可能性。

但对于我们广大的普通个体而言，这些不该是我们的关注点，我们更应把关注点放在自己身上。这时，不妨问问自己，我该如何做，才能更快地切入目标领域。

在众多案例中，我发现但凡能在某一领域快速做出成绩的人，都具备两个特点：一是拥有超前的认知，二是能坚决地执行计划！而这两点，就是普通人之间不断拉开差距的关键。

认知是先看到再知道的过程，执行是知道后去做到的过程。

12.1.1 认知

2022年年底，ChatGPT发布，瞬间在全球范围内引发热议。2023年年初，GPT-4发布，更是把ChatGPT的话题推上了顶流。当时，好像身边所有人都在讨论它，说它多厉害、多强大！但这其中大多数人终归只是看客，ChatGPT具体该怎么用？能帮我们做哪些事情？各行各业的AI化进程发展怎样了？目前有哪些适合普通人去做的落地案例？谈论到具体问题，恐怕就没几个人知道了，做到的人当然就更少了。

这个现象其实特别正常，大多数人早期接触到ChatGPT的消息，要么通过刷手机看新闻，要么通过和身边的人闲聊。这些方式获得的信息非常有限且滞后。

没有获取高质量信息的渠道，自然也就没有什么后续了。如何解决获取信息渠道这个问题？接下来，我聊聊我是怎么做的。

首先需要说明的是，我虽然是程序员出身，但身边却很少有专门研究AI的朋友。这个认知渠道，完全需要自己开拓。

我扩展自己信息渠道的一个重要方式，是“付费思维”！

2023年年初，经过一些筛选，我付费加入了几十个AIGC主题相关的社群，大概投入了几千元。虽然后来证明，这其中有一部分社群确实是“割韭菜”的。即便如此，我仍旧确信自己的投入物超所值，甚至超过投入的十倍、百倍。

通过付费加入的这些圈子，我认识了很多圈内厉害的人物，也学到了很多东西。比如，了解了他们如何组织AI社群、如何利用AI工具提升工作效率、如何利用AI工具实现商业变现，等等。这些案例，在网络上是很难搜到的，而在这里，组织者已经将其分门别类地整理好了，相当于我通过花钱省下了自己的探索时间。

同时，我也有机会和很多AI赛道的大佬建立连接，有的只是线上聊天，有的则约了线下交流，在和他们的沟通过程中，我也不断刷新着对AI的认识。当然，人与人之间都是相互的，我也会将自己过往的经验、方法论分享给对方。显然，这样的交流，对双方都很有利。

可以说，正是**因为“付费思维”，我获得了AI领域“超前的认知”。**

认知是我们做事的前提。如果没有提前与行业大佬沟通打开思路，没有见过AI落地案例，我根本没有机会去创建一个拥有6000多个付费用户的社群，也没有机会来写这本书了。

当然，有关付费思维，仍需要特别说明一下，不要觉得付了费，认知就已经属于你了。比如，想想自己书架上满是未拆封的书籍，花了钱没看就是浪费。

其实，付费思维只是第一步。在这之后你还需要“主动+利他”。主动即要主动且礼貌地去与那些行业里有成果的人交流，试图奢望别人把资源送到你面前，那必然是行不通的。利他，要想获得，先分享，你想从别人那里获取有价值的信息，自己也得分享能与之匹配的干货。终归，共赢才能够长久。

12.1.2 执行

知道只是第一步，知道后再做到，才算是内化成自己的本领了！要做成事，就需要你具备坚决的执行力。

2022年3月，在我的社群，一位用户分享了自己通过视频号直播ChatGPT问答的案例。

简单来说，这个直播过程就是观众在评论区给出问题，主播通过ChatGPT帮助观众回答问题，主体过程就这么简单。在不到一个月时间内，这位用户的视频号通过这样的直播方式增加粉丝10万多名。作为一个拥有3年经验的自媒体从业者，我深知10万多名粉丝的吸引力。

当时的情况可以概括为：我知道这件事能做，我也知道具体该如何做，我还知道了别人做这件事的丰硕成果。在当时的时间节点，这件事确实也还很适合做，不少圈内人也模仿着这个模式，相当一部分也取得了不错的成果。可以说我在这件事上的认知已经非常到位了，但问题来了，我要不要开始做？

直接说结果，这件事我最终没有去做，原因有很多，但宏观来看，都可归结为不愿执行的借口。当然，你不去做，自然也无法获得任何结果。

针对“执行力不足”的问题，我在我的AI社群里专门发起了训练营活动。

大体思路是，我将团队中已经验证过完整闭环的项目搬过来，制作成学习手册，并邀请专门的讲师为大家做分享及答疑。然后设置一个时间周期（通常是21天），在这个时间范围内，大家必须按照训练营的要求按时完成每一个固定任务，直到训练营结束。

组织训练营的目的，就是带着大家一起做事情，通过强制性要求大家完成作业，以保证每一位参与者拿出足够的执行力。事实证明，我们每一期训练营都能取得很多正反馈，这非常鼓舞人心。

所以，如果你想快速切入一个新赛道，既要有超前认知，也要坚决执行，两者缺一不可。

本节内容虽没有涉及具体实操，但至关重要。AI的应用场景已丰富了很多，但整体来看，现阶段仍处于AI领域发展的早期。本书罗列了足够多的实操案例，这些案例就是你掌握AI赛道的一手认知资料。真心建议读者在阅读这些内容时，也动手实操起来，知行合一，才是制胜的关键。

12.2 适合个体的AI落地实战案例

前面的大部分章节，重点介绍了ChatGPT在各个领域中的实操案例，读者可参考其中的思路方法，结合自己的业务需求进行实战，必定能够有效提升你的工作效率。

本节内容，我为读者汇总展示一些基于ChatGPT的独立落地案例。

这其中大多数来自我的AI社群，与之前介绍的具体领域内提升效能的实操案例不同，这些都是独立的完整项目，具备从零启动到最终变现的完整闭环。项目规模都不大，门槛也不高，很适合个体落地实操，但如果想要真的拿到成绩，则要求你具备很强的执行力。目前市面上也有不少人基于这些案例获取收益。

每个案例中，我会分享其核心思路的逻辑，感兴趣的读者朋友可以按照思路具体实践。也希望通过这些案例为读者提供一些思路，结合自身特点去做一些事情。

案例84：AI真人卡通头像定制项目

项目核心：帮助客户定制头像。

目前社交媒体如此发达，很多人为彰显个性，对定制化头像是很有要求的。比如，有人期望以其真实照片为原型，定制生成卡通版的自己；也有人要求更高，需要指定需求深度定制头像。由于信息差、个人动手能力强弱、时间等因素的影响，很多人不愿花心思自己动手制作头像，自然就会选择付费购买现成的作品。

说完买家需求，我们再看看卖家的门槛。事实上，结合目前的AI绘画工具定制一幅头像，学习成本已经很低了，熟练者十分钟左右就能完成出图。鉴于市场需求大，交付门槛低，所以该项目很适合个体操作。

整体看目前市场依旧活跃，成交单价从几元到百元左右都有，大多数集中在每单三四十元。别小看这一单几十元，它非常适合普通人利用业余时间来做，有些人更是通过收徒教学的形式，实现单日过千元的收益。

实操思路：

（1）学习MJ、SD等AI绘图软件的应用，掌握文生图、图生图，以及工具主要的参数设置，最终能够熟练生成AI头像。

（2）注册抖音、小红书等热门平台的账号，寻找多个优质对标账号，模仿这些领域头部账号的风格，“装修”自己的账号，比如头像、简介、Banner图等。

（3）模仿对标账号，发布头像定制相关的笔记、短视频，增加自己的曝光量。

（4）模仿对标账号，摸清整个交易闭环流程，常见的成交方式是通过视频、笔记等内容引导用户添加个人微信，并在微信上完成成交。

（5）需要注意打造个人微信的专业性，头像、朋友圈、对接客户的话术，都需要认真打磨。

主体思路就是这样，要想真的拿到好的结果，关键还是要靠自己去执行，不断思考优化、实践摸索！如果觉得这个项目比较适合你，那就动手做起来吧！

同样的思路，也可应用于AI插画、壁纸等方向，可用于直接成交变现，也可用于为私域吸引流量。

案例85：公众号流量主项目

项目核心：通过AI工具生成爆款图文，在文中插入系统广告信息，通过广告点击量或商品成交佣金获取收入。

这个项目其实一直都有，也不只是微信公众号平台，在其他媒体平台，比如头条号、百家号等，均有人通过这种方式获取收入。之所以单说微信公众号，是因为公众号发布了推流方式，低粉丝的新账号也有可能产生超高曝光量。另外，目前公众号开通的门槛也降低了，所以对比其他平台，公众号更处于红利期。

另外，由于ChatGPT及AI绘画工具的爆火，使得图文类内容创作的门槛较之前大幅降低，有关原创图文内容的创作，请参考第11章。

总结一下，原创图文作品创作难度降低，平台流量机制更新，大大提高了项目的可行性。

实操思路：

（1）注册自媒体平台账号，比如公众号、头条号等。

（2）开通广告收益功能，各平台门槛不同，这个自行查看。

（3）通过AI辅助创作优质原创内容，这里的关键是选题，优质的选题是成功的一半，建议结合网络热点话题或参考其他账号的爆款话题进行创作。

（4）建议启动多账号矩阵，战斗力成倍增加。

（5）同样，坚持执行是关键，要不断总结、完善自身账号的各种细节。

需要特别说明的一点是，任何平台，依靠广告点击获取的收益都是很低的，只有曝光量足够大才有意义。这需要时间，也需要运气，还需要对文章的质量细节进行认真打磨。

案例86：指令定制项目

项目核心：ChatGPT具备极强的内容输出能力，细分领域的专业级定制指令，能够帮助客户大幅度降本增效。

和前两个项目的重点不同，这个项目需要你具备足够的专业性，但门槛并不是太高，普通人有机会通过学习掌握专业级定制指令；如果你想成为优秀的指令工程师，建议系统化学习ChatGPT提示词的相关内容。

一套优质的定制化指令，报价在几千元到几万元，其报价主要取决于这条指令对客户的实际价值。目前我看到的头部玩家，已经通过定制化指令月入10万元了。另外，指令工程师有趋势演变成为一个固定的工作职位。只要这个技能在手，无论接单、求职，甚至单纯为自己的业务提升效能，都是很有益处的。

实操思路：

（1）系统化学习指令相关的专业知识，多与同行沟通交流。

（2）在自己擅长的领域，定制化生成指令，不断调试优化。

（3）打造自身IP，在行业社群或自媒体网络平台，输出干货分享或展示自己的战绩成果。影响力大了，才更有利于成交转化。

（4）把该做的做好，余下的交给时间。

这个方向，专业实力是自己的根本，你目前是否能够通过定制指令赚到钱，其实并不重要。结合当下的趋势，只要掌握好指令操作，这件事本身就稳赚不亏。

案例87：写作项目

项目核心：成为专业写手。

我自己就是一名公众号主，本身就是靠写文章赚取收入的，因为身处这个圈子，自然也认识了很多同行，这其中不乏很多专业写手。ChatGPT的出现，大幅降低了写作门槛，使普通人有更多机会进入写作赛道。

写作变现的方式也有很多，比如投稿小说、软文等，或者在网络接代写订单，但要注意合规性。2023年7月，我在我的AI社群专门举办了一次免费的AI写作训练营，帮助大家熟悉各种文章写作的要点，并对接了市面上真实的订单让社群小伙伴完成，通过一个月的训练，很多小伙伴获得了经验与现金的双丰收。

这个项目的收入与平台及角色有关，如果是投稿小说、软文等，那么收入和平台规则有关；如果作为接单写手，那么收入与付出强相关。根据订单的复杂度，单价通常在几十元到上百元，我见过单月靠接单赚到八九千元的小伙伴；也有更高级的玩法，比如搭建写手平台，自己统一接单派发，收入会更高一些。

实操思路：

（1）这个没有太多详细步骤，关键就是多加练习，ChatGPT非常善于写文章，可借鉴本书前面章节关于写作的方法，提升自己的写作水平。

（2）自己写作投稿；或通过社群、网店等渠道对接派单平台谈合作、加写手群；或自己学习淘宝、闲鱼等电商平台，开店接单。

案例88：四维彩超AI画图项目

项目核心：上传宝宝的四维彩超照片，利用AI绘图工具生成宝宝未来的照片，通过小红书或抖音等平台发布相关的宝宝对比视频，这类视频很受孕妈欢迎，准妈妈因好奇宝宝的样子，会比较愿意付费。

这就是利用了AI绘画工具以图生图的功能，通过宝宝的四维彩超照片，生成预测的未来宝宝的照片，这个教程在网络上不难找到。

实操思路：

（1）在网上找方法，学会利用AI绘图工具图生图的实操方法。

（2）学会基础视频剪辑方法，在抖音等平台发布相关视频，可参考对标账号的视频形式。

（3）剩下部分和案例84一样，将咨询者引流到个人微信，并注意包装微信的头像、昵称、朋友圈，以及对接客户的标准话术。

（4）大体思路就是这样，细节需要读者通过实践具体体会。

以上列举的5个案例，也许不一定都适合你做，但我们从中可以看到，利用好AI工具，普通个体的生活增加了很多其他的机会可以选择。新事物的出现，是挑战，也是机遇，关键看你能以何种心态去面对，去探索。

12.3　畅想AI的未来

AI的未来会发展成什么样呢？

我们可以回想一下移动互联网时代的规律。在过去十多年，移动互联网可以说是一拨超级大风口，太多重量级产品百家争鸣，给我们的生活带来了极大的便利。

如今，我们还能感受到移动互联网吗？好像能感受到那么一点，但并不明显，原因很简单，因为这个时代的产物早已和我们的生活深度融合在一起了，如同生活中的水电一样自然平常。只有在手机没电或没信号时，我们才能切身感受到移动互联网是多么重要！

我想，AI最终大概也会进入这样的阶段，其最终的发展，肯定也像水电一样，无处不在却稀松平常。

未来，那些你在电影里面看到的场景，可能就会在我们身边出现了，比如私人订制的AI伴侣、无人驾驶、无人出行、智能养老、智能爱护、AI警察等，可能整个社会结构都会产生巨变。而未来社会的人们，会觉得这一切似乎都理所应当。

当然，这个过程可能还需要很多年，但未来已经朝着这个方向在发展了。到这个阶段，因为各个产品已经极度成熟了，对于普通人反而没有太大的机会，我们可能都会变成被 AI 照顾的“宠儿”。

试想，如果真的到了这一阶段，我们这代人会是什么感觉？不得不说，以ChatGPT为典型代表的AI时代，可能是我们这代人所能遇到的最大的一次机遇。如果你不想在你老的时候后辈们问你：“当初遇到那么大的风口，您怎么没能做点什么呢？”那现在确实就该有所行动了。

也许有人会担忧高度AI化的未来世界对人类有多大威胁？或是人类太依赖AI后，自身属性将遭到不可逆转的退化，等等。说实话，一是这些离我们实在太远，二是对我们这些平凡的普通人来说，操心这些基本没什么意义，即使操心了也改变不了什么。

相较于思考这些大格局、大思想，我更关心现阶段能借助AI获得哪些机会，更倾向于为读者分享真实、可落地的一线实操案例，因为对于普通人来讲，这些东西，才是你看得到、摸得着的干货，实实在在。希望本书讲解的思想、方法、技巧、案例，能成为你踏入AI赛道的引子，并助力你将AI真正融入业务场景。

本书接近尾声，如果你想与我一起在AI赛道上协力向前，欢迎与我交流，我们一起拥抱变化，一起成为AI时代的超级个体。

12.4 本章小结

本章内容分享了普通个体如何快速进入AI赛道的核心。两个关键点：超前认知+坚决执行。希望读者能够结合自身业务，在实践中体会其中的含义。

另外，本章还列举了5个适合个体操作的独立案例，这些均采集自社群中的真实案例，相较于别人是怎么做的，更希望读者从中了解到这些“个体先行者”的思路，也能利用AI工具发现你身边的机会。

最后，介绍了有关AI的未来的一些想法。我们设想在未来几十年后，最终的AI会深度融合到我们的生活中，变得平平无奇，这是巨大的时代机遇。如果你不甘于只成为时代的看客，那么最佳的出手时间，就是现在。